全国二级建造师执业资格考试

历年真题全解与临考突破试卷

建设工程施工管理

全国二级建造师执业资格考试用书编写组　组编

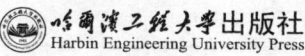
哈尔滨工程大学出版社
Harbin Engineering University Press

目　录

第一部分　历年真题全解

2023年建设工程施工管理真题(一)和参考答案及解析 …………………（共16页）
2023年建设工程施工管理真题(二)和参考答案及解析 …………………（共16页）
2022年建设工程施工管理真题和参考答案及解析 ………………………（共16页）
2021年建设工程施工管理真题(一)和参考答案及解析 …………………（共16页）
2021年建设工程施工管理真题(二)和参考答案及解析 …………………（共16页）
2020年建设工程施工管理真题和参考答案及解析 ………………………（共16页）

第二部分　临考突破试卷

建设工程施工管理临考突破试卷(一) ……………………………………（共12页）
建设工程施工管理临考突破试卷(二) ……………………………………（共12页）
建设工程施工管理临考突破试卷(三) ……………………………………（共12页）

第三部分　参考答案及解析

参考答案及解析 ……………………………………………………………（共16页）

第四部分　超享增值

建设工程施工管理创新解读 ………………………………………………（另分册）
建设工程施工管理预测试卷5套 …………………………………………（电子版）
建设工程施工管理考前模拟卷1套 ………………………………………（电子版）

出版说明

为帮助广大考生准确掌握现行全国二级建造师执业资格考试考情,及时明悉历年真题考点分布和考试重点,并能在较短时间内科学、有效地掌握备考关键点,全国二级建造师执业资格考试用书编写组成员集国家建工类高校专业学科博士通力合作,精心编写了本系列图书。

本系列图书共分《建设工程施工管理》《建设工程法规及相关知识》《建筑工程管理与实务》《市政公用工程管理与实务》《机电工程管理与实务》《公路工程管理与实务》《水利水电工程管理与实务》七个科目,可供参加全国二级建造师执业资格考试的考生参考使用。

本书特点如下:

真题详解,深入浅出,融会贯通。 对近几年来的真题旧题新解,根据现行考试教辅、现行法律规范文件和专业知识进行解读,条分缕析,帮助考生准确地掌握考点,免受重复翻阅新老教辅、盲目对比之苦。

临考模拟,把握趋势,精度历练。 编写组成员在认真研读历年考试真题的基础上,分析命题规律,通过对考试重点、难点的准确把握,精心编写了具有仿真效果的临考突破试卷,实用性强。

考点手册,科学编排,创新记忆。 编写组成员在总结历年考试命题规律的基础上,根据现行考情,对历年常考知识点反复推敲、精心编写,凝炼成结构分明、重点突出的创新解读,倾力相助二建备考。

配套服务,巩固检测,多维备考。 为方便考生随时随地备考,编写组成员特推出精彩纷呈的电子增值服务,用同样严谨的精工细作,让增值也颇具价值。

由于时间紧促、编者水平有限,书中难免有疏漏和不当之处,恳请广大考生批评指正。

如有与本试卷相关的问题或建议,欢迎致电4006597013,我们将以优质、快捷的方式为您提供多层次的服务。

扫描二维码
获取天一网校APP

关注天一建造师课堂
获取考试资讯

全国二级建造师执业资格考试用书编写组

图书在版编目(CIP)数据

建设工程施工管理 / 全国二级建造师执业资格考试用书编写组组编. —哈尔滨:哈尔滨工程大学出版社,2016.7(2024.1 重印)
全国二级建造师执业资格考试历年真题全解与临考突破试卷
ISBN 978-7-5661-1323-8

Ⅰ.①建… Ⅱ.①全… Ⅲ.①建筑工程–施工管理–资格考试–习题集 Ⅳ.①TU71-44

中国版本图书馆 CIP 数据核字(2016)第 179830 号

责任编辑:张 彦
责任校对:李惊宇
封面设计:天 一

出版发行	哈尔滨工程大学出版社
社 址	哈尔滨市南岗区南通大街145号
邮政编码	150001
发行电话	0451-82519328
传 真	0451-82519699
经 销	新华书店
印 刷	河南黎阳印务有限公司
开 本	787 mm×1 092 mm 1/16
印 张	11.5
字 数	294 千字
版 次	2016 年 7 月第 1 版
印 次	2024 年 1 月第 12 次印刷
书 号	ISBN 978-7-5661-1323-8
定 价	30.00 元

http://www.hrbeupress.com
E–mail:heupress@ hrbeu.edu.cn

全国二级建造师执业资格考试
建设工程施工管理

2023年二级建造师考试真题（一）

题　号	一	二	总　分
分　数			

说明：1.2023年二建考试分两种形式进行，即2天考3科和1天考3科。本套主要为2天考3科的试题。

2.加灰色底纹标记的题目，其知识点已不作考查，可略过学习。

一、单项选择题（共70题，每题1分。每题的备选项中，只有1个最符合题意）

1. 工程施工发生安全事故时，施工单位落实"四不放过"原则的核心环节是（　　）
   A. 事故报告　　　　　　　　B. 事故处理
   C. 事故调查　　　　　　　　D. 事故登记

2. 采用简易计税方法计算建筑业增值税应纳税额时，增值税征收率是（　　）
   A. 3%　　　　　　　　　　　B. 6%
   C. 9%　　　　　　　　　　　D. 11%

3. 根据《标准施工招标文件》，监理人应在开工日期（　　）天前向承包人发出开工通知。
   A. 7　　　　　　　　　　　　B. 10
   C. 14　　　　　　　　　　　 D. 28

4. 在矩阵式组织结构中，工作的指令来源会有（　　）个。
   A. 1　　　　　　　　　　　　B. 2
   C. 3　　　　　　　　　　　　D. 4

5. 某公共设施项目依法通过公开招标方式选择施工承包单位，中标合同价为800万元，则发包人要求中标人提交的履约保证金不应超过（　　）万元。
   A. 16　　　　　　　　　　　 B. 24
   C. 40　　　　　　　　　　　 D. 80

6. 施工企业质量管理体系获准认证后，为保持质量管理体系的有效性，认证机构对企业质量管理体系实施监督管理的频率是（　　）
   A. 每半年一次　　　　　　　B. 每年一次
   C. 每3年一次　　　　　　　 D. 每5年一次

7. 按照施工组织总设计的编制程序，资源需求量计划编制完成后需进行的工作是（　　）
   A. 编制施工总进度计划　　　B. 编制施工准备工作计划
   C. 拟订施工方案　　　　　　D. 确定施工总体部署

8. 某工程网络计划中，工作N的最早开始时间为第12天，持续时间为5天。该工作有三项紧后工作，它们的最早开始时间分别为第20天、第21天和第23天,则工作N的自由时差是（　　）天。
   A. 0　　　　　　　　　　　　B. 1
   C. 2　　　　　　　　　　　　D. 3

9. 作为重要的组织工具，工作流程图反映的内容是（　　）
   A. 一个项目中各项工作任务的重要程度
   B. 一个组织系统中各工作部门之间的组织层级
   C. 一个组织系统中各项工作之间的逻辑关系
   D. 一个组织系统中各子系统之间的工作指令关系

10. 按照影响施工质量的4M1E因素的分类，施工现场各施工单位之间的协调，属于影响施工质量的（　　）因素。
    A. 人员　　　　　　　　　　B. 环境
    C. 方法　　　　　　　　　　D. 机械

11. 在物资采购合同履行过程中，对设备包装所使用的集装箱、大型木箱通常采用的回收方式是（　　）
    A. 折价回收　　　　　　　　B. 流动回收
    C. 押金回收　　　　　　　　D. 委托回收

12. 某工程双代号网络计划如下图所示（时间单位：天），其中关键线路有（　　）条。

    A. 1　　　　　　　　　　　 B. 2
    C. 3　　　　　　　　　　　 D. 4

13. 根据《标准施工招标文件》，除合同另有约定外，发包人和承包人应共同编制的计划是（　　）
    A. 施工准备工作计划　　　　B. 建设资金使用计划
    C. 施工场地治安管理计划　　D. 施工总进度计划

14. 施工企业为落实质量管理工作而建立的规章制度，属于企业质量管理体系文件中的（　　）
    A. 程序文件　　　　　　　　B. 质量手册
    C. 质量计划　　　　　　　　D. 质量记录

15. 根据《安全生产法》,生产经营单位安全生产第一责任人是 （   ）
    A. 企业主要负责人   B. 项目经理
    C. 项目安全生产管理人员   D. 企业安全生产管理机构负责人

16. 某工程质量事故造成直接经济损失4 500万元,间接经济损失800万元。按照工程质量事故等级划分标准,该工程质量事故属于 （   ）
    A. 较大事故   B. 一般事故
    C. 重大事故   D. 特别重大事故

17. 为落实施工现场文明施工岗位责任制,应将文明施工工作考核列入（   ）中。
    A. 投资责任制   B. 领导责任制
    C. 经济责任制   D. 安全责任制

18. 下列施工评标内容中,属于技术评审内容的是 （   ）
    A. 报价计算   B. 进度计划
    C. 业绩能力   D. 优惠条件

19. 施工项目开工前编制的测量控制方案应由（   ）批准后实施。
    A. 项目经理   B. 施工单位技术负责人
    C. 项目测量负责人   D. 项目技术负责人

20. 对项目管理机构进行成本管理绩效考核的主要依据是（   ）确定的各类指标。
    A. 成本控制   B. 成本核算
    C. 成本分析   D. 成本计划

21. 施工图纸会审应由（   ）组织。
    A. 施工单位   B. 设计单位
    C. 建设单位   D. 监理单位

22. 建筑工程一切险和安装工程一切险均属于（   ）保险。
    A. 责任   B. 信用
    C. 人身   D. 财产

23. 为了编制项目管理任务分工表,首先需要对（   ）的项目管理任务进行详细分解。
    A. 项目实施各阶段   B. 项目各参与方
    C. 项目全寿命周期   D. 项目实施各部门

24. 下列费用项目中,属于建筑安装工程费中规费的是 （   ）
    A. 社会保险费   B. 职工福利费
    C. 劳动保护费   D. 职工教育经费

25. 在施工合同履行期间发生的变更事项中,属于工程变更的是 （   ）
    A. 质量要求变更   B. 分包单位变更
    C. 合同价款变更   D. 相关法规变更

26. 施工总承包投标时,投标人投标报价的直接依据是 （   ）
    A. 总体设计   B. 方案设计
    C. 施工图设计 D. 初步设计

27. 根据《保障农民工工资支付条例》,人工费用拨付周期不得超过 （   ）
    A. 2周   B. 1个月
    C. 2个月   D. 3个月

28. 因天然地基不均匀沉降、结构失稳而导致工程质量事故时,可归结的主要原因是 （   ）
    A. 施工失误   B. 违规分包
    C. 不可抗力   D. 勘察设计失误

29. 为了控制建筑工程地基施工质量,需要检测试验的主要参数是 （   ）
    A. 地基含水率   B. 地基密实度
    C. 地基承载力   D. 地基抗拔力

30. 下列结构图中,用来反映一个建设项目参建单位之间责权关系的是 （   ）
    A. 项目结构图   B. 组织结构图
    C. 合同结构图   D. 流程结构图

31. 下列施工质量控制工作中,属于事后质量控制的是 （   ）
    A. 检查施工质量缺陷   B. 编制施工质量计划
    C. 设置质量控制点   D. 监督质量活动过程

32. 关于施工总承包管理方和施工总承包方承担施工管理任务和责任的说法,正确的是 （   ）
    A. 施工总承包管理方和施工总承包方均不承担施工管理任务和责任
    B. 施工总承包管理方承担施工管理任务和责任,施工总承包方不承担
    C. 施工总承包管理方不承担施工管理任务和责任,施工总承包方承担
    D. 施工总承包管理方和施工总承包方均应承担施工管理任务和责任

33. 对于较为简单的单位工程,施工组织设计通常只需编制施工方案,并应附以的文件是 （   ）
    A. 施工进度计划和质量管理体系文件   B. 施工进度计划和施工平面图
    C. 质量管理体系和安全管理体系文件   D. 安全管理体系文件和施工平面图

34. 为控制施工进度,施工单位可采取的经济措施是 （   ）
    A. 分析论证承包模式   B. 分析论证施工方案
    C. 进行进度控制风险分析 D. 进行资源需求分析

35. 关于生产安全事故应急预案的说法,正确的是 （   ）
    A. 施工单位应急预案应由施工单位主要负责人签署公布
    B. 编制应急预案的目的是预防和减少生产安全事故
    C. 生产规模小的施工单位可以只编制现场应急处置方案
    D. 施工单位应急预案的评审人员应具备正高级职称

36. 施工企业及时购买、补充适用的行业标准,属于环境管理体系运行中的（   ）活动。
    A. 信息交流   B. 执行控制程序
    C. 采取预防措施 D. 文件管理

37. 施工现场设置安全防护网、现场围挡等所需费用,在工程量清单报价中应计入 （ ）
   A. 分部分项工程费　　　　　　　　B. 措施项目费
   C. 零星项目费　　　　　　　　　　D. 其他项目费

38. 工程质量监督机构对施工项目进行第一次监督检查时,应重点检查的是 （ ）
   A. 工程施工准备情况　　　　　　　B. 地基与基础工程质量
   C. 质量监督手续办理情况　　　　　D. 参建各方主体的质量行为

39. 工程风险管理中,对于特定事件的风险等级应由( )间的关系矩阵确定。
   A. 风险量等级和风险收益等级　　　B. 风险发生概率等级和风险损失等级
   C. 风险发生概率等级和风险收益等级　D. 风险量等级和风险损失等级

40. 工程网络计划中,工作的最迟完成时间是其所有紧后工作的 （ ）
   A. 最早开始时间的最大值　　　　　B. 最早开始时间的最小值
   C. 最迟开始时间的最小值　　　　　D. 最迟开始时间的最大值

41. 下列施工企业新员工上岗前安全教育内容中,属于班组级安全教育内容的是 （ ）
   A. 企业劳动方针　　　　　　　　　B. 劳动防护用品性能说明
   C. 企业安全生产规章制度　　　　　D. 安全生产法律法规

42. 某工程施工合同约定,采用价格调整公式进行价格调整。施工中由于发包人采购的工程设备不能按期到货导致工期延误,根据《建设工程工程量清单计价规范》,对于合同约定竣工日期后继续施工的工程,现行价格指数应采用的是 （ ）
   A. 合同约定竣工日期的价格指数
   B. 合同约定竣工日期与实际竣工日期价格指数中的较高者
   C. 实际竣工日期的价格指数
   D. 合同约定竣工日期与实际竣工日期价格指数中的较低者

43. 工程施工合同签订时,为了体现工程风险的公平分配,发包人与承包人约定的合同价款应以( )为依据。
   A. 当地当时的市场价格　　　　　　B. 经过审计的同类工程价格
   C. 监理人确认的价格　　　　　　　D. 当地政府主管部门发布的造价指标

44. 在双代号网络计划中,关键线路是指( )的线路。
   A. 自始至终全部由关键节点组成　　B. 自始至终时间间隔全部最小
   C. 自始至终不存在虚工作　　　　　D. 自始至终全部由关键工作组成

45. 下列施工承包合同类型中,承包人需承担较大的物价上涨和工程量变化风险的是 （ ）
   A. 变动单价合同　　　　　　　　　B. 变动总价合同
   C. 固定总价合同　　　　　　　　　D. 固定单价合同

46. 根据《标准施工招标文件》,工程实际竣工日期应以( )日期为准。
   A. 工程接收证书颁发　　　　　　　B. 组织工程竣工验收
   C. 竣工验收申请报告提交　　　　　D. 工程验收证书签发

47. 国务院国资委发布的《关于开展对标世界一流管理提升行动的通知》要求,加强信息化管理,提升系统集成能力应以( )为主线。
   A. 网络安全管理体系建设　　　　　B. BIM 技术应用
   C. 企业数字化智能化升级转型　　　D. 企业业务流程再造

48. 根据《标准施工招标文件》,承包人在提交的最终结清申请单中,可提出索赔的是 （ ）
   A. 开工通知发出后发生的索赔　　　B. 工程接收证书颁发后发生的索赔
   C. 竣工验收申请前发生的索赔　　　D. 竣工付款证书颁发前发生的索赔

49. 以同一性质的施工过程——工序作为研究对象,表示产品生产数量与时间消耗综合关系的定额是 （ ）
   A. 预算定额　　　　　　　　　　　B. 概算定额
   C. 费用定额　　　　　　　　　　　D. 施工定额

50. 控制性施工进度计划的主要作用是 （ ）
   A. 确定施工作业的具体安排　　　　B. 确定不同时间段资源需求量
   C. 确定里程碑事件的进度目标　　　D. 确定施工现场作业顺序

51. 随着项目管理理论的发展,项目经理在工程建设过程中,不仅要负责传统的项目管理工作,而且要实现的目标是 （ ）
   A. 项目交付价值　　　　　　　　　B. 项目社会效益
   C. 项目投资效益　　　　　　　　　D. 项目技术创新

52. 根据《建筑法》,工程监理人员发现工程设计不符合建筑工程质量标准或者合同约定的质量要求的,应当采取的行动是 （ ）
   A. 报告总监理工程师要求设计单位改正　B. 通知设计单位修改工程设计文件
   C. 报告建设单位要求设计单位改正　　　D. 要求施工单位按施工质量标准施工

53. 在进行建设工程项目总进度目标控制前,首先应进行的工作是 （ ）
   A. 分析和论证目标实现的必要性　　B. 明确目标实现的必要条件
   C. 明确目标实现的可行路径　　　　D. 分析和论证目标实现的可能性

54. 按照计划—实施—检查—处理(PDCA)循环原理,施工项目质量保证体系运行中的"行动方案交底",属于( )环节的工作内容。
   A. 计划　　　　　　　　　　　　　B. 检查
   C. 实施　　　　　　　　　　　　　D. 处理

55. 采用横道图法编制施工进度计划的不足之处是 （ ）
   A. 不能确定计划中的关键工作　　　B. 不能进行计划调整
   C. 不能计算资源需求量　　　　　　D. 不能反映工作持续时间

56. 建设单位提供测量控制原始坐标点、基准线后,为控制施工质量,施工单位需首先进行的工作是 （ ）
   A. 组织施工测量放线　　　　　　　B. 复核原始坐标点和基准线
   C. 测设施工测量控制网　　　　　　D. 施测建筑物平面位置

57. 对于危险性较大的分部分项工程专项施工方案,负责组织专家论证的人员是 ( )
   A. 施工单位技术负责人　　　　　　B. 项目总监理工程师
   C. 施工项目技术负责人　　　　　　D. 施工项目经理

58. 采用安全检查表打分法对隐患危险程度进行分级的做法,体现了施工安全事故隐患治理的( )原则。
   A. 动态处理　　　　　　　　　　　B. 重点处理
   C. 冗余安全度处理　　　　　　　　D. 预防与减灾并重处理

59. 工程监理人员在巡视检查施工现场安全生产情况时,发现有严重的安全事故隐患,需要施工单位采取措施予以处置的,项目监理机构应签发的监理文件是 ( )
   A. 工程暂停令　　　　　　　　　　B. 监理报告
   C. 监理通知单　　　　　　　　　　D. 工作联系单

60. 按照建设工程项目总进度目标论证工作步骤,在编制各层级进度计划之后需要进行的工作是 ( )
   A. 协调各层进度计划的关系　　　　B. 进行项目结构分析
   C. 确定里程碑事件　　　　　　　　D. 确定项目结构编码

61. 下列施工机械消耗时间中,应列入施工机械时间定额的是 ( )
   A. 工人迟到引起的机械停工时间　　B. 多余工作时间
   C. 非施工本身造成的停工时间　　　D. 不可避免的无负荷工作时间

62. 施工合同履行过程中,承包人有权向发包人提出索赔的情形是 ( )
   A. 承包人因投标报价偏低导致费用超支　　B. 厂家疏忽导致承包人订购的机具型号错误
   C. 非承包人原因导致工程暂时停工　　　　D. 承包人工地仓库被盗导致损失

63. 某预应力混凝土工程所用钢筋由发包人与承包人共同招标采购,施工招标文件中,该部分钢筋暂估价为 5 650 元/吨。已知市场价格在 5 600~5 700 元/吨之间波动。若甲投标人自行采购,其采购价为 5 500 元/吨。根据《建设工程工程量清单计价规范》,甲投标人在投标报价时针对该部分钢筋应采用的单价是( )元/吨。
   A. 5 500　　　　　　　　　　　　B. 5 600
   C. 5 650　　　　　　　　　　　　D. 5 700

64. 单价合同履行过程中,因设计变更引起工程量清单中的某分部分项工程量增加时,该分部分项工程量应按( )计量。
   A. 原招标工程量清单中的工程量　　B. 承包人履行合同义务完成的工程量
   C. 承包人提交的已完工程量　　　　D. 招标文件中所附施工图纸工程量

65. 为便于获得各方支持和所需资源保证,施工企业建立职业健康安全管理体系时需要进行的工作是 ( )
   A. 成立工作组　　　　　　　　　　B. 制定管理方案
   C. 开展初始状态评审　　　　　　　D. 由最高管理者决策

66. 工程施工招标投标中,必须按国家或省级、行业主管部门规定的标准计算,不得作为竞争性费用的是 ( )
   A. 二次搬运费　　　　　　　　　　B. 夜间施工增加费
   C. 冬雨期施工增加费　　　　　　　D. 工伤保险费

67. 某项目的建筑分部分项工程费为 26 000 万元,安装分部分项工程费为 14 000 万元,装饰装修分部分项工程费为 12 000 万元,定额人工费占分部分项工程费的 30%。措施项目费以分部分项工程费为计费基础,费率合计 10%。其他项目费合计为 1 700 万元。规费以分部分项工程定额人工费为计费基础,费率为 10%。增值税税率为 9%。以上费用均不含增值税进项税额,则据此编制的该项目最高投标限价为( )万元。
   A. 57 200.0　　　　　　　　　　B. 58 900.0
   C. 60 460.0　　　　　　　　　　D. 65 901.4

68. 某工程施工到 2022 年 12 月底,已完工作预算费用为 470 万元,已完工作实际费用为 540 万元,计划工作预算费用为 530 万元。采用赢得值法分析时,关于该工程此时费用偏差和进度偏差的说法,正确的是 ( )
   A. 费用超支 10 万元　　　　　　　B. 费用超支 70 万元
   C. 进度提前 60 万元　　　　　　　D. 进度拖后 10 万元

69. 某土方工程招标文件中清单工程量为 2 万 m^3,合同约定:土方工程综合单价为 83 元/m^3,当实际工程量增加超过 15% 时,超过 15% 以上部分的工程量综合单价调整为 80 元/m^3。经监理人确认的实际工程量为 2.7 万 m^3,则该土方工程结算金额为( )万元。
   A. 216.0　　　　　　　　　　　　B. 222.0
   C. 222.9　　　　　　　　　　　　D. 224.1

70. 工程项目目标动态控制过程中,纠正偏差可采取的组织措施是 ( )
   A. 落实加快施工进度所需资金　　　B. 调整进度管理的方法和手段
   C. 调整任务分工和管理职能分工　　D. 改进施工方法和更换施工机具

二、多项选择题(共 25 题,每题 2 分。每题的备选项中,有 2 个或 2 个以上符合题意,至少有 1 个错项。错选,本题不得分;少选,所选的每个选项得 0.5 分)

71. 工程质量验收时,需要进行观感质量验收的质量控制对象有 ( )
   A. 工序　　　　　　　　　　　　　B. 分部工程
   C. 单位工程　　　　　　　　　　　D. 检验批
   E. 分项工程

72. 混凝土结构加固处理的常用方法有 ( )
   A. 增大截面加固法　　　　　　　　B. 表面密封加固法
   C. 外包角钢加固法　　　　　　　　D. 嵌缝密闭加固法
   E. 增设支点加固法

73. 与平行发承包模式相比,施工总承包模式的特点有 ( )
   A. 业主合同管理工作量大
   B. 业主需要配备更多人员进行管理
   C. 业主协调工作较少
   D. 有利于业主控制工程质量
   E. 不利于缩短工程建设周期

74. 施工项目管理机构可按( )编制施工成本计划。
   A. 合同计价方式
   B. 成本组成
   C. 项目结构
   D. 工程实施阶段
   E. 资金来源

75. 施工成本分析可采用的基本方法有 ( )
   A. 专家意见法
   B. 比较法
   C. 比率法
   D. 因素分析法
   E. 差额计算法

76. 作为施工项目成本核算方法,与会计核算法相比,表格核算法的特点有 ( )
   A. 覆盖面较小
   B. 科学严密
   C. 简便易懂
   D. 实用性较好
   E. 操作方便

77. 某工程双代号网络计划如下图所示,图中存在的错误有 ( )
   A. 有双向箭头
   B. 工作代号重复
   C. 有多个起点节点
   D. 有循环回路
   E. 有多个终点节点

78. 按照文明工地标准,下列图牌中,属于施工现场"五牌一图"的有 ( )
   A. 工程概况牌
   B. 消防保卫牌
   C. 文明施工牌
   D. 安全生产牌
   E. 组织机构图

79. 下列选项中,属于成本计划编制依据的有 ( )
   A. 合同文件
   B. 设计文件
   C. 施工组织设计
   D. 合同计价方式
   E. 价格信息

80. 施工组织总设计和分部工程施工组织设计中均应包括的内容有 ( )
   A. 核心工程施工方案
   B. 施工机械的选择
   C. 作业区施工平面布置图
   D. 施工准备工作计划
   E. 资源需求量计划

81. 下列建筑安装工程措施项目费中,宜采用综合单价法计价的有 ( )
   A. 混凝土模板工程费
   B. 脚手架工程费
   C. 垂直运输工程费
   D. 夜间施工增加费
   E. 冬雨期施工增加费

82. 根据《建设工程安全生产管理条例》,下列施工作业人员中,属于特种作业人员的有 ( )
   A. 登高架设作业人员
   B. 油漆工
   C. 垂直运输机械作业人员
   D. 起重信号工
   E. 自卸汽车司机

83. 下列工程文件资料中,属于工程施工技术管理资料的有 ( )
   A. 图纸会审记录文件
   B. 设计变更文件
   C. 施工试验记录
   D. 工程开工报告相关资料
   E. 工程测量记录文件

84. 《标准施工招标文件》适用于( )的工程。
   A. 订立固定总价合同
   B. 工程量清单计价
   C. 采用"设计—招标—建造"承包模式
   D. 由承包人负责设计和施工
   E. 发包人委托监理人监管承包人工作

85. 根据《标准施工招标文件》,下列导致承包人费用增加和工期延误的索赔事件中,承包人能同时获得费用、工期和利润补偿的有 ( )
   A. 遇到不可预见的不利物质条件
   B. 发包人提供图纸延误
   C. 监理人对隐蔽工程重新检验且结果合格
   D. 异常恶劣的气候条件
   E. 不可抗力

86. 根据《标准施工招标文件》,下列工作中,属于发包人责任和义务的有 ( )
   A. 提供测量基准资料并对数据进行解释
   B. 负责施工现场的环境保护工作
   C. 编制施工环保措施计划
   D. 办理取得出入施工场地的临时道路通行权
   E. 组织设计单位进行设计交底

87. 根据《建设工程监理规范》,监理实施细则的编制依据有 ( )
   A. 工程设计文件
   B. 工程承包合同
   C. 施工组织设计
   D. 质量管理体系文件
   E. 专项施工方案

88. 下列工程施工质量保证手段和措施中,属于组织保证体系内容的有 ( )
   A. 建立健全各种规章制度
   B. 按照规范进行施工
   C. 按照规范标准进行检查验收
   D. 落实建筑工人实名制管理
   E. 建立质量信息系统

89. 根据建筑工程质量终身责任的相关规定,建筑工程施工项目负责人将被追究质量终身责任的情形有
   A. 发生施工质量事故
   B. 施工原因造成尚在设计使用年限内的建筑工程不能正常使用
   C. 施工单位不服从项目监理机构的管理
   D. 因严重施工质量问题引起群体性事件并造成恶劣社会影响
   E. 不可抗力原因造成建筑工程提前报废

90. 施工企业应为职工缴纳的法定强制性保险有
   A. 工伤保险
   B. 失业保险
   C. 基本医疗保险
   D. 基本养老保险
   E. 意外伤害保险

91. 分析比较施工成本计划值和实际值时,可比较的内容有
   A. 最高投标限价与工程投标价比较
   B. 工程投标价与工程合同价比较
   C. 工程合同价与施工成本规划中相应成本项比较
   D. 工程合同价与实际施工成本比较
   E. 施工成本规划中相应成本项与实际施工成本比较

92. 实施性施工进度计划的主要作用有
   A. 进行施工作业具体安排
   B. 分析里程碑事件进度目标
   C. 确定月、旬资金需求
   D. 分解施工总进度目标
   E. 确定月、旬施工机械需求

93. 下列工程项目施工风险中,属于组织风险的有
   A. 人身安全控制计划不周
   B. 施工机械操作人员经验不足
   C. 存在火灾事故隐患
   D. 安全管理人员知识欠缺
   E. 工程施工方案不当

94. 工程施工评标中,在详细评审环节需要评审的内容有
   A. 技术措施的可靠性
   B. 进度计划的先进性
   C. 投标担保的有效性
   D. 投标文件的完整性
   E. 组织结构的合理性

95. 根据《建设工程施工专业分包合同(示范文本)》,下列工作中,属于承包人(总承包单位)责任和义务的有
   A. 提供总包合同相关内容供分包人查阅
   B. 向分包人提供具备施工条件的施工场地
   C. 组织分包人参加由发包人组织的图纸会审
   D. 要求分包人及时提供分包工程进度统计报表
   E. 为分包人所分包的工作提供详细施工组织设计

参考答案及解析

一、单项选择题

1. B 【解析】在生产安全事故发生后,必须做到"四不放过"原则,即事故原因没查清楚不放过,事故责任人没受到处理不放过,事故相关人员和周围群众没有受到教育不放过,防范和整改措施没有落实不放过。落实施工生产安全事故报告和调查处理"四不放过"原则的核心环节是事故处理。【此知识点已删去】

2. A 【解析】增值税的计税方法包括一般计税方法和简易计税方法。当采用简易计税方法时,建筑业的增值税征收率为3%。【此知识点已删去】

3. A 【解析】根据《标准施工招标文件》,监理人应在开工日期7天前向承包人发出开工通知。监理人在发出开工通知前应获得发包人同意。工期自监理人发出的开工通知中载明的开工日期起计算。承包人应在开工日期后尽快施工。

4. B 【解析】在常用的基本组织结构模式中,矩阵式组织结构有纵向和横向两个方面的指令源。

5. D 【解析】根据《招标投标法实施条例》,招标文件要求中标人提交履约保证金的,中标人应当按照招标文件的要求提交。履约保证金不得超过中标合同金额的10%。根据题干,提交的履约保证金不应超过800×10%=80(万元)。

6. B 【解析】根据《建筑法》,国家对从事建筑活动的单位推行质量体系认证制度。经认证合格的,由认证机构颁发质量体系认证证书。获准认证后,体系认证机构对证书持有者的质量管理体系应每年至少进行一次监督审核,以使其质量管理体系继续保持有效性。

7. B 【解析】施工组织总设计的编制程序为:收集相关资料和图纸→计算主要工程量→确定施工的总体部署→拟定施工方案→编制施工总进度计划→编制资源需求量计划→编制施工准备工作计划→施工总平面图设计→计算主要技术经济指标。其中,先后顺序不能改变的是"拟定施工方案→编制施工总进度计划→编制资源需求量计划"。【此知识点已删去】

8. D 【解析】某项工作若有多个紧后工作,则该工作的自由时差=min{其紧后工作的最早开始时间}-本工作的最早完成时间。故工作N的自由时差=min{20,21,23}-(12+5)=20-17=3(天)。

9. C 【解析】组织工具包括项目结构图、组织结构图、工作流程图、工作任务分工表、管理职能分工表等。其中,工作流程图通过图反映某项目(某组织系统)中各项工作之间的程序及逻辑关系。【此知识点已删去】

10. B 【解析】影响施工质量的因素归纳起来主要包括人、材料、机械、方法和环境,简称4M1E。其中,环境因素中的施工质量管理环境因素主要包括施工单位质量管理体系、质量管理制度和各参建施工单位之间的协调等因素。

11. C 【解析】物资采购合同履行中,包装物回收的方式可以采用押金回收或折价回收。押金回收主要适用于电缆卷筒、集装箱、大中型木箱等专用的包装物;折价回收主要适用于油漆桶、麻袋、玻璃瓶等可以再次利用的包装器材。【此知识点已删去】

12. C 【解析】双代号网络计划中,自始至终全部由关键工作组成或者网络计划中持续时间最长的线路为关键线路。该双代号网络计划中的关键线路有3条,分别是:①→②→③→⑦;①→②→⑤→⑥→⑦;①→④→⑥→⑦。

13. C 【解析】根据《标准施工招标文件》,除合同另有约定外,发包人与承包人应在工程开工后,共同编制施工现场治安管理计划,并制定应对突发治安事件的紧急预案。【此知识点已删去】

14. A 【解析】质量管理体系文件分为质量手册(纲领性文件)、程序文件、质量计划、质量记录四个部分。其中,程序文件通常描述跨职能的活动,是施工企业为落实质量管理工作而建立的规章制度、质量标准,是为落实质量手册而确定的实施细则,主要包括文件控制、不合格品控制、纠偏措施控制、预防措施控制、内部审核、质量记录管理等方面的程序。

15. A 【解析】根据《安全生产法》,生产经营单位的主要负责人是本单位安全生产第一责任人,对本单位的安全生产工作全面负责。其他负责人对职责范围内的安全生产工作负责。

16. A 【解析】根据工程质量事故造成的人员伤亡或者直接经济损失,工程质量事故分为4个等级:(1)特别重大事故,是指造成30人以上死亡,或者100人以上重伤,或者1亿元以上直接经济损失的事故。(2)重大事故,是指造成10人以上30人以下死亡,或者50人以上100人以下重伤,或者5 000万元以上1亿元以下直接经济损失的事故。(3)较大事故,是指造成3人以上10人以下死亡,或者10人以上50人以下重伤,或者1 000万元以上5 000万元以下直接经济损失的事故。(4)一般事故,是指造成3人以下死亡,或者10人以下重伤,或者1 000万元以下直接经济损失的事故。本等级划分所称的"以上"包括本数,所称的"以下"不包括本数。本题中,质量事故造成直接经济损失4 500万元,故为较大事故。

17. C 【解析】施工现场应健全文明施工的管理制度,包括定期检查制度、奖惩制度、文明施工岗位责任制等。为落实施工现场文明施工岗位责任制,应将文明施工工作考核列入经济责任制中。【此知识点已删去】

18. B 【解析】详细评审是对标书的实质性审查,包括技术评审和商务评审。技术评审主要考察投标人的技术实力、方案的科学性、可靠性及项目的实施能力等方面的内容,主要内容如下:(1)对招标文件中质量、技术说明或要求(包括图纸)的理解深度。(2)进度计划或交货期限的有效性、先进性与严谨性。(3)项目组织结构、人员配备的合理性。(4)技术措施、方案、手段、装备等的可靠性、经济性等。商务评审主要考察成本、财务及经济方面的内容,如报价的构成、计算和取费标准,标书的计价方式和优惠条件、支付条件和价格调整等。【此知识点已删去】

19. D 【解析】施工测量控制是施工现场质量控制中的一项重要内容，施工单位在项目开工前编制的测量控制方案，一般应经项目技术负责人批准后实施。【此知识点已删去】

20. C 【解析】对项目管理机构进行成本管理绩效考核的主要依据是成本计划确定的各类指标。成本计划指标包括数量指标、质量指标和效益指标。【此知识点已删去】

21. C 【解析】施工图纸会审应由建设单位组织，监理单位、施工单位、设计单位等相关人员应参加图纸会审。

22. D 【解析】工程保险分为建筑工程一切险、安装工程一切险、设备财产保险和人身意外伤害保险等。建筑工程一切险和安装工程一切险应以工程发包人和承包人双方名义共同投保，均属于财产保险。

23. A 【解析】每一个项目都应编制项目管理任务分工表。项目各参与方应编制各自的项目管理任务分工表，编制项目管理任务分工表前需对项目实施阶段的任务进行分解。

24. A 【解析】规费是指按国家法律、法规规定，由省级政府和省有关权力部门规定必须缴纳或计取的费用。其主要包括社会保险费（养老保险费、失业保险费、医疗保险费、生育保险费和工伤保险费）和住房公积金。

25. A 【解析】工程变更属于合同变更，如施工合同履行期间发生的质量要求变更、质量标准变更、施工程序变更、工程内容变更、工程数量变更等。

26. C 【解析】通常情况下，施工图设计完成后才进行施工总承包的招标工作。投标人投标报价时，应依据施工招标文件、投标人投标报价的直接依据是施工图承包招标时。

27. B 【解析】根据《保障农民工工资支付条例》，建设单位与施工总承包单位依法订立书面工程施工合同，应当约定工程款计量周期、工程款进度结算办法以及人工费用拨付周期，并应当约定人工费用按月足额支付的约定与其他工程款约定分开。人工费用拨付周期不得超过1个月。【此知识点已删去】

28. D 【解析】施工质量事故发生的原因中，勘察设计的失误会导致地基不均匀沉降，结构失稳，开裂甚至倒塌。勘察设计失误的情形包括：勘察报告不准、不细；构造设计不合理等。

29. C 【解析】为了控制建筑工程地基与基础的施工质量，需要对换填地基、加固地基、复合地基和桩基进行检测试验，检测试验的主要参数包括压实系数、承载力、桩身完整性等。【此知识点已删去】

30. C 【解析】在组织工具中，合同结构图是通过图反映某项目的业主方和项目各参与方之间，以及项目各参与方之间的合同关系（债权关系）。【此知识点已删去】

31. A 【解析】施工质量控制包括事前控制、事中控制和事后控制。其中，事中控制是为了杜绝不合格的工序或产品流入后道工序、流入市场，其任务是对质量活动结果进行评价、认定；对工序质量偏差进行纠正；检查施工质量的缺陷；对不合格产品进行处置。故选项D属于事中控制。【此知识点已删去】

32. D 【解析】施工总承包管理方和施工总承包方均应承担施工管理任务和责任。但整个工程的安全、总进度、质量、组织与协调等，此外，施工总承包方对工程的执行承担总责任。

33. B 【解析】单位工程施工组织设计的内容主要包括：工程概况；施工进度计划；施工准备工作计划；各项资源需求量计划；施工方案的选择；单位工程施工总平面图设计；施工特点分析；技术组织、安全施工及质量保证等措施；主要技术经济指标。对于一般工程，一般只编制施工方案，并附以施工进度计划和施工平面图。【此知识点已删去】

34. D 【解析】进度控制的措施包括组织措施、管理措施、技术措施和经济措施。其中，经济措施主要涉及资金需求计划、劳动力和物力资源需求计划、资金供应的条件和经济激励措施等。选项A、C属于管理措施；选项B属于技术措施。

35. C 【解析】编制生产安全事故应急预案的目的是避免紧急情况发生时出现混乱，确保按照合理的响应流程采取适当的救援措施，预防和减少可能随之引发的职业健康安全和环境影响。故选项B错误。生产规模较小、危险因素少的生产经营单位/施工单位，其生产安全事故应急预案可以将综合应急预案与专项应急预案合并编写。故选项C错误。参加应急预案评审的人员应当包括有关安全生产及应急管理方面的专家。评审人员与所评审应急预案的生产经营单位有利害关系的应回避。【此知识点已删去】变更，变更后选项C正确。

36. D 【解析】环境管理体系运行活动主要包括：培训意识和能力；信息交流；文件管理，如及时购买、补充适用的规范、规程等行业标准，整理文件并编号；规定作废文件的处理程序；执行控制程序；监测环境管理体系的运行状况；对不符合处理、调查以及纠正与预防措施；有关环境管理的记录。

37. B 【解析】措施项目费主要包括安全文明施工费、夜间施工增加费、二次搬运费、冬雨季施工增加费、工程定位复测费等。总承包服务费是指在合同履行过程中，承包人按照国家法律、法规、标准等规定，为保证安全施工、文明施工，保护现场内外环境和搭临设施等所用的措施而发生的费用。故题干中的费用属于措施项目费中的安全文明施工费。

38. D 【解析】建设单位在开工前，应当按照国家有关规定办理工程质量监督手续。政府监督机构应审查质量监督手续的相关文件，审查合格后签发质量监督书。政府监督机构在开工前进行第一次监督检查时，应参与工程建设各方主体的质量行为。

39. B 【解析】项目管理机构应根据风险因素发生的概率、损失量或效益水平，确定风险量并进行分级。风险等风险发生概率等级和风险损失等级间的关系矩阵为风险矩阵。

40. C 【解析】在工程网络计划中，当某项工作有多个紧后工作时，其最迟完成时间等于所有紧后工作最迟开始时间的最小值。当某项工作有多个紧前工作时，其最早开始时间等于所有紧前工作最早完成时间的最大值。

41. B 【解析】新员工上岗前应进行三级安全教育培训，三级指的是进厂、进车间、班组，其中，班组级岗前安全教育的内容应包括：岗位安全操作规程；岗位之间工作衔接配合的安全与职业卫生事项；有关事故案例；劳动防护用品性能说明和使用方法等。【此知识点已删去】

42. B 【解析】根据《建设工程工程量清单计价规范》，由于承包人原因未在约定的工期内竣工的，对约定竣工日期后继续施工的工程，在使用约定的价格调整公式时，应采用原约定竣工日期与实际竣工日期的两个价格指数中较低的一个作为现行价格指数。本题中，由于发包人原因未在约定的工期内竣工的，对原约定竣工日期后继续施工的工程，在使用约定的价格调整公式时，应采用原约定竣工日期与实际竣工日期的两个价格指数中较高的一个作为现行价格指数。【此知识点已删去】

43. A 【解析】合同风险的分配应公平合理，责权利平衡。工程施工合同签订时，为了体现工程风险的公平分配，发包人与承包人约定的合同价款应以当地当时的市场价格为依据。【此知识点已删去】

44. D 【解析】在双代号网络计划中，线路上总的工作持续时间最长的线路或自始至终全部由关键工作组成的线路为关键线路。

45. C 【解析】施工承包合同类型中，固定总价合同以一个包定价格，除承包人原因对设计有重大变更或累计变更超过一定幅度外不允许调整合同价格，所以在固定总价合同中承包商承担了全部的价格风险（物价、人工费上涨，报价计算错误，漏报项目等风险）和工程量风险（设计深度不够造成的误差、工程量计算错误、工程范围不确定等风险），而业主承担较低的风险。【此知识点已删去】

46. C 【解析】根据《标准施工招标文件》，除专用合同条款另有约定外，经验收合格工程的实际竣工日期，以提交竣工验收申请报告的日期为准，并在工程接收证书中写明。

47. C 【解析】根据《关于开展对标世界一流管理提升行动的通知》，加强信息化管理，提升系统集成能力，针对信息化管理存在缺乏统筹规划、信息化与业务"两张皮"、信息系统互通不够存在安全隐患等问题，结合"十四五"网络安全和信息化规划制定和落实，以企业数字化智能化升级转型为主线，进一步强化顶层设计和统筹规划，充分发挥信息化驱动引领作用。【此知识点已删去】

48. B 【解析】根据《标准施工招标文件》，承包人按约定接受了竣工付款证书后，应被认为已无权再提出在合同工程接收证书颁发前所发生的任何索赔。承包人按约定提交的最终结清申请单中，只限于提出工程接收证书颁发后发生的索赔。提出索赔的期限自接受最终结清证书时终止。

49. D 【解析】施工定额是以同一性质的施工过程（工序）为研究对象，表示产品生产数量与时间消耗综合关系的定额，其属于企业定额的性质。

50. C 【解析】控制性进度计划是整个项目施工进度控制的纲领性文件，其主要作用是：论证、分解施工总进度目标；确定施工的总体部署和里程碑事件的进度目标；作为进度控制、实施性进度计划及其他进度计划编制的依据。【此知识点已删去】

51. A 【解析】随着项目管理理论的发展，项目经理在工程建设过程中，不仅要负责传统的项目管理工作（如控制进度、质量、费用目标），而且要实现的目标是项目交付价值。【此知识点已删去】

52. C 【解析】根据《建筑法》，工程监理人员认为工程施工不符合工程设计要求、施工技术标准和合同约定的，有权要求建筑施工企业改正。工程监理人员发现工程设计不符合建筑工程质量标准或者合同约定的质量要求的，应当报告建设单位要求设计单位改正。【此知识点已删去】

53. D 【解析】项目总进度目标控制前，应先分析、论证其实现的可能性，若不能实现，需提出调整建议，请决策者审议。【此知识点已删去】

54. C 【解析】PDCA循环原理的"实施"环节中，应做好行动方案的交底工作，严格执行计划的行动方案，规范行为，把质量管理计划的各项规定和安排落实到具体的资源配置和作业技术活动中去。故行动方案交底属于实施环节的内容。【此知识点已删去】

55. A 【解析】横道图法编制施工进度计划的缺点包括：(1)不易表达清楚工作间的逻辑关系。(2)所表达的信息量较少，不能反映工作的机动时间，不能确定关键线路、关键工作。(3)由于需要手工进行编制、调整，对于较大的进度计划较难实现。(4)不能用计算机处理。

56. C 【解析】施工承包单位应先复核建设单位（或其委托的单位）给出的原始测量控制点（如高程点、基准线、标高），复核后，应将复测结果报监理工程师审核。监理工程师批准后，施工承包单位根据准确的测量放线建立施工测量控制网（即工程测量放线成果），并对其正确性负责，同时做好基桩的保护。

57. D 【解析】根据《建设工程安全生产管理条例》，施工单位应当在施工组织设计中编制安全技术措施和施工现场临时用电方案，对下列达到一定规模的危险性较大的分部分项工程编制专项施工方案，并附具安全验算结果，经施工单位技术负责人、总监理工程师签字后实施，由专职安全生产管理人员进行现场监督：(1)基坑支护与降水工程。(2)土方开挖工程。(3)模板工程。(4)起重吊装工程。(5)脚手架工程。(6)拆除、爆破工程。(7)国务院建设行政主管部门或者本级人民政府建设行政主管部门规定的其他危险性较大的工程。对上述所列工程中涉及深基坑、地下暗挖工程、高大模板工程的专项施工方案，施工单位还应当组织专家进行论证、审查。

58. B 【解析】施工安全隐患治理原则中，重点处理原则是指对危险点进行分级处理，如采用安全检查表法打分对危险程度进行分级，或根据隐患分析评价结果进行危险点分级处理。

59. C 【解析】根据《建设工程监理规范》，项目监理机构在实施监理过程中，发现工程存在质量事故隐患时，应签发监理通知单，要求施工单位改正；情况严重时，应签发工程暂停令，并应及时报告建设单位。施工单位拒不整改或不停止施工时，项目监理机构应及时向有关主管部门报送监理报告。

60. A 【解析】建设工程项目总进度目标论证的步骤为：(1)调查研究、收集资料。(2)分析项目结构。(3)分析进度计划系统结构。(4)确定工作编码。(5)编制各层进度计划。(6)协调各层进度计划的关系、编制总进度计划。(7)调整各项目的进度目标。(8)无法实现目标时，报告决策者。【此知识点已删去】

61. D 【解析】施工机械时间定额包括有效工作时间(正常负荷下和降低负荷下的工作时间)、不可避免的无负荷工作时间、不可避免的中断时间。【此知识点已删去】

62. C 【解析】因非承包人原因导致工程暂停施工，不属于承包人的责任，故承包人有权向发包人提出索赔。选项A,B,D均属于承包人的责任，不能向发包人提出索赔。

63. C 【解析】根据《建设工程工程量清单计价规范》，投标报价时，材料、工程设备暂估价应按招标工程量清单中列出的单价计入综合单价。故该部分钢筋的单价应采用招标文件中的暂估价，即5 650元/吨。

64. B 【解析】根据《建设工程工程量清单计价规范》，单价合同计量时，工程量必须以承包人完成合同工程应予计量的工程量确定。施工中进行工程计量，当发现招标工程量清单中出现缺项、工程量偏差，或因工程变更引起工程量增减时，应按承包人在履行合同义务中完成的工程量计算。【此知识点已删去】

65. D 【解析】施工企业建立职业健康安全管理体系时，为便于获得各方的支持和资源保证，需要由最高管理者亲自决策。体系文件包括管理手册(纲领性)、程序文件和作业文件。【此知识点已删去】

66. D 【解析】根据《建设工程工程量清单计价规范》，措施项目中的安全文明施工费必须按国家或省级、行业建设主管部门的规定计算，不得作为竞争性费用。规费和税金应按国家或省级、行业建设主管部门的规定计算，不得作为竞争性费用。规费包括社会保险费(养老保险费、失业保险费、医疗保险费、生育保险费和工伤保险费)、住房公积金。

67. D 【解析】工程报价=分部分项工程费+措施项目费+其他项目费+规费+增值税。根据题干，分部分项工程费 = 26 000 + 14 000 + 12 000 = 52 000(万元)；措施项目费 = 52 000 × 10% = 5 200(万元)；增值税 = (52 000 + 5 200 + 1 700 + 1 560) × 9% = 5 441.4(万元)。故该项目的最高投标报价=52 000 + 5 200 + 1 700 + 1 560 + 5 441.4=65 901.4(万元)。

68. B 【解析】费用偏差=已完工作预算费用-已完工作实际费用，当费用偏差>0时，表示节约；当费用偏差=0时，表示费用按计划执行；当费用偏差<0时，表示超支。进度偏差=已完工作预算费用-计划工作预算费用，当进度偏差>0时，表示进度提前；当进度偏差=0时，表示进度按计划执行；当进度偏差<0时，表示进度延期。根据题干，费用偏差=470－540＝－70(万元)，则表示费用超支70万元；进度偏差=470－530=－60(万元)，则表示进度拖后60万元。

69. C 【解析】对于任一招标工程量清单项目，当工程量偏差和工程变更等原因导致工程量偏差超过15%时，可进行调整。当工程量增加15%以上时，增加部分的工程量的综合单价应予调低；当工程量减少15%以上时，减少后剩余部分的工程量的综合单价应予调高。根据题干，实际工程量2.7 万 m³×2×(1＋15％)≈2.3 (万m³)，故该土方工程的结算额＝2.3×83＋(2.7－2.3)×80=222.9(万元)。

70. C 【解析】项目目标动态控制过程中，可采取的纠偏措施主要有组织措施、管理措施、经济措施、技术措施。其中，组织措施主要包括管理人员、组织结构模式、工作流程组织、职能分工、任务分工等方面的调整。选项A属于经济措施；选项B属于管理措施；选项D属于技术措施。【此知识点已变更】

二、多项选择题

71. BC 【解析】建筑工程质量验收划分为单位工程、分部工程、分项工程和检验批。其中，单位工程和分部工程质量验收合格规定中，观感质量应符合要求。观感质量检查结果不作为"合格"或"不合格"的结论，而是综合给出"好""一般""差"的质量评价结果。

72. ACE 【解析】加固处理主要是对于可能危及结构承载力的缺陷进行的处理方法。对混凝土的加固方法主要有：增大截面加固法、置换混凝土加固法、体外预应力加固法、外包角钢加固法、粘贴钢板加固法、粘贴纤维复合材加固法、增设支点加固法等。

73. CE 【解析】与平行发承包模式相比，施工总承包模式的特点包括：(1)施工的合同关系工作量较少。(2)业主的组织和协调工作较少，协调比较容易。(3)建设周期较长，不利于项目总进度控制。

74. BCD 【解析】项目管理机构可按成本组成(如直接费、间接费、其他费用、如人工费、材料费、施工机具使用费和企业管理费等)、项目结构(如各单位工程或单项工程)和工程实施阶段(如基础、主体、安装、装修等或月、季、年等)进行编制，也可以将几种方法结合使用。

75. AB 【解析】成本分析的基本方法主要包括比较法(对比法)、因素分析法(连环替代法、连环置换法)、差额计算法、比率法等。

76. ACDE 【解析】与会计核算法相比，表格核算法的特点包括：(1)简便易懂，方便操作。(2)实用性较好。(3)精度较差但实现科学严密。(4)覆盖面较小。【此知识点已删去】

77. BE 【解析】双代号网络计划中应只有一个起点节点和一个终点节点，在本题图中⑥和⑦都为终点节点。一项工作应当只有唯一的一条箭线和相应的一对节点，箭线③→④和⑤→⑦在图中均表示两项工作。

78. ABCD 【解析】施工现场应设置"五牌一图"，包括工程概况牌、管理人员名单及监督电话牌、消防保卫(防火责任)牌、安全生产牌、文明施工牌和施工现场平面图。

79. ABE 【解析】成本计划编制的依据包括：(1)合同文件。(2)项目管理实施规划。(3)相关设计文件。(4)价格信息。(5)相关定额。(6)类似项目的成本资料。

80. DE 【解析】施工组织总设计的内容主要包括：工程概况；施工部署；核心工程的施工方案；施工总进度计划；施工准备工作计划；总体施工总平面图设计；各项资源需求量计划；主要技术经济指标。施工组织设计的主要内容有：工程概况；施工进度计划；施工准备工作计划；各项资源需求量计划；作业区施工平面布置图设计；施工特点分析；施工方法和施工机械的选择；技术组织、安全施工及质量保证等措施。故选项D,E为二者均应包括的内容。【此知识点已删去】

81. ABC 【解析】工程量清单计价模式中，措施项目费的计算方法有综合单价法、参数法、分包法等。其中，综合单价法适用于脚手架、混凝土模板、垂直运输等项目措施费用的计算。选项D,E宜采用参数法计算费用。

82. ACD 【解析】根据《建设工程安全生产管理条例》，垂直运输机械作业人员、安装拆卸工、爆破作业人员、起重信号工、登高架设作业人员等特种作业人员，必须按照国家有关规定经过专门的安全作业培训，并取得特种作业操作资格证书后，方可上岗作业。【此知识点已删去】

83. ABDE 【解析】施工技术管理资料包括：施工图纸会审的记录文件；开工报告、开工报审表等相关资料；安全技术交底的记录文件；施工组织设计的规划记录文件；技术、经济洽商的记录文件；施工过程中测量、检查的记录文件；施工过程中质量事故的报告和处理文件；工程项目的竣工文件等。选项C属于施工质量控制资料。【此知识点已删去】

84. ABE 【解析】《标准施工招标文件》适用于一定规模以上，且设计和施工不是由同一承包商承担的工程施工招标。故选项C,D错误。

85. BC 【解析】根据《标准施工招标文件》，在履行合同过程中，由于发包人提供图纸错误造成工期延误的，承包人有权要求发包人延长工期和(或)增加费用，并支付合理利润。监理人重新检查隐蔽工程时，经检验证明工程质量符合合同要求的，由发包人承担由此增加的费用和(或)工期延误，并支付承包人合理利润。选项A可以索赔工期和费用；选项D可以索赔工期；选项E可以索赔工期和部分费用。

86. ADE 【解析】根据《标准施工招标文件》，发包人应在专用合同条款约定的期限内，通过监理人向承包人提供测量基准点、基准线和水准点及其书面资料。发包人应对其提供的测量基准点、基准线和水准点及其书面资料的真实性、准确性和完整性负责。除专用合同条款另有约定外，发包人应根据工程项目的施工需要，负责办理取得施工场地的专用和临时道路的通行权，以及工程建设所需修建场外设施的权利，并承担有关费用。发包人应根据合同进度计划，组织设计单位向承包人进行设计交底。选项B,C属于承包人的责任和义务。【此知识点已删去】

87. ACE 【解析】根据《建设工程监理规范》，监理实施细则的编制应依据下列资料：(1)监理规划。(2)工程建设标准、工程设计文件。(3)施工组织设计、(专项)施工方案。【此知识点已删去】

88. ADE 【解析】组织保证体系主要包括：建立健全各种质量管理规章制度；建立质量信息系统；明确各管理人员和施工人员的工作任务、职责和权限；落实建筑施工人实名制管理。选项B,C属于工作保证体系的内容。【此知识点已变更】

89. ABD 【解析】《建筑工程五方责任主体项目负责人质量终身责任追究暂行办法》，符合下列情形之一的，县级以上地方人民政府住房和城乡建设主管部门应当依法追究项目负责人的质量终身责任：(1)发生工程质量事故。(2)发生投诉、举报，群体性事件、媒体报道并造成恶劣社会影响的严重工程质量问题。(3)由于勘察、设计或施工原因造成尚在设计使用年限内的建筑工程不能正常使用。(4)存在其他需追究责任的违法违规行为。【此知识点已删去】

90. ABCD 【解析】规费是指按国家法律、法规规定，由省级政府和省级有关权力部门规定必须缴纳或计取的费用。规费包括社会保险费(养老保险费、失业保险费、医疗保险费、生育保险费和工伤保险费)、住房公积金。因此，施工企业应为职工缴纳养老保险费、失业保险费、医疗保险费、生育保险费和工伤保险费。而意外伤害险由建筑施工企业自主决定是否缴纳。【此知识点已删去】

91. BCDE 【解析】施工成本的计划值和实际值进行比较时，计划值和实际值是相对的。如相对于实际施工成本而言，施工预算成本为计划值；相对于施工预算成本而言，施工成本规划的成本值与实际施工成本值均为实际值；相对于工程合同而言，投标报价为计划值；相对于工程合同价而言，工程款支付属于实际值。【此知识点已删去】

92. ACE 【解析】实施性施工进度计划属于具体施工组织作业文件，用于直接组织施工作业，如某构件制作计划、月度施工计划、旬施工作业计划等。实施性施工进度计划的作用是明确施工作业的具体安排，并确定相应时间段内人、材、机及资金的需求。选项B,D属于控制性施工进度计划的主要作用。【此知识点已删去】

93. BD 【解析】建设工程项目的风险主要分为组织风险、经济与管理风险、技术风险和工程环境风险。其中，组织风险主要涉及各种人员的能力、经验、知识等。选项A属于经济与管理风险；选项C属于工程环境风险；选项E属于技术风险。【此知识点已删去】

94. ABE 【解析】详细评审是对标书的实质性审查，包括技术评审和商务评审。技术评审主要考察投标人的技术实力、方案的科学性、可靠性和生产能力等方面的内容，主要内容如下：(1)对招标文件中技术、质量说明或要求(包括图纸)的理解深度及响应程度。(2)进度计划或交货期限的有效性、先进性及严谨性。(3)项目组织结构、人员配备的合理性。(4)技术措施、方案、手段、装备等的可靠性。商务评审主要考察成本、财务及经济方面的内容，如报价的构成、计算和取费标准、标书的计价方式和优惠条件、支付条件和价格调整等。选项C,D属于初步评审环节需要评审的内容。【此知识点已删去】

95. ABC 【解析】根据《建设工程施工专业分包合同(示范文本)》，承包人应提供总包合同(有关总包工程的价格及支付内容除外)供分包人查阅。承包人应随时为分包人提供确保分包工程的施工所要求的施工场地和通道，满足施工运输的需要，保证施工期间的畅通。承包人应按合同专用条款约定的时间，组织分包人参与发包人组织的图纸会审，向分包人进行设计图纸交底。分包人应在合同专用条款约定的时间内，向承包人提供年、季、月度工程进度计划及相应报表。承包人应在专用条款约定的时间内，向分包人提交一份详细施工组织设计，承包人应在专用条款约定的时间内批准，分包人方可执行。选项D说法有歧义，尽量不选；选项E错误。

全国二级建造师执业资格考试
建设工程施工管理

2023年二级建造师考试真题（二）

题 号	一	二	总 分
分 数			

说明：1. 2023年二建考试分两种形式进行，即2天考3科和1天考3科。本套主要为1天考3科的试题。

2. 加灰色底纹标记的题目，其知识点已不作考查，可略过学习。

一、单项选择题（共70题，每题1分。每题的备选项中，只有1个最符合题意）

1. 对业主而言，项目进度目标指的是 （ ）
   A. 交付使用的时间目标
   B. 竣工时间目标
   C. 移交时间目标
   D. 竣工结算时间目标

2. 关于线性组织结构的说法，错误的是 （ ）
   A. 上下级部门呈现直线的权责关系
   B. 每个部门只接受一个直接上级的指示
   C. 分工合理，横向联系好
   D. 结构简单，权责分明

3. 施工单位用于明确项目各项工作任务的主办、协办或配合部门的组织工具是 （ ）
   A. 项目结构图
   B. 工作任务分工表
   C. 管理职能分工表
   D. 项目管理组织结构图

4. 关于项目管理职能分工表的说法，正确的是 （ ）
   A. 业主方应编制统一的项目管理职能分工表
   B. 用表格的形式反映各部门对工作任务的分工
   C. 表中用符号加备注的方式表示管理职能
   D. 业主方和项目参与方应编制各自的项目管理职能分工表

5. 某大学新校区的图书馆项目施工组织设计属于 （ ）
   A. 施工管理规划
   B. 单位工程的施工组织设计
   C. 施工组织总设计
   D. 分部工程施工组织设计

6. 下列项目目标动态控制的纠偏措施中，属于技术措施的是 （ ）
   A. 调整管理职能分工
   B. 改变施工管理
   C. 优化施工方法
   D. 调整进度管理方法

7. 根据《建设工程项目管理规范》，关于项目管理责任书的说法，正确的是 （ ）
   A. 项目管理目标责任书应当在项目投标之前制定
   B. 项目管理目标责任书应由施工企业职能部门制定
   C. 制定项目管理目标责任书的依据应为项目管理实施规划
   D. 项目管理目标责任书中应明确项目管理机构应承担的风险

8. 某施工企业拟建立职业健康安全管理体系和环境管理体系，在制定方针、目标、指标和管理方案后，紧接着应进行的工作是 （ ）
   A. 初始状态评审
   B. 管理体系策划与设计
   C. 体系文件编写
   D. 最高领导者决策

9. 施工过程中的质量验收时，需要进行观感质量验收的是 （ ）
   A. 分部工程验收
   B. 检验批验收
   C. 分项工程验收
   D. 隐蔽工程质量验收

10. 采用单价合同计价方式的工程，确定工程结算款的依据是 （ ）
    A. 实际完成工程量和实际单价
    B. 合同工程量和合同单价
    C. 实际完成工程量和合同单价
    D. 合同工程量和实际单价

11. 在双代号网络计划图中，虚箭线的特征是 （ ）
    A. 既占用时间又消耗资源
    B. 不占用时间但消耗资源
    C. 需占用时间，不消耗资源
    D. 不占用时间，不消耗资源

12. 根据《建设工程施工合同（示范文本）》，国内工程建筑一切险的投保人应当是 （ ）
    A. 承包人
    B. 发包人和承包人
    C. 工程项目的代建方
    D. 发包人

13. 某斗容量为1 m³的正铲挖掘机台班产量为480 m³，配备两名工人，机械利用系数为0.8。则在正常的工作条件下，机械1小时纯工作时间可推土（ ）m³。
    A. 32.5
    B. 48
    C. 60
    D. 75

14. 根据《建设工程施工合同（示范文本）》，发包人要求承包人提供履约担保的，发包人应当同时向承包人提供 （ ）
    A. 抵押担保
    B. 工程支付担保
    C. 保证金
    D. 预付款担保

15. 施工企业向定期休假的工人支付的工资属于建筑安装工程费中的 （ ）
    A. 特殊情况下支付的工资
    B. 计时工资
    C. 计件工资
    D. 津贴补贴

16. 某工程施工中，混凝土结构出现宽度0.3 mm的裂缝，且裂缝较深，但不影响结构的安全和使用，则采用的处理方法是 （ ）
    A. 灌浆修补法
    B. 表面密封法
    C. 嵌缝密闭法
    D. 纤维加固法

17. 旁站监理人员发现施工单位在主体结构施工中有违反工程建设强制性标准的行为,有权采取的做法是 （ ）
   A. 责令施工单位立即整改
   B. 向施工单位下达局部停工令
   C. 报告建设单位并采取应急措施
   D. 报告有关主管部门并采取措施

18. 工程监理人员发现工程设计不符合工程质量标准的,应当(　　)要求设计单位改正。 （ ）
   A. 报告总监理工程师
   B. 告知施工单位
   C. 报告建设行政主管部门
   D. 报告建设单位

19. 混凝土预制构件出厂时的混凝土强度不宜低于设计混凝土强度等级的 （ ）
   A. 50%
   B. 75%
   C. 90%
   D. 100%

20. 某双代号网络计划如下图所示(时间单位:天),则工作 D 的最早完成时间为第(　　)天。
   A. 7
   B. 8
   C. 9
   D. 10

21. 下列施工现场质量检查项目中,可通过"照"的手段检查的是 （ ）
   A. 油漆的光滑度
   B. 管道井内管线、设备安装质量
   C. 内墙抹灰的大面及口角是否平直
   D. 混凝土的外观是否符合要求

22. 下列合同实施偏差的调整措施中,属于组织措施的是 （ ）
   A. 调整合同实施工作流程和工作计划
   B. 增加投入采取的激励措施
   C. 采用新的高效率施工方案
   D. 进行合同变更,签订补充协议

23. 下列建设工程定额中,可以直接用于编制施工作业计划的是 （ ）
   A. 预算定额
   B. 施工定额
   C. 概算指标
   D. 概算定额

24. 建设工程质量监督机构对工程项目进行第一次监督检查的重点是 （ ）
   A. 施工现场开工准备情况
   B. 参与工程建设各方主体的质量行为
   C. 复核施工测量基准点位置
   D. 建筑材料构配件的质量

25. 根据《标准施工招标文件》,变更指示只能由(　　)发出。 （ ）
   A. 监理人
   B. 发包人
   C. 设计人
   D. 工程质量监督机构

26. 根据《建筑工程五方责任主体项目负责人质量终身责任追究暂行办法》,发生工程质量事故时,应当由(　　)依法追究项目负责人的质量终身责任。
   A. 地方建设主管部门
   B. 项目投资方
   C. 建筑业行业
   D. 项目所在地地方检察院

27. 下列施工进度控制工作中,应由施工单位承担的是 （ ）
   A. 协调设计与施工的工作进度
   B. 编制工程设备供货进度
   C. 组织施工进度计划的实施
   D. 控制项目动用前准备工作进度

28. 实施建筑工人实名制管理所需的费用应计入 （ ）
   A. 其他项目费
   B. 分部分项工程费
   C. 措施项目费
   D. 规费

29. 某施工单位依据合同要求向业主提供专项检测试验结果,由此发生的费用属于施工质量成本中的 （ ）
   A. 施工额外成本
   B. 运行质量成本
   C. 内部质量保证成本
   D. 外部质量保证成本

30. 能够作为各阶段产品质量达到要求和质量体系运行有效证据的是 （ ）
   A. 质量手册
   B. 程序文件
   C. 质量记录
   D. 质量计划

31. 工程质量监督的性质属于 （ ）
   A. 行政监督行为
   B. 行政管理行为
   C. 行政执法行为
   D. 行政服务行为

32. 根据《建设工程质量管理条例》,分包单位应当按照分包合同的约定对其分包工程质量向(　　)负责。
   A. 建设单位
   B. 总承包单位
   C. 监理单位
   D. 工程使用单位

33. 某单代号网络计划中,工作 i 的最早开始时间是第 2 天,耗时时间是 1 天,其紧后工作 j 的最迟开始时间是第 7 天,总时差是 3 天,则工作 i,j 的间隔时间是(　　)天。
   A. 1
   B. 2
   C. 4
   D. 5

34. 在施工管理过程中,项目经理处理与承担的工程项目有关的外部关系时应以(　　)身份进行。
   A. 施工企业的代理人
   B. 施工企业法定代表人
   C. 建设单位管理者
   D. 施工企业法定代表人的代表

35. 施工现场防火设施的可用性较差可能导致火灾发生,该风险属于 （ ）
   A. 经济与管理风险
   B. 组织风险
   C. 工程环境风险
   D. 技术风险

36. 施工项目成本分析的基础是 （ ）
   A. 分部分项工程成本分析
   B. 单位工程成本分析
   C. 月度成本分析
   D. 单项工程成本分析

37. 某建设工程项目采用施工总承包管理模式,若施工总承包管理单位想承担部分实体工程的施工,则取得施工任务的方式是 （ ）
   A. 业主委托
   B. 自行决定
   C. 施工总承包单位委托
   D. 投标竞争

38. 根据《建设工程工程量清单计价规范》,下列措施项目中,应列入总价措施项目清单与计价表的是 （　　）
   A. 安全文明施工费
   B. 脚手架工程费
   C. 混凝土模板及支架费
   D. 垂直运输费

39. 施工企业质量管理体系获准认证的有效期是(　　)年。
   A. 1
   B. 2
   C. 3
   D. 4

40. 根据《建设工程安全生产管理条例》,施工单位针对达到一定规模的危险性较大的分部分项工程编制的专项施工方案,需经(　　)签字后实施。
   A. 建设单位项目负责人和总监理工程师
   B. 总监理工程师和设计单位项目负责人
   C. 施工单位技术负责人和总监理工程师
   D. 施工单位技术负责人和建设单位项目负责人

41. 根据《建设工程施工现场环境与卫生标准》,下列防止环境污染措施中,正确的是 （　　）
   A. 施工现场污水直接排入市政污水管网或附近河流
   B. 废弃的降水井在工程竣工后予以回填并井口封闭
   C. 环境空气质量指数为中度时,可减少洒水频次
   D. 施工现场主要道路进行硬化处理

42. 工程项目施工成本控制应贯穿于 （　　）
   A. 从合同签订之日开始至保证金返还的全过程
   B. 从施工开始至竣工验收的全过程
   C. 从投标开始至保证金返还的全过程
   D. 从投标开始至竣工验收交付使用的全过程

43. 关于建设工程项目总进度目标及其论证的说法,正确的是 （　　）
   A. 总进度目标是指整个工程项目的施工进度目标
   B. 论证的核心工作是编制项目进度计划
   C. 总进度目标是由施工方在投标文件中确定的
   D. 应分析项目实施阶段各项工作的进度及其关系

44. 关于采用清单计价编制工程投标报价的说法,正确的是 （　　）
   A. 投标报价应以施工方案和技术措施等作为报价计算的基本条件
   B. 投标报价应由投标人自行编制,不能委托第三方机构
   C. 投标报价不得低于工程成本,但为了中标,可以不考虑企业管理费
   D. 不同发承包模式对投标报价影响不大

45. 根据《保障农民工工资支付条例》,关于农民工工资支付的说法,正确的是 （　　）
   A. 分包单位农民工工资由分包单位自行发放
   B. 农民工工资不能以实物代替,但可以用有价证券的形式代替
   C. 分包单位对所招用农民工的实名制管理和工资支付负直接责任
   D. 用人单位应当按照工资支付周期编制书面工资支付台账,并至少保持1年

46. 关于施工生产安全事故应急预案实施的说法,正确的是 （　　）
   A. 施工单位应急预案修订涉及组织指挥体系内容变更的,可不重新备案
   B. 任何应急资源发生变化时均应及时修订应急预案
   C. 施工单位每年至少组织一次综合应急预案演练或专项应急预案演练
   D. 施工单位每年至少组织一次现场处置方案演练

47. 下列危险源控制方法中,可用于控制第二类危险源的是 （　　）
   A. 采取应急救援方法
   B. 隔离危险物质
   C. 加强员工的安全意识教育
   D. 限制能量释放

48. 关于成本加酬金合同计价方式的说法,正确的是 （　　）
   A. 需要确定合同的准确工程内容
   B. 不适用于抢险救灾工程
   C. 对业主的投资控制不利
   D. 对承包商而言,比固定总价合同的风险大

49. 关于施工现场围挡设计的说法,正确的是 （　　）
   A. 围挡高度在施工现场路段设置应相同
   B. 市区主要路段的围挡高度不得低于1.5 m
   C. 施工现场实行封闭式管理,采用硬质围挡
   D. 市容景观路段的围挡高度不得低于2 m

50. 根据《标准施工招标文件》,关于承包人提出索赔期限的说法,正确的是 （　　）
   A. 按照合同约定接受竣工付款证书后,有权提出工程接收证书颁发前发生的索赔
   B. 按照合同约定接受竣工验收证书后,无权提出工程接收证书颁发后发生的索赔
   C. 按照合同约定提交的最终结清申请单中,只限于提出工程接收证领发前发生的索赔
   D. 按照合同约定提交的最终结清申请单中,只限于提出工程接收证书颁发后发生的索赔

51. 某隐蔽工程施工结束后,承包人未通知监理人检查即自行隐蔽,后又遵照监理人的指示进行剥离并共同检验,确认该隐蔽工程的施工质量满足合同要求。关于工期和费用处理的说法,正确的是 （　　）
   A. 工期延误和费用损失均由发包人承担
   B. 给承包人顺延工期,但不补偿费用
   C. 工期延误和费用损失均由承包人承担
   D. 给承包人补偿费用,但不顺延工期

52. 根据《招标投标法实施条例》,关于施工招标的说法,正确的是 （　　）
   A. 对技术复杂或无法精确拟定技术规格的项目,可以分两阶段招标
   B. 投标保证金有效期应当长于投标有效期
   C. 招标文件中应当明确最高投标限价和最低投标限价
   D. 招标人可以组织个人或者部分潜在投标人踏勘项目现场

53. 某项目进行到第6个月时累计费用偏差为-300万元,费用绩效指数为0.9,进度偏差为200万元,由此可以判断该项目的状态是 （　　）
   A. 进度绩效指数大于1,进度提前
   B. 进度绩效指数小于1,进度延迟
   C. 第6个月费用超支,进度延误
   D. 前6个月费用节约,进度提前

54. 在工期不变的前提下,为节约贷款利息。下列措施中,最有效的是 （　　）
   A. 所有工作按最早时间开始,且在支付时效内尽早支付
   B. 所有工作按最早时间开始,且在支付时效内最迟支付
   C. 所有工作按最迟时间开始,且在支付时效内尽早支付
   D. 所有工作按最迟时间开始,且在支付时效内最迟支付

55. 根据《建设工程施工专业分包合同(示范文本)》,关于分包人主要责任和义务的说法,正确的是 ( )
   A. 根据分包工作的需要,分包人可与发包人或监理人发生直接工作联系
   B. 分包人编制分包工程的施工组织设计,并报承包人批准
   C. 就分包工程范围内的有关工作,承包人不得向分包人发出指令
   D. 按环境保护和安全文明生产等管理规定,分包人办理相关手续并承担由此发生的费用

56. 建设工程索赔成立的条件不包括 ( )
   A. 承包人按合同规定的程序和时间提交了索赔意向通知书和索赔报告
   B. 事件造成费用增加或工期损失巨大,超出承包人正常的承受范围
   C. 与合同对照,事件已造成承包人工程成本的额外支出或直接工期损失
   D. 非承包人原因造成费用增加或工期损失

57. 职业健康安全管理体系与环境管理体系的体系文件包括的三个层次分别是 ( )
   A. 管理手册、作业指导书和监测活动准则   B. 作业指导书、管理规定和监测活动准则
   C. 管理手册、程序文件和作业文件   D. 方针目标、程序文件和程序文件引用的表格

58. 施工企业对项目管理机构进行成本考核的主要指标是 ( )
   A. 项目全员劳动生产率和人均劳动生产率
   B. 责任目标成本降低率和责任目标成本降低额
   C. 项目成本支出率
   D. 项目成本降低额和项目成本降低率

59. 某工程因工期紧,项目部采用了标准要求低但可缩短工期的施工工艺,造成了工程质量事故。按照事故责任分类,该事故属于 ( )
   A. 指导责任事故   B. 操作责任事故
   C. 技术原因事故   D. 管理原因事故

60. 关于横道图计划中横道表示的说法,正确的是 ( )
   A. 横道图中的每一行只能有一项工作   B. 所有横道必须与时间坐标相对应
   C. 横道上下不能加文字或符号说明   D. 横道之间不能用箭线进行连接

61. 根据《建设工程工程量清单计价规范》,关于合同工期及赶工补偿的说法,正确的是 ( )
   A. 招标人压缩的工期天数不得超过定额工期的30%
   B. 发包人要求合同工程提前竣工的,承包人承担由此增加的提前竣工费用
   C. 发承包双方应在合同中约定提前竣工每日历天应补偿额度
   D. 发包人要求合同工程提前竣工的,承包人必须采取加快进度的措施

62. 关于单代号网络计划中箭线的说法,正确的是 ( )
   A. 箭线表示工艺逻辑关系,虚箭线表示组织逻辑关系
   B. 箭线的箭头和箭尾均表示事件
   C. 箭线上不存在时间参数
   D. 箭线既不占用时间,也不消耗资源

63. 根据《建设工程工程量清单计价规范》,关于投标人进行其他项目计价表填报的说法,正确的是 ( )
   A. 计日工应按照招标工程量清单列出的项目和估算的数量,自主确定各项综合单价并计算费用
   B. 总承包服务费可以根据招标文件的要求,自主决定是否提供该项服务,并根据服务内容确定服务费率
   C. 暂估价中的材料必须按照暂估单价计入综合单价,但是有暂估价的工程项目可以适当调整价格
   D. 暂列金额应当根据招标工程量清单中的要求,按照自行估计的数量和金额确定

64. 某双代号网络计划如下图所示,关于工作间逻辑关系的说法,正确的是 ( )

   A. 工作A,B,D均完成后进行工作C,工作D完成后即进行工作C
   B. 工作A完成后进行工作C,工作D完成后即进行工作E
   C. 工作A完成后进行工作C,工作B,D均完成后进行工作E
   D. 工作A,B均完成后进行工作C,工作B,D均完成后进行工作E

65. 关于施工单位安全事故报告的说法,正确的是 ( )
   A. 施工单位负责人在接到安全事故报告后,应当在24小时内向有关部门报告
   B. 实行施工总承包的建设工程,由建设单位负责上报事故
   C. 安全事故发生后情况紧急时,事故现场人员可直接向建设单位负责人报告
   D. 安全事故发生后,最先发现事故的人员应立即向施工单位负责人报告

66. 根据《建设工程施工合同(示范文本)》,关于工程保修的说法,正确的是 ( )
   A. 保修期内因地震造成工程的缺陷和损坏,可以委托承包人修复,发包人承担修复的费用并支付承包人合理的利润
   B. 保修期内发包人发现已接收的工程存在任何缺陷应书面通知承包人修复,承包人接到通知后应在48小时内到现场修复缺陷
   C. 保修期内因发包人使用不当造成工程的缺陷、损坏,可以委托承包人修复,发包人承担修复的费用但不支付承包人利润
   D. 保修期内因承包人原因造成工程的缺陷、损坏,承包人应负责修复并承担修复的费用,但不承担因工程缺陷和损坏造成的第三人人身和财产损失

67. 某独立土方工程,根据《建设工程工程量清单计价规范》,签订了固定单价合同,招标清单工程量为5 000 m³,约定的综合单价为60元/m³。合同约定:当承包人实际完成并经监理工程师计量的工程量超过清单工程量的15%时,超过部分的单价调整为原综合单价的0.9。工程结束时实际完成并经监理工程师确认的土方工程量为6 000 m³,则该土方工程总价款为( )元。
   A. 354 000   B. 358 500
   C. 360 000   D. 364 500

68. 施工进度计划调整中,缩短了某工作的机动时间,则对该工作的调整属于 ( )
   A. 工程量的调整   B. 工作关系的调整
   C. 资源提供条件的调整   D. 工作起止时间的调整

69. 关于施工现场临时设施布置的说法,正确的是 ( )
   A. 对于重要材料设备,搭设相应适用存储保护的临时设施
   B. 现场生产临时设施及施工便道布置仅考虑施工便捷性

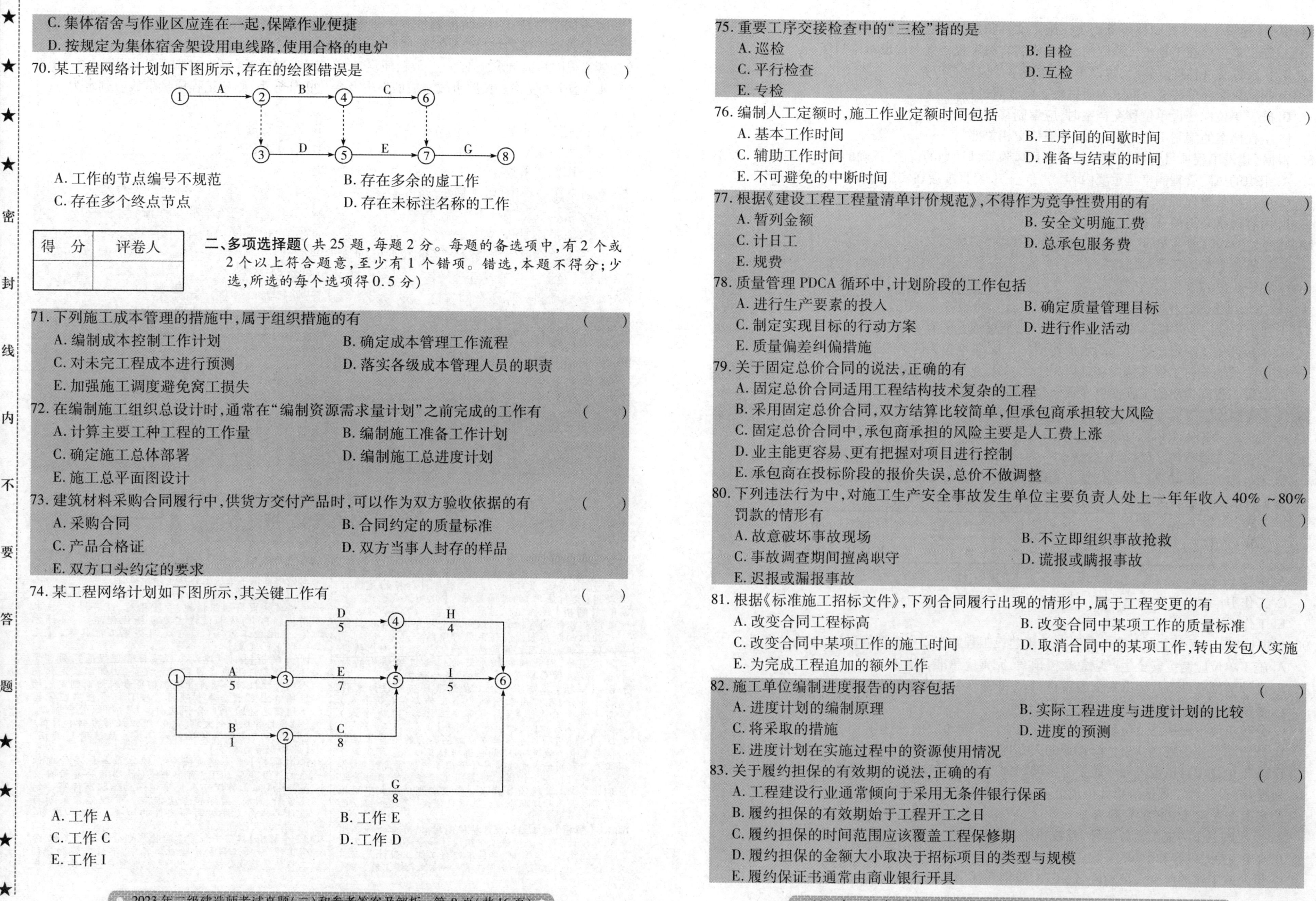

84. 根据《建设工程文件归档规范》，关于施工文件归档的说法，正确的有（　　）
   A. 施工单位应在工程竣工验收前，将形成的有关工程档案向建设单位归档
   B. 在工程文件整理立卷后，建设单位、监理单位应进行审查
   C. 归档只能在单位或分部工程通过竣工验收后进行
   D. 施工单位向建设单位移交档案时，应编制移交清单
   E. 工程档案的编制不得少于四套，分别移交相关部门

85. 根据《建设工程项目管理规范》，关于项目风险管理计划的说法，正确的有（　　）
   A. 组织的风险管理制度是重要内容
   B. 经批准后在实施过程中不得修改
   C. 应在项目管理策划时确定
   D. 招标文件与工程合同是重要的编制依据
   E. 内容包括必需的资源和费用预算

86. 政府建设行政主管部门对工程质量监督管理的内容包括（　　）
   A. 抽查质量检测单位的质量行为
   B. 执行工程建设强制性标准的情况
   C. 抽查主要建筑材料的质量
   D. 对违规违法行为提起诉讼
   E. 组织工程质量事故的调查处理

87. 下列承包商向业主提出的费用索赔事项中，能够成立的有（　　）
   A. 承包商施工质量缺陷导致的增加费用
   B. 非承包人的原因造成停工损失
   C. 业主延期支付工程款造成利息损失
   D. 业主缩短工期导致承包商实际增加的费用
   E. 监理工程师提出的工程变更导致承包商增加费用

88. 关于控制性施工进度计划作用的说法，正确的有（　　）
   A. 论证建设工程项目的总进度目标
   B. 计算计划周期内资金需求的依据
   C. 确定施工里程碑事件的进度目标
   D. 确定施工作业的具体安排
   E. 进行施工进度动态控制的依据

89. 某工程的工作逻辑关系如下表所示，其中工作 A 的紧后工作有（　　）

工作	A	B	C	D	E	G	H
紧前工作	—	—	A	A	A,B	B,C,D	D,E

   A. 工作 C   B. 工作 G
   C. 工作 D   D. 工作 H
   E. 工作 E

90. 根据《建设工程安全生产管理条例》，关于建设工程施工安全管理的说法，正确的有（　　）
   A. 施工单位应制定安全生产应急救援预案，完善应急准备措施
   B. 设计单位应对涉及施工安全的重点部位和环节在设计文件中注明，并对防范生产安全事故提出指导意见
   C. 分包单位不服从总承包单位的管理导致生产安全事故的，承担全部责任
   D. 建设单位应为现场从事危险作业的人办理意外伤害保险
   E. 施工单位项目负责人和专职安全生产管理人员应持证上岗

91. 根据《建设工程工程量清单计价规范》，采用计日工计价的任何一项变更，承包人应按合同约定提交发包人复核的资料有（　　）
   A. 投入该工作的施工设备型号、台数和耗用台时
   B. 工作名称、内容和数量
   C. 投入该工作的所有人员的姓名、工种、级别和耗用工时
   D. 不同工种计日工单价的调整方法和理由
   E. 投入该工作的材料类别和数量

92. 某工程因片面追求施工进度，放松质量监控，在浇筑楼面混凝土时脚手架坍塌，造成 10 人死亡，15 人受伤。按照事故造成的损失及事故责任分类，则该工程质量事故应判定为（　　）
   A. 特别重大事故   B. 较大质量事故
   C. 重大质量事故   D. 指导责任事故
   E. 操作责任事故

93. 下列工作流程中，属于物质流程的有（　　）
   A. 钢结构深化设计工作流程
   B. 弱电工程物资采购工作流程
   C. 室内暖通安装施工工作流程
   D. 进度款支付和设计变更流程
   E. 与生成月度进度报告有关的数据处理流程

94. 根据《建设工程项目管理规范》，项目经理的权限有（　　）
   A. 参与项目投标和合同签订
   B. 主持项目管理机构工作
   C. 主持项目管理机构的组建
   D. 自主制定项目管理机构的管理制度
   E. 决定授权范围内的项目资源使用

95. 关于施工企业安全检查制度的说法，正确的有（　　）
   A. 安全检查的重点是检查"三违"和安全责任制的落实
   B. 对于安全隐患，应按照"登记→复查→整改→销案"的程序处理
   C. 安全检查制度是清除隐患、防止事故、改善劳动条件的重要手段
   D. 对查出的未消除安全隐患，有危及人身安全的紧急险情，应立即停工
   E. 安全检查后应编写安全检查报告

参考答案及解析

一、单项选择题

1. A 【解析】业主方项目管理的目标包括投资目标、质量目标和进度目标。其中，进度目标指的是项目动用（交付使用）的时间目标。【此知识点已删去】

2. C 【解析】线性组织结构只有单一的指令源。而矩阵组织结构的纵向联系和纵向两个指令源，可以将组织的纵向联系和横向联系很好地结合起来，有利于加强各职能部门之间的协作和配合、及时沟通情况解决问题，因此横向联系较为矩阵组织结构的特点。故选项 C 错误。

3. B 【解析】工作任务分工表是项目组织设计文件的一部分，其可用来明确各个工作部门（或个人）负责哪些工作任务，需要哪些工作部门（或个人）配合或参与。【此知识点已删去】

4. D 【解析】项目各参与方应编制各自的项目管理职能分工表。故选项 A 错误，选项 D 正确。管理职能分工表用表的形式反映横向和纵向项目班子内部项目经理、各工作部门和各工作岗位对各项工作任务的项目管理职能分工。故选项 B 错误。管理职能分工表中用拉丁字母表示管理职能。故选项 C 错误。【此知识点已删去】

5. B 【解析】施工组织设计按编制对象，可分为施工组织总设计、单位工程施工组织设计和分部（分项）工程施工组织设计。其中，单位工程施工组织设计是以单位（子单位）工程（如烟囱工程、一幢住宅楼工程、一段道路工程）为主要对象编制的施工组织设计，对单位（子单位）工程的施工过程起指导和制约作用。故图书馆项目属于单位工程施工组织设计。

6. C 【解析】项目目标动态控制过程中，可采取的纠偏措施主要有组织措施、管理措施、经济措施、技术措施。其中，技术措施主要包括优化施工、设计方案，优化施工方法（工艺），调整施工机具等。【此知识点已变更】

7. D 【解析】根据《建设工程项目管理规范》，项目管理目标责任书应在项目实施之前，由组织法定代表人或其授权人与项目管理机构负责人协商制定。故选项 A、B 错误。编制项目管理目标责任书应依据下列信息：（1）项目合同文件。（2）组织管理制度。（3）项目管理规划大纲。（4）组织经营方针和目标。（5）项目特点和实施条件与环境。故选项 C 错误。【此知识点已删去】

8. B 【解析】职业健康安全管理体系与环境管理体系的建立步骤如下：领导决策（最高领导者亲自决策）→成立工作组→人员培训→初始状态评审→制定方针、目标、指标和管理方案→管理体系策划与设计→体系文件编写→文件的审查、审批和发布。

9. A 【解析】建筑工程质量验收应划分为单位工程、分部工程、分项工程和检验批。其中，单位工程和分部工程质量验收合格规定中，观感质量应符合要求。观

感质量检查结果并不给出"合格"或"不合格"的结论,而是综合给出"好""一般""差"的质量评价结果。

10. C 【解析】单价合同具有单价优先的特点,即若投标书中的总价和单价计算结果不一致时,应以单价为准进行总价的调整。采用单价合同计价方式的工程,确定工程结算款的依据是实际完成工程量和单价。

11. D 【解析】在双代号网络计划图中,虚箭线代表虚工作,既不占用时间,又不消耗资源。虚箭线是表示一项不存在的虚工作,正确表达工作之间的逻辑关系,区分和断路。

12. D 【解析】根据《建设工程施工合同(示范文本)》,除专用合同条款另有约定外,发包人应投保建设工程一切险及第三者责任险,由承包人投保的,因投保产生的保险费和其他相关费用由发包人承担。【此知识点已删去】

13. D 【解析】施工机械台班产量定额=机械1小时纯工作正常生产率×工作班延续时间×机械利用系数,故机械1小时纯工作正常生产率=施工机械台班产量定额/(工作班延续时间×机械利用系数)=480/(8×0.8)=75(m³)

14. B 【解析】根据《建设工程施工合同(示范文本)》,除专用合同条款另有约定外,发包人要求承包人提供履约担保的,发包人应当向承包人提供支付担保。支付担保可以采用银行保函或担保公司担保等形式,具体由合同当事人在专用合同条款中约定。

15. A 【解析】建筑安装工程费中特殊情况下支付的工资是指根据国家法律、法规和政策规定,因病、工伤、产假、计划生育假、婚丧假、事假、探亲假、定期休假、停工学习、执行国家或社会义务等原因按计时工资标准或计时工资标准的一定比例支付的工资。【此知识点已删去】

16. A 【解析】对于混凝土结构出现裂缝的情况,若经分析研究后认为对结构的安全使用无影响,可采取返修处理。若混凝土结构出现裂缝深度较大,可采取灌浆修补处理;若出现宽度较大(>0.3mm)的裂缝,可采用嵌缝密闭法处理;若出现宽度较小(≤0.2mm)的裂缝,可采用表面密封法处理。

17. A 【解析】根据《房屋建筑工程施工旁站监理管理办法(试行)》,旁站监理人员实施旁站监理时,发现施工企业有违反工程建设强制性标准行为的,有权责令施工企业立即整改。【此知识点已删去】

18. D 【解析】根据《建筑法》,工程监理人员发现工程设计不符合建设工程质量标准或者合同约定的质量要求的,应当报告建设单位要求设计单位改正。【此知识点已删去】

19. D 【解析】原材料进场环节,施工单位严格把控质量关。重要建材的使用,必须经过监理工程师签字和项目经理签准。装配式建筑混凝土强度等级值的75%。

20. C 【解析】某工作若有多个紧前工作,则该工作的最早开始时间等于其紧前工作最早完成时间的最大值。某工作的最早完成时间=该工作的最早开始时间+工作持续时间。由图可知,某工作D的最早开始时间=max{4,3}=4(天),工作持续时间为5天,则工作D的最早完成时间是4+5=9(天),即第9天。

21. B 【解析】现场质量检查方法中的目测法包括"看、摸、敲、照"。"照"包括检查电梯井、管道井等内部管线、设备安装质量是否符合要求。选项A可采用目测法中的"摸"检查;选项C、D可采用目测法中的"看"检查。【此知识点已删去】

22. A 【解析】根据《建设工程项目管理规范》,项目管理机构应根据合同实施偏差结果制定合同纠偏方案。纠偏措施,组织措施,包括调整和

增加人力投入、调整工作流程和工作计划。【此知识点已删去】

23. B 【解析】施工定额属于企业定额的性质,在施工企业中,可直接用来编制施工企业班组作业计划、签发工程任务单、限额领料卡等。【此知识点已删去】

24. B 【解析】政府监督机构在开工前进行第一次监督检查的重点为对参与工程建设各方主体的质量行为。【此知识点已删去】

25. A 【解析】根据《标准施工招标文件》,变更指示只能由监理人发出。变更指示应说明变更的目的、范围、变更内容以及变更的工程量及其进度和技术要求,并附有关图纸和文件。

26. A 【解析】根据《建设工程五方责任主体项目负责人质量终身责任追究暂行办法》,有下列情形之一的,县级以上地方人民政府住房和城乡建设主管部门应当依法追究项目负责人的质量终身责任:(1)发生工程质量事故。(2)发生投诉、举报、群体性事件、媒体报道并造成恶劣社会影响的严重工程质量问题。(3)由于勘察、设计或施工原因导致在设计使用年限内的工程不能正常使用。(4)存在其他需追究责任的违法违规行为。【此知识点已删去】

27. C 【解析】施工方进度控制的工作环节包括编制施工进度计划及相关资源需求计划;实施施工进度计划;检查和调整施工进度计划。选项A、D应由业主承担;选项B应由供货方承担。【此知识点已删去】

28. C 【解析】措施项目费中,安全文明施工费包括环境保护费、文明施工费、安全施工费、临时设施费、建筑工人实名制管理费。【此知识点已删去】

29. D 【解析】施工质量成本计划的内容主要包括运行质量成本和外部质量保证成本。其中,外部质量保证成本包括附加的和特殊的质量检测试验费用、质量评定费用、质量保证措施及程序费用。

30. C 【解析】质量管理体系文件中,质量记录需阐明所获得的结果或表明所需文件中所规定的活动已经得到了实施。例如:质量记录能够证明各阶段产品质量达到要求;能够证明质量管理体系运行的有效性;能够客观反映各项质量活动的实施及其结果。

31. C 【解析】工程质量监督是建设行政主管部门或其委托的工程质量监督机构根据国家的法律、法规和工程建设强制性标准,对于责任主体和有关机构履行质量责任的行为以及工程实体质量进行监督检查,维护公众利益的行政执法行为。【此知识点已删去】

32. B 【解析】根据《建设工程质量管理条例》,总承包单位依法将建设工程分包给其他单位的,分包单位应当按照分包合同的约定对其分包工程的质量向总承包单位负责,总承包单位与分包单位对分包工程的质量承担连带责任。【此知识点已删去】

33. A 【解析】某工作与其紧后工作之间的间隔时间=其紧后工作的最早开始时间-本工作的最早完成时间。由题干可知,工作j的最迟开始时间是第7天,总时差是3天,则工作i的最早完成时间=最早开始时间+工作持续时间=2+1=3(天),即第3天。工作i的最早完成时间=最早开始时间-总时差=4(天),即第4天。工作i的最早完成时间=工作j的最早开始时间-1,即第4天。

34. D 【解析】项目经理在企业法定代表人授权范围内,行使以下管理职能:(1)组建项目管理班子。(2)以企业法定代表人的代表身份处理与所承担的工程项目有关的外部关系,受委托签署有合

同。(3)指挥工程项目建设的生产经营活动,调配并管理进入工程项目的人力、资金、物资、机械设备等生产要素。(4)选择施工作业队伍。(5)进行合理的经济分配。(6)企业法定代表人授予的其他管理权力。

35. A 【解析】经济与管理风险主要涉及资金、经济、合同风险,人身、信息安全和事故防范计划,以及防火设施数量、可用性等。

36. A 【解析】分部分项工程成本分析是针对已完成的主要分部分项工程,从开工到竣工进行系统的成本分析,是项目成本分析的基础。

37. D 【解析】施工总承包管理模式中,施工总承包管理单位一般不参与工程施工,只代表业主对建设工程进行全面系统的管理,对于具体的施工任务必须完成。当施工总承包管理方想承担部分施工任务时,可参加投标竞争获得。

38. A 【解析】总价措施项目费包括安全文明施工费、夜间施工增加费、二次搬运费、冬雨季施工增加费、已完工程及设备保护费。选项B、C、D属于单价措施项目费。【此知识点已删去】

39. C 【解析】国家对从事建筑活动的单位推行质量体系认证制度。企业通过认证合格的,由认证机构颁发质量体系认证证书,证书有效期为3年。

40. C 【解析】根据《建设工程安全生产管理条例》,施工单位应当在施工组织设计中编制安全技术措施和施工现场临时用电方案,对达到一定规模的危险性较大的分部分项工程编制专项施工方案,并附具安全验算结果,经施工单位技术负责人、总监理工程师签字后实施,并由专职安全生产管理人员进行现场监督:(1)基坑支护与降水工程。(2)土方开挖工程。(3)模板工程。(4)起重吊装工程。(5)脚手架工程。(6)拆除、爆破工程。(7)国务院建设行政主管部门或者其他有关部门规定的其他危险性较大的工程。

41. D 【解析】根据《建设工程施工现场环境与卫生标准》,施工现场应设置排水沟及沉淀池,施工污水应经沉淀处理达到排放标准后,方可排入市政污水管网。故选项A错误。废弃的降水井应及时回填,并应加设井盖,防止污染地下水。故选项B错误。当环境空气质量指数到中度及以上污染时,施工现场应增加洒水频次,加强覆盖措施,减少扬尘成大气污染的施工作业。故选项C错误。【此知识点已删去】

42. C 【解析】成本控制是从工程投标报价开始,直至项目工程结算完成(甚至到保证退还)为止,贯穿于项目实施的全过程。【此知识点已删去】

43. D 【解析】项目总进度目标指的是整个建设工程项目的进度目标。故选项A错误。项目总进度目标论证的核心任务是通过编制总进度纲要论证进度目标实现的可能性。故选项B错误。项目总进度目标在决策阶段确定,在实施阶段进行控制,控制责任者是业主方。故选项C错误。【此知识点已删去】

44. A 【解析】投标报价应由投标人或受其委托具有相应资质的工程造价咨询人编制。故选项B错误。企业管理费属于综合单价的组成部分,在投标报价时需要考虑。故选项C错误。不同的发包模式会直接影响到投标报价的费用内容和计算深度。故选项D错误。

45. C 【解析】根据《保障农民工工资支付条例》,工程建设领域推行分包单位农民工工资委托施工总承包单位代发制度。用人单位应当按照工资支付周期编制书面工资支付台账,并至少保持3年。故选项D错误。

46. C 【解析】应急预案修订涉及组织指挥体系与职责、应急处置程序、主要处置措施、应急响应分级等内容变更的,修订工作应当参照规定的应急预案编制程序进行,并按照有关应急预案报备程序重新备案。应当及时修订并归档,有下列情形之一的,应急预案应当及时修订并归档:(1)依据的法律、法规、规章、标准及上位预案中的有关规定发生重大变化的。(2)应急指挥机构及其职责发生调整的。(3)安全生产面临的风险发生重大变化的。(4)重要应急资源发生重大变化的。(5)在应急演练和事故应急救援中发现需要修订预案的重大问题的。(6)编制单位认为应当修订的其他情形。生产经营单位应根据本单位的事故风险特点,每半年至少组织1次现场处置方案演练。故选项D错误。【此知识点已删去】

47. C 【解析】第二类危险源的控制方法包括:提高可靠性,减少或消除故障,增加安全系数,设置监控,改善作业环境,加强员工安全意识培训和教育等。选项A、B、D均属于第一类危险源的控制方法。

48. C 【解析】成本加酬金合同适用的情况有:(1)工程特别复杂,工程技术、结构方案不能预先确定,或者尽管可以确定但可能引起较大风险,因而可不可能进行竞争性的招标活动并以总价合同的形式确定承包人。(2)时间特别紧迫,来不及进行详细的计划和商谈,如抢险、救灾工程。故选项A错误。就成本加酬金合同而言,风险比固定总价合同的低,利润较有保证。故选项D错误。【选项C,D知识点已删去】

49. C 【解析】施工现场应实行封闭管理,并应采用硬质围挡。围挡高度按不同地段的要求进行设置,市区主要路段的施工现场围挡高度不应低于2.5m,一般路段围挡高度不应低于1.8m。围挡应牢固、稳定、整洁。【选项B、C、D知识点已变更】

50. D 【解析】根据《标准施工招标文件》,承包人提出索赔的条件:(1)承包人已经接受了竣工付款证书后,应被认为已无权再提出在合同工程接收证书颁发前所发生的任何索赔。(2)承包人按合同约定接受了最终结清申请单后,只限于提出工程接收证书颁发后发生的索赔。提出索赔的期限自接受最终结清证书时终止。

51. C 【解析】根据《标准施工招标文件》,承包人未通知监理人到场检查,而私自将其隐蔽部位覆盖的,监理人有权指示承包人钻孔探测或揭开检查,由此增加的费用和(或)工期延误由承包人承担。

52. A 【解析】《招标投标法实施条例》规定,招标保证金有效期应当与投标有效期一致。故选项B错误。招标人不得规定最低投标限价。故选项C错误。招标人不得组织单个或者部分潜在投标人踏勘项目现场。故选项D错误。【选项A,C,D知识点已变更】

53. A 【解析】根据题干,费用偏差=已完工作预算费用-已完工作实际费用=-300万元,即费用超支。进度偏差=已完工作预算费用-计划工作预算费用=200万元,所以表示工作进度提前,故进度绩效指数=已完工作预算费用/计划工作预算费用>1。

54. A 【解析】若所有工作都按最迟开始时间开始,则有利于节约资金贷款利息,但会降低项目按期竣工的保证率。因此,在工期不变的前提下,为节约贷款利息,应使工作在不影响总工期的前提下按最迟开始时刻最迟支付。【此知识点已删去】

55. B 【解析】根据《建设工程施工专业分包合同(示范文本)》,未经承包人允许,分包人不得以任何理由与发包人或工程师发生直接工作联系。故选项A正确。

A错误。就分包工程范围内的有关工作,承包人随时可以向分包人发出指令,分包人应执行承包人根据分包合同所发出的所有指令。故选项C错误。分包人应遵守政府有关主管部门对施工场地交通、施工噪音以及环境保护和安全文明生产等的管理规定,按规定办理有关手续,并以书面形式通知承包人,承包人承担由此发生的费用,因分包人责任造成的罚款除外。

56. B 【解析】索赔成立的三个条件(同时具备)包括:(1)对照合同,已产生承包人项目成本的额外增加,或工期损失。(2)按照合同约定,不属于承包人的行为或风险责任。(3)承包人按照合同要求的程序和时间,向相关人员提交索赔意向通知和索赔报告。【此知识点已删去】

57. C 【解析】作业文件一般包括管理规定、作业指导书/操作规程、监测活动准则和程序文件引用的表格。【此知识点已删去】

58. D 【解析】根据《建设工程项目管理规范》,组织应以项目成本降低额、项目成本降低率为对项目管理机构的成本和效益进行全面评价、考核与奖惩。

59. A 【解析】工程质量事故按事故责任可分为操作责任事故、指导责任事故、自然灾害事故等。其中,指导责任事故主要是指工程负责人在指导方面的失误而导致的质量事故,如不按规范指导施工、随意压缩工期、降低工程质量标准、只追求建度忽视质量等的质量事故。

60. B 【解析】横道图的每一行可以表达多项工作,故选项A错误。横道图中,可以将工作的简要说明在横道上,或其左右两端。横道之间可以用箭线进行连接,其为逻辑关系的表达。故选项D错误。【此知识点已删去】

61. C 【解析】招标人应依据相关工程的工期定额计算工期,压缩的工期天数不得超过定额工期的20%。故选项A错误。发包人要求对合同工程提前竣工的,应做拟承包人协商采取加快工程进度的措施,并修订合同工程进度计划。发包人应承担承包人由此增加的提前竣工(赶工补偿)费用。故选项B,D错误。【选项A,C知识点已删去】

62. D 【解析】单代号网络计划中无虚箭线,故选项A错误。单代号网络计划以节点及其编号表示工作,以箭线表示工作的逻辑关系,故选项B错误。单代号网络计划中的时间间隔在箭线上进行标示,故选项C错误。

63. A 【解析】总承包费用应根据招标工程量清单中列的内容和提出的要求自主确定。故选项B错误。材料、工程设备暂估价应按招标工程量清单列出的单价计入综合单价。故选项C错误。暂列金额按招标工程量清单中列出的金额填写,不得变动和更改。故选项D错误。

64. D 【解析】根据网络图可知,工作C的紧前工作是工作A,B,则工作A,B完成后可进行工作C,工作C完成后才可进行工作E。故选项D正确。

65. D 【解析】根据《生产安全事故报告和调查处理条例》,事故发生后,事故现场有关人员应当立即向本单位负责人报告;单位负责人接到报告后,应当于1小时内向事故发生地县级以上人民政府安全生产监督管理部门和负有安全生产监督管理职责的有关部门报告。故选项C错误。

66. A 【解析】根据《建设工程施工合同(示范文本)》,在保修期内,工程在正常使用过程中,发现的工程存在缺陷或损坏的,应书面通知承包人予以修复,但情况紧急时必须立即修复缺陷或损坏的,发包人可以口头通知承包人并在口头通知后48小时内书面确认,承包人应在合同约定的合理期限内到达工程现场并修复缺陷或损坏。故选项B错误。保修期内,因发包人使用不当造成的缺陷、损坏,由发包人承担修复的费用,并支付承包人合理利润。故选项C错误。保修期内,因承包人原因造成的缺陷、损坏,承包人应承担修复的费用以及因工程的缺陷、损坏造成的人身伤害和财产损失。故选项D错误。【此知识点已删去】

67. B 【解析】根据《建设工程工程量清单计价规范》,对于任一招标工程量清单项目,当因工程量偏差和工程变更等原因导致工程量偏差超过15%,可进行调整。当工程量增加15%以上时,增加部分的工程量的综合单价应予调低;当工程量减少15%以上时,减少后剩余部分的工程量的综合单价应予调高。根据 $5000 \times (1+15\%) = 5750(m^3)$,因为 $5750 m^3 < 6000 m^3$,所以该土方工程总价款= $5750 \times 60 + (6000-5750) \times 60 \times 0.9 = 358500$元。

68. D 【解析】缩短该工作的机动时间,就是调整该自由时差或总时差,即调整该工作的工作起止时间的调整。【此知识点已删去】

69. A 【解析】施工现场临时设施、临时道路的设置应科学合理,并应符合安全、消防、节能、环保有关规定。现场生产临时设施及施工便道布置应注意考虑永久工程的布置,避免与其发生冲突,采取相应的隔离措施。故选项C错误。施工区应与办公区、作业区划分清晰,并采取相应的隔离措施。故选项C错误。宿舍禁止任意拉线拉电,应按规定架设线路,严禁使用电炉和明火烧煮食物。故选项D错误。【此知识点已删去】

70. B 【解析】在该网络计划图中,节点②和③以及⑥和⑦之间对应的虚工作不起任何作用,是多余的。

二、多项选择题

71. ABDE 【解析】组织措施主要包括:组织机构和人员的调整;各成本管理工作任务和责任的分配;成本控制计划的编制;工作流程的确定;施工任务单、施工定额管理和施工调度方面的加强;施工采购计划的制定;规章制度的完善等。选项C属于经济措施。【此知识点已删去】

72. ACD 【解析】施工组织总设计的编制程序为:收集相关资料和图纸→计算主要工程量→确定施工的总体部署→拟定施工方案→编制施工总进度计划→编制资源需求量计划→编制施工准备工作计划→施工总平面图设计→计算主要技术经济指标。

73. ABCD 【解析】建筑材料采购合同履行中,供货方交付产品时,可以作为双方验收依据除了选项A,B,C,D的,合同约定的质量要求、产品检验单;技术证明文件(图纸等)、样品;供货方提供的发货单、装箱单、计量单等。【此知识点已删去】

74. ABE 【解析】关键工作组成的或者网络计划中总时差最短的线路为关键线路。由图可知,关键线路为①→③→⑤→⑦,则关键线路上的关键工作为工作A,E,I。

75. BDE 【解析】对工程质量有重大影响的工序,应在自检、互检、专检,即"三检"的基础上,经监理工程师最终检查确认可后,才能进入下道工序。【此知识点已删去】

76. ACDE 【解析】人工定额按其表现形式分为时间定额和产量定额两种。其中,时间定额包括基本工作时间、辅助工作时间、准备与结束时间、不可避免的中断时间和工人必需的休息时间。

77. BE 【解析】根据《建设工程工程量清单计价规范》,措施项目清单中的安全文明施工费必须按照国家或省级、行业建设主管部门的规定计价,并作为不可竞争性费用。规费和税金必须按国家或省级、行业建设主管部门的规定计算,不得作为竞争性费用。【此知识点已删去】

78. BC 【解析】PDCA循环中,计划职能包括明确目标和制定实现质量目标的行动方案两方面。选项A,D属于实施阶段工作;选项E属于处理阶段工作。

79. BDE 【解析】固定总价合同通常用于工程任务内容明确、工程技术和结构简单的工程。故选项A错误。在固定总价合同履行中承包方承担了较高的价格风险(物价人工费上涨,报价计算错误、漏报项目等风险)和工程量风险(设计深度不够造成的误差,工程量计算错误,工程变更,工程范围等风险),而业主承担较低的风险。故选项C错误。【此知识点已删去】

80. BCE 【解析】根据《生产安全事故报告和调查处理条例》,事故发生单位主要负责人有下列行为之一的,处上一年年收入40%至80%的罚款;属于国家工作人员的,并依法给予处分;构成犯罪的,依法追究刑事责任:(1)不立即组织事故抢救的;(2)迟报或者漏报事故的;(3)在事故调查处理期间擅离职守的。【此知识点已删去】

81. ABCE 【解析】根据《标准施工招标文件》,除专用合同条款另有约定外,在履行合同中发生以下情形之一,应按照规定进行变更:(1)取消合同中任何一项工作,但被取消的工作不转由发包人或其他人实施。(2)改变合同中任何一项工作的质量或其他特性。(3)改变合同工程的基线、标高、位置或尺寸。(4)改变合同中任何一项工作的施工时间或改变已批准的施工工艺或顺序。(5)为完成工程需要追加的额外工作。

82. BCD 【解析】进度计划检查后应按下列内容编制工程进度报告:进度计划执行(实施)情况的综合描述;实际进度与计划进度的对比;进度计划执行(实施)中的问题及其原因分析;进度执行(实施)情况对项目目标、安全、成本、质量的影响情况;采取的措施和对未来进度的预测。

83. BCD 【解析】建筑行业通常倾向于采用有条件的银行保函。选项A错误。履约保证书或保函可由保险公司或担保公司开具。故选项E错误。【此知识点已删去】

84. ABD 【解析】根据《建设工程文件归档规范》,归档可分阶段分期进行,也可以在单位工程或分部工程通过竣工验收后进行。故选项C错误。工程档案的编制不得少于两套,一套由建设单位保管,一套(原件)应移交当地城建档案管理部门保存。【选项B,C知识点已删去】

85. CDE 【解析】根据《建设工程项目管理规范》,组织的风险管理制度应作为项目风险管理计划的编制依据。故选项A错误。项目风险管理计划应根据风险变化进行调整,并经过授权人批准后实施。故选项B错误。

86. ABCE 【解析】工程质量监督管理应当包括下列内容:(1)执行法律法规和工程建设强制性标准的情况。(2)抽查涉及工程主体结构安全和主要使用功能的工程实体质量。(3)抽查工程质量责任主体和质量检测等单位的工程质量行为。(4)抽查主要建筑材料、建筑构配件的质量。(5)对工程竣工验收进行监督。(6)组织或者参与工程质量事故的调查处理。(7)定期对本地区工程质量状况进行统计分析。(8)依法对违法违规行为实施处罚。【此知识点已删去】

87. BCDE 【解析】承包商向业主提出索赔的成立条件中,按照合同约定,成本额外增加或工期损失的,不属于承包人的行为或风险责任。选项A承包商施工质量缺陷属于承包商的责任,故索赔不成立。

88. ACE 【解析】控制性施工进度计划的主要作用有:论证、分解施工总进度目标;确定施工的总体部署及里程碑事件的进度目标;作为进度动态控制、实施进度计划与其他进度计划编制的依据。

89. ACE 【解析】根据《工程网络计划技术规程》,紧后工作是指紧排在本工作之后的工作。由图可知,工作E的紧前工作均为工作A,故工作A的紧后工作为工作C,D,E。

90. ABE 【解析】分包单位不服从管理导致生产安全事故的,由分包单位承担主要责任。故选项C错误。施工单位应当为施工现场从事危险作业的人员办理意外伤害保险。故选项D错误。【选项A,C,E知识点已删去】

91. ABCE 【解析】根据《建设工程工程量清单计价规范》,采用计日工计价的任何一项变更工作,在该项变更的实施过程中,承包人应按合同约定提交以下报表和有关凭证送发包人复核:(1)工作名称、内容和数量。(2)投入该工作所有人员的姓名、级别和耗用工时。(3)投入该工作的材料名称、类别和数量。(4)投入该工作的施工设备型号、台数和耗用台时。(5)发包人要求提交的其他凭证。

92. CD 【解析】根据工程质量事故造成的人员伤亡或直接经济损失,工程质量事故分为4个等级:(1)特别重大事故,是指造成30人以上死亡,或者100人以上重伤,或者1亿元以上直接经济损失的事故。(2)重大事故,是指造成10人以上30人以下死亡,或者50人以上100人以下重伤,或者5000万元以上1亿元以下直接经济损失的事故。(3)较大事故,是指造成3人以上10人以下死亡,或者10人以上50人以下重伤,或者1000万元以上5000万元以下直接经济损失的事故。(4)一般事故,是指造成3人以下死亡,或者10人以下重伤,或者100万元以上1000万元以下直接经济损失的事故。本等级所称的"以上"包括本数,所称的"以下"不包括本数。本题中,本次事故造成10人死亡,属于重大质量事故。故选项C正确。根据事故责任分类,质量事故可分为操作责任事故、指导责任事故、自然灾害事故等。其中,指导责任事故是指工程负责人在指导方面的失误而导致的质量事故。本题中,片面追求施工进度,放松质量监控导致的质量事故。

93. ABC 【解析】常见的物流程有幕墙结构深化设计工作流程、装配式构件深化设计工作流程、钢结构深化设计工作流程、外立面施工单位与强弱电工程物资采购工作流程等。【此知识点已删去】

94. ABE 【解析】根据《建设工程项目管理规范》,项目管理机构负责人(项目经理)应具有下列权限:(1)参与项目招标、投标和合同签订。(2)参与组建项目管理机构。(3)参与组织对项目各阶段的重大决策。(4)主持项目管理机构工作。(5)决定授权范围内的项目资源使用。(6)在组织制度的框架下制定项目管理机构管理制度。(7)参与选择并直接管理具有相应资质的分包人。(8)参与选择大宗资源的供应商。(9)在授权范围内与项目相关方进行直接沟通。(10)法定代表人和组织授予的其他权限。【此知识点已删去】

95. ACDE 【解析】安全隐患应按"登记→整改→复查→销案"的程序处理。故选项B错误。【此知识点已删去】

全国二级建造师执业资格考试
建设工程施工管理
2022年二级建造师考试真题

说明:1.2022年二建考试分两种形式进行,即2天考3科和1天考3科。本套主要为2天考3科的试题。

2.加灰色底纹标记的题目,其知识点已不作考查,可略过学习。

一、单项选择题(共70题,每题1分。每题的备选项中,只有1个最符合题意)

1. 建设项目管理过程中,负责施工的总体管理和协调,也可按业主要求负责整个施工招标和发包工作的主体是（　　）
   A. 施工总承包方　　　　　　　B. 工程监理方
   C. 施工总承包管理方　　　　　D. 设计方

2. 施工企业采用矩阵式组织结构,若纵向工作部门是工程计划、人事管理、设备管理等部门,则横向工作部门可以是（　　）
   A. 技术管理部门　　　　　　　B. 施工项目部
   C. 合同管理部门　　　　　　　D. 财务管理部

3. 关于项目工作流程图的说法,正确的是（　　）
   A. 项目各参与方应形成统一的工作流程图
   B. 工作流程图反映组织系统中各工作间的逻辑关系
   C. 工作流程图中用菱形框表示工作和工作的执行者
   D. 工作流程图中用双向箭线表示工作间的逻辑关系

4. 编制施工组织总设计时,编制资源需求量计划前必须完成的工作是（　　）
   A. 编制施工总进度计划　　　　B. 绘制施工总平面图
   C. 编制施工准备工作计划　　　D. 计算技术经济指标

5. 某工程项目施工中,针对实际施工进度滞后的状况,施工单位改进了施工工艺,该做法表明施工单位采取了（　　）措施进行项目目标动态控制。
   A. 技术　　　　　　　　　　　B. 管理
   C. 经济　　　　　　　　　　　D. 组织

6. 项目施工成本动态控制过程中,对成本的实际值和计划值进行比较时,若将工程合同价作为计划值,则可作为实际值的是（　　）
   A. 投标报价值　　　　　　　　B. 设计概算
   C. 最高投标限价　　　　　　　D. 施工成本的规划值

7. 根据《建设工程项目管理规范》,下列工作内容中,属于施工方项目经理权限的是（　　）
   A. 主持项目的投标工作　　　　B. 组建工程项目经理部
   C. 制定项目管理机构管理制度　D. 主持制定项目管理目标责任书

8. 下列责任内容中,应由施工项目经理承担的是（　　）
   A. 施工安全、质量责任　　　　B. 企业市场经营责任
   C. 项目投标责任　　　　　　　D. 企业总部管理责任

9. 关于网络计划中关键线路的说法,正确的是（　　）
   A. 一个网络计划只能有一条关键线路
   B. 全部由关键工作组成的线路是关键线路
   C. 全部由关键节点组成的线路是关键线路
   D. 总持续时间最长的线路是关键线路

10. 工程项目基础部位的质量验收证明应由（　　）报送质量监督机构备案。
    A. 勘察单位　　　　　　　　　B. 建设单位
    C. 监理单位　　　　　　　　　D. 施工单位

11. 根据《建筑工程五方责任主体项目负责人质量终身责任追究暂行办法》,对质量承担全面责任的是（　　）
    A. 设计单位项目负责人　　　　B. 施工单位项目负责人
    C. 监理单位项目负责人　　　　D. 建设单位项目负责人

12. 下列施工方进度控制的工作中,首先应进行的工作是（　　）
    A. 编制施工进度计划　　　　　B. 进行施工进度计划交底
    C. 编制资源需求计划　　　　　D. 进行施工进度检查和调整

13. 根据《标准施工招标文件》,建设工程施工合同履约担保的有效期是（　　）
    A. 从收到招标通知书至工程保修期结束
    B. 从合同生效之日至发包人签发工程接收证书之日
    C. 从签订施工合同之日到工程竣工交付之日
    D. 从收到工程预付款之日到工程保修期结束

14. 在建筑工程施工过程中,隐蔽工程在隐蔽前应通知（　　）进行验收,并形成验收文件。
    A. 监理单位　　　　　　　　　B. 施工单位质检部门
    C. 设计单位　　　　　　　　　D. 政府质量监督站

15. 关于《环境管理体系　要求及使用指南》体系标准应用原则的说法,正确的是（　　）
    A. 该标准的实施强调自愿性原则
    B. 着眼于各部门自己制定的管理措施
    C. 是一个独立的系统,不纳入其他管理体系中
    D. 强调组织最高管理者的承诺而非全员参与

16. 关于清单项目和定额子目关系的说法,正确的是（　　）
    A. 清单项目的工程量和定额子目的工程量完全一致
    B. 清单项目的工程量和定额子目的工程量可能不一致
    C. 清单工程量与定额工程量的计算规则是一致的
    D. 清单工程量可以直接用于合同施工过程中的计价

17. 根据《建筑工程五方责任主体项目负责人质量终身责任追究暂行办法》,项目负责人承担工程质量终身责任的时间期限是（　　）
    A. 工程经济寿命　　　　　　　B. 工程缺陷责任期
    C. 工程保修年限　　　　　　　D. 工程设计使用年限

18. 建设工程质量监督档案归档时,应由( )签字。
   A. 总监理工程师
   B. 质量监督机构负责人
   C. 建设单位项目负责人
   D. 建设行政主管部门负责人

19. 建设工程实行施工总承包的,对施工现场安全生产负总责的单位是
   A. 总承包单位
   B. 建设单位
   C. 监理单位
   D. 咨询单位

20. 对于产品规格多、工序重复、工作量小的施工过程,以同类型工序或同类型产品的实耗工时为标准制定人工定额的方法是
   A. 经验估值法
   B. 统计分析法
   C. 技术测定法
   D. 比较类推法

21. 采用单价合同形式的工程,其工程价款是根据( )计算确定的。
   A. 发包人提供的工程量清单量及承包人所填报的单价
   B. 实际完成并经工程师计量的工程量及合同单价
   C. 发包人提供的工程量清单量及承包人实际发生的单价
   D. 实际完成并经工程师计量的工程量及承包人实际发生的单价

22. 项目竣工验收前,施工企业按照合同约定对已完成工程和设备采取必要的保护措施所发生的费用应计入
   A. 总承包管理费
   B. 措施项目费
   C. 企业管理费
   D. 其他项目费

23. 建设工程项目实施过程中,对资源需求计划进行分析的目的是
   A. 验证进度计划实现的可能性
   B. 落实加快工程进度所需的资金
   C. 优化资源消耗
   D. 落实经济激励措施

24. 建设工程设备采购合同通常采用的计价方式是
   A. 固定总价合同
   B. 可调总价合同
   C. 固定单价合同
   D. 成本加酬金合同

25. 发包方将全部施工任务委托一个施工单位或由多个施工单位组成的施工联合体完成,该项目的施工任务委托模式是
   A. 施工平行发承包
   B. 施工总承包管理
   C. 工程总承包
   D. 施工总承包

26. 施工风险管理工作包括:①施工风险应对;②施工风险评估;③施工风险识别;④施工风险监控。其正确的流程是
   A. ③→②→④→①
   B. ②→③→④→①
   C. ③→②→①→④
   D. ①→③→②→④

27. 根据《标准施工招标文件》,承包人自检确认的工程隐蔽部位具备覆盖条件后,监理人未按与承包人约定的时间进行检查且没有其他指示,承包人正确的做法是
   A. 自行完成覆盖工作,并拒绝监理人重新检查的要求
   B. 自行完成覆盖工作,并将相应记录报送监理人签字确认
   C. 自行完成覆盖工作,并向监理人进行索赔
   D. 报告政府质量监督机构后自行完成覆盖工作

28. 建设工程项目总进度目标论证的核心工作是
   A. 编制项目总进度计划
   B. 编制项目总进度纲要
   C. 通过编制项目总进度计划论证进度目标控制措施的有效性
   D. 通过编制总进度纲要论证总进度目标实现的可能性

29. 下列施工现场防治水污染的做法中,正确的是
   A. 乙炔发生罐产生的污水,用专用容器集中存放,然后倒入沉淀池处理
   B. 将有毒有害废弃物作土方回填,避免污染水源
   C. 化学药品采用封闭容器,集中露天存放
   D. 100人以上的临时食堂,污水经排水沟直接排入城市污水管

30. 根据《建设工程文件归档规范》,关于施工文件立卷的说法,正确的是
   A. 声像资料应与纸质文件在案卷设置上一致
   B. 专业分包的分部工程,应并入相应单位工程立卷
   C. 文字材料按事项、专业顺序排列
   D. 卷内既有文字材料又有图纸资料时,图纸排列在前

31. 施工企业质量管理体系获准认证的有效期是( )年。
   A. 2
   B. 3
   C. 5
   D. 6

32. 关于施工总承包管理方责任的说法,正确的是
   A. 与分包单位签订分包合同
   B. 承担项目施工任务并对其工程质量负责
   C. 组织和指挥施工总承包单位的施工
   D. 负责对所有分包单位的管理及组织协调

33. 根据《建设工程施工劳务分包合同(示范文本)》,运至施工场地用于劳务施工的材料和待安装设备,由( )负责办理或获得保险。
   A. 发包人
   B. 劳务分包人
   C. 工程承包人
   D. 设备生产厂

34. 某单代号网络图如下图所示,其逻辑关系表述,正确的是
   A. 工作B完成后,即可进行工作E
   B. 工作C完成后,即可进行工作G
   C. 工作E、D均完成后,才能进行工作G
   D. 工作B、C均完成后,才能进行工作E

35. 下列施工企业质量管理体系文件中,包含企业质量目标的是
   A. 质量手册
   B. 程序文件
   C. 质量计划
   D. 质量方针

36. 下列项目管理相关资料中,能够反映项目竣工验收信息的是 ( )
   A. 单位工程交工质量核定表 B. 项目成本偏差分析表
   C. 施工安全设施验收记录表 D. 年度完成工作分析表

37. 某工程混凝土结构出现了宽度大于 0.3 mm 的裂缝,经分析研究不影响结构的安全和使用,可采取的处理方法是 ( )
   A. 返工处理 B. 返修处理
   C. 限制使用 D. 不做处理

38. 若工作 A 持续 4 天,最早第 2 天开始,有两个紧后工作;工作 B 持续 1 天,最迟第 10 天开始,总时差 2 天;工作 C 持续 2 天,最早第 9 天完成。则工作 A 的自由时差是( )天。
   A. 0 B. 1
   C. 2 D. 3

39. 不能激励承包人努力降低成本和缩短工期的合同形式是 ( )
   A. 成本加奖金合同 B. 成本加固定费用合同
   C. 最大成本加费用合同 D. 成本加固定比例费用合同

40. 通过计算材料成本及其占总成本的比重以判定材料成本的合理性,该成本分析方法是 ( )
   A. 相关比率法 B. 构成比率法
   C. 指标对比分析法 D. 动态比率法

41. 下列工程保险的险种中,以工程发包人和承包人双方名义共同投保的是 ( )
   A. 建筑工程一切险 B. 工伤保险
   C. 人身意外伤害险 D. 执业责任险

42. 根据《标准施工招标文件》,竣工付款申请单的提交时间为 ( )
   A. 工程接收证书颁发后 B. 承包人提交竣工验收报告时
   C. 发包人组织竣工验收时 D. 工程保修期满后

43. 关于索赔成立条件的说法,错误的是 ( )
   A. 承包人按合同规定的程序和时间递交索赔意向通知和索赔报告
   B. 造成费用增加或工期损失额度巨大,超出了承包人正常的承受范围
   C. 与合同对照,事件已造成了承包人工程成本额外支出或直接工期损失
   D. 造成费用增加或工期损失的原因,按合同约定不属于承包人的行为责任或风险责任

44. 根据《建设工程工程量清单计价规范》,编制投标文件时,招标文件中的已提供暂估单价的某种材料,在确定相关分部分项工程综合单价时,该材料单价应根据( )计算。
   A. 政府建设主管部门公布的信息价
   B. 投标人自主确定的材料价格
   C. 招标文件提供的材料暂估单价
   D. 投标时当地该材料的市场平均价格

45. 根据《建设工程监理规范》,项目监理机构在召开第一次工地会议前应将工程建设监理规划报送 ( )
   A. 建设单位 B. 建设主管部门
   C. 施工单位 D. 设计单位

46. 关于预算定额的说法,正确的是 ( )
   A. 预算定额以工序为对象进行编制
   B. 预算定额可以直接用于施工企业作业计划的编制
   C. 预算定额是编制概算定额的基础
   D. 预算定额是编制施工定额的依据

47. 下列与施工进度有关的计划中,属于施工企业生产计划的是 ( )
   A. 项目施工进度计划 B. 供货工作进度计划
   C. 生产资源调配计划 D. 施工总进度计划

48. 某工程根据《建设工程施工合同(示范文本)》订立了承包合同,约定措施项目费为 300 万元。工程实施过程中,由于工程变更引起施工方案改变,项目经理部编制的变更施工方案经本单位技术负责人审批后即组织实施。工程完成后,承包人提出由于施工方案改变应增加措施项目费 30 万元的索赔,其中按单价计算的 18 万元,按总价计算的 12 万元。则应结算的措施项目费为( )万元。
   A. 312 B. 318
   C. 330 D. 300

49. 在施工过程中对影响成本的因素加强管理,采取各种有效措施保证消耗和支出不超过成本计划,该做法属于成本管理任务中( )的工作内容。
   A. 成本控制 B. 成本核算
   C. 成本分析 D. 成本考核

50. 落实施工生产安全事故报告和调查处理"四不放过"原则的核心环节是 ( )
   A. 事故报告 B. 事故处理
   C. 事故调查 D. 事故问责

51. 关于横道图进度计划中有关时间表示的说法,正确的是 ( )
   A. 最小的时间单位是天 B. 横道图不能表示出停工时间
   C. 时间单位可以是工作日 D. 横道图可表示工作最迟开始时间

52. 根据《建设工程安全生产管理条例》,施工单位对达到一定规模的危险性较大的分部分项工程应当编制专项施工方案,并经施工单位技术负责人与( )签字后实施。
   A. 项目经理 B. 项目技术负责人
   C. 总监理工程师 D. 专业监理工程师

53. 下列施工现场质量检查方法中,属于理化试验方法的是 ( )
   A. 超声波焊缝探伤 B. 基桩静载试验
   C. 门窗口对角线直尺检查 D. 混凝土构件标高测量

54. "五牌一图"指的是工程概况牌、管理人员名单及监督电话牌、消防保卫牌及 ( )
   A. 危险源标示牌、文明施工牌、建筑效果图
   B. 安全生产牌、施工人员现场出入牌、建筑效果图
   C. 施工人员现场出入牌、危险源标示牌、施工现场平面图
   D. 安全生产牌、文明施工牌、施工现场平面图

55. 根据《特种作业人员安全技术培训考核管理规定》,特种作业人员离开特种作业岗位达( )个月以上,应当重新进行实际操作考核,合格后方可上岗作业。
   A. 2   B. 3
   C. 5   D. 6

56. 根据《标准施工招标文件》,关于承包人提出索赔期限的说法,正确的是 ( )
   A. 按照合同约定接受竣工付款证书后,仍有权提出工程接收证书颁发前发生的索赔
   B. 按照合同约定接受竣工验收证书后,无权提出工程接收证书颁发后发生的索赔
   C. 按照合同约定提交的最终结清申请书中,只限于提出工程接收证书颁发前发生的索赔
   D. 按照合同约定提交的最终结清申请书中,只限于提出工程接收证书颁发后发生的索赔

57. 关于单代号网络计划绘制要求的说法,正确的是 ( )
   A. 所有时间参数都应标注在节点内   B. 工作间的间隔时间用波形线表示
   C. 节点编号必须连续   D. 所有逻辑关系均用箭线表示

58. 工程造价管理机构在确定计价定额人工费时,采用的人工日工资单价应按照( )确定。
   A. 本地区领先的施工企业平均技术熟练程度工人的每工作日应得的日工资总额
   B. 施工企业最熟练的技术工人每工作日按规定从事施工作业应得的日工资总额
   C. 施工企业平均技术熟练程度工人在每工作日按规定从事施工作业应得的日工资总额
   D. 本领域大多数施工企业一般熟练程度技术工人在每工作日实际得到的日工资总额

59. 工程项目实施过程中,施工单位为确保安全,在处理安全隐患时,设置了多道防线,体现了对安全隐患处理的 ( )
   A. 单项隐患综合处理原则   B. 冗余安全度处理原则
   C. 预防与减灾并重处理原则   D. 重点处理原则

60. 与曲线法相比,采用横道图方法进行施工项目费用进度综合偏差分析的优点是 ( )
   A. 比较直观反映费用偏差的变化趋势   B. 可以准确表达出费用的绝对偏差
   C. 比较容易表达出进度的相对偏差   D. 比较容易预测进度偏差

61. 《住宅工程质量分户验收表》应由( )出具。
   A. 建设单位   B. 施工单位
   C. 监理单位   D. 政府质量监督机构

62. 关于按工程实施阶段编制施工成本计划的说法,正确的是 ( )
   A. 施工成本应按时间进行分解,分解的越细越好
   B. 首先要将总成本分解到单项工程和单位工程中
   C. 首先要将成本分解为人工费、材料费和施工机具使用费
   D. 可在控制施工进度的网络图基础上进一步扩充得到施工成本计划

63. 根据《标准施工招标文件》,不属于工程变更范围的是 ( )
   A. 为完成工程需要追加的额外工作
   B. 改变合同工程的基线、标高、位置或尺寸
   C. 取消合同中任何一项工作,并将该工作转由他人实施
   D. 改变合同中任何一项工作的质量或其他特性

64. 质量控制点的设置应选择施工过程中的重点部位、重点工序和( )作为质量控制的对象。
   A. 重点流程   B. 重点结果
   C. 重点质量因素   D. 重点质检手段

65. 某施工生产安全事故,造成2人死亡,11人重伤,直接经济损失5 500万元,则该事故属于 ( )
   A. 特别重大事故   B. 较大事故
   C. 重大事故   D. 一般事故

66. 下列施工成本管理措施中,属于组织措施的是 ( )
   A. 编制合理的资金使用计划,节约资金成本
   B. 选用满足功能要求且成本低的施工机械
   C. 通过代用、使用外加剂等方法减少材料消耗量
   D. 明确各级成本管理人员的任务和责任

67. 某项目网络计划如下图所示(时间单位:天),关于工作D的说法,正确的是 ( )

   A. 工作D只能出现在关键线路上   B. 工作D只能出现在非关键线路上
   C. 工作D可以出现在非关键线路上   D. 工作D总时差不为零

68. 根据《建设工程施工合同(示范文本)》,因不可抗力导致合同无法履行连续超过84天时,关于施工合同解除的说法,正确的是 ( )
   A. 仅发包人有权提出解除合同   B. 发包人和承包人均有权提出解除合同
   C. 仅承包人有权提出解除合同   D. 发包人和承包人均无权提出解除合同

69. 根据企业安全技术措施计划的编制步骤,工作活动分类后紧接着应进行的工作是 ( )
   A. 危险源识别   B. 风险确定
   C. 风险评价   D. 安全技术措施计划制定

70. 根据《质量管理体系 基础和术语》,凡工程产品未满足质量要求就称为 ( )
   A. 质量问题   B. 质量缺陷
   C. 质量事故   D. 质量不合格

二、多项选择题(共25题,每题2分。每题的备选项中,有2个或2个以上符合题意,至少有1个错项。错选,本题不得分;少选,所选的每个选项得0.5分)

71. 企业安全技术措施计划的范围应包括 ( )
   A. 改善劳动条件   B. 安全教育形式
   C. 安全管理制度   D. 防止事故发生
   E. 预防职业病和职业中毒

72. 下列违法行为中,对施工生产安全事故发生单位主要负责人处上一年年收入 40%~80% 罚款的情形有 （　　）
   A. 不立即组织事故抢救
   B. 故意破坏事故现场
   C. 事故调查期间擅离职守
   D. 谎报或瞒报事故
   E. 迟报或漏报事故

73. 建设工程监理的工作性质包括 （　　）
   A. 服务性
   B. 科学性
   C. 独立性
   D. 公平性
   E. 创造性

74. 下列新建小学办公楼的组成中,属于分部工程的有 （　　）
   A. 办公楼的土建工程
   B. 办公楼的基础工程
   C. 办公楼的室外绿化工程
   D. 办公楼的屋面工程
   E. 办公楼的装饰装修工程

75. 工程开工前,质量监督机构第一次监督检查的主要内容有 （　　）
   A. 检查建设各方的质量保证体系建立情况
   B. 审查施工单位的工程经营资质证书
   C. 审查总监理工程师的执业资格证书
   D. 抽查主要建筑材料的采购计划
   E. 检查质量控制资料的完成情况

76. 根据《建设工程施工专业分包合同(示范文本)》,属于承包人工作的有 （　　）
   A. 提供分包工程施工所需的施工场地
   B. 向分包人进行设计图纸交底
   C. 编制分包工程详细的施工组织设计
   D. 编制分包工程年、季、月工程进度计划
   E. 与项目监理人进行直接工作联系

77. 阅读招标文件"投标人须知"时,投标人应重点关注的信息有 （　　）
   A. 合同条款
   B. 招标工程的详细范围和内容
   C. 施工技术说明
   D. 投标文件的组成
   E. 重要的时间安排

78. 按生产要素内容分类,建设工程定额可以分为 （　　）
   A. 人工定额
   B. 材料消耗定额
   C. 建筑工程定额
   D. 施工机械台班使用定额
   E. 设备安装工程定额

79. 根据《建设工程施工合同(示范文本)》,施工承包人实施按计日工计价的某项工作时,应报送监理人审查的资料有 （　　）
   A. 工作名称、内容和数量
   B. 投入该工作的所有人员的姓名、专业、工种、级别和耗用工时
   C. 投入该工作的材料类别和数量
   D. 投入该工作的施工设备型号、台数和耗用台时
   E. 实施该工作的全部流程

80. 根据《建设工程施工合同(示范文本)》,关于项目经理的说法,正确的有 （　　）
   A. 发包人有权要求更换不称职的项目经理,承包人应在接到更换通知后 14 天内向发包人提出书面的改进报告
   B. 项目经理因特殊情况需授权其下属人员履行某项工作职责的,应提前 3 天将被授权人员的相关信息书面通知监理人
   C. 发包人收到承包人的书面改进报告后仍要求更换项目经理的,承包人应在接到第二次更换通知的 28 天内进行更换
   D. 承包人需更换项目经理的,应提前 7 天书面通知发包人和监理人,并征得发包人书面同意
   E. 紧急情况下为确保施工安全,项目经理采取必要措施后,应在 48 小时内向发包人代表和监理工程师提交书面报告

81. 根据《建设工程安全生产管理条例》和《职业健康安全管理体系 要求及使用指南》,关于建设工程施工职业健康安全管理的基本要求的说法,正确的有 （　　）
   A. 施工企业必须对本企业的安全生产负全面责任
   B. 工程设计阶段,设计单位应编制职业健康安全施工生产技术措施计划
   C. 施工项目负责人和专职安全生产管理人员应持证上岗
   D. 施工企业应按规定为从事危险作业的人员在现场工作期间办理意外伤害保险
   E. 实行总承包的工程,分包单位应接受总承包单位的安全生产管理

82. 施工质量事故处理的基本要求有 （　　）
   A. 正确选择处理的人数和处罚方式
   B. 确保事故处理期间的安全
   C. 加强事故处理的检查验收工作
   D. 优先采用节约成本的技术措施
   E. 重视消除造成事故的原因

83. 施工质量保证体系运行包括的环节有 （　　）
   A. 计划
   B. 实施
   C. 检查
   D. 处理
   E. 评价

84. 关于工程网络计划中工作最迟完成时间计算的说法,正确的有 （　　）
   A. 等于其所有紧后工作最迟完成时间的最小值
   B. 等于其所有紧后工作间隔时间的最小值
   C. 等于其所有紧后工作最迟开始时间的最小值
   D. 等于其完成节点的最迟时间
   E. 等于其最早完成时间与总时差的和

85. 关于项目管理任务分工表的说法,正确的有 （　　）
   A. 每个建设项目都应编制项目管理任务分工表
   B. 编制项目管理任务分工表前需对项目实施各阶段的任务进行分解
   C. 项目管理任务分工表中需明确每项任务的负责部门和配合部门
   D. 项目管理任务分工表确定后在项目进展过程中不得进行调整
   E. 项目管理任务分工表是项目组织设计文件的一部分

86. 根据《标准施工招标文件》,关于施工合同变更管理的说法,正确的有 （　　）
   A. 在合同履行过程中,监理人可随时向承包人发出变更指令
   B. 采用计日工计价的任何一项变更工作,按合同约定列入措施项目清单结算款中
   C. 承包人应在收到变更指示后的 14 天内向监理人提交变更报价书
   D. 在合同履行过程中,承包人对发包人提供的图纸可提出合理化的书面变更建议
   E. 承包人在接到监理人作出的变更指示后,应按变更指示实施变更工作

87. 由不同功能的计划所构成的建设工程进度计划系统一般包括 ( )
A. 设计进度计划
B. 操作性进度计划
C. 指导性进度规划
D. 总进度规划
E. 单项工程进度计划

88. 单位工程施工组织设计中,反映组织施工水平的技术经济指标有 ( )
A. 项目施工工期
B. 机械设备利用程度
C. 项目施工成本降低率
D. 建筑面积
E. 劳动生产率

89. 采用固定总价合同的工程,承包人承担的价格风险有 ( )
A. 报价计算错误
B. 工程变更
C. 工程范围不确定
D. 漏报项目
E. 人工费上涨

90. 在项目的实施阶段,项目总进度包括施工进度和 ( )
A. 设计工作进度
B. 招标工作进度
C. 物资采购工作进度
D. 项目动用前的准备工作进度
E. 项目试运转工作进度

91. 根据《标准施工招标文件》,承包人应在接到开工通知后28天内,向监理人提交施工场地的管理机构以及人员安排的报告,其内容应包括 ( )
A. 质量监督机构人员组成及其分工
B. 各工种技术工人的安排状况
C. 主要岗位技术和管理人员的资格
D. 发包人现场代表的组成
E. 主要岗位技术和管理人员名单

92. 下列建设工程项目施工进度控制的措施中,属于组织措施的有 ( )
A. 项目施工资源需求计划的编制
B. 进度控制工作流程的制订
C. 进度控制会议的组织设计
D. 专门控制部门和人员的设置
E. 进度控制任务分工表和管理职能分工表的编制

93. 编制施工成本计划应遵循的原则有 ( )
A. 应与生产进度计划相结合
B. 应以先进的技术经济指标为依据编制
C. 编制工作应统一领导、分级管理
D. 成本降低率既要积极可靠又要切实可行
E. 应具有绝对的刚性

94. 根据《建筑工程五方责任主体项目负责人质量终身责任追究暂行办法》,应当依法追究质量终身责任的个人有 ( )
A. 检测单位项目负责人
B. 建设单位项目负责人
C. 监理单位总监理工程师
D. 施工单位项目经理
E. 设计单位项目负责人

95. 施工现场环境保护的要求包括 ( )
A. 施工前应进行现场环境调查
B. 施工组织设计中应有防治扬尘和噪音等有效措施
C. 健全施工组织机构,明确岗位权责分工
D. 施工现场应建立环境保护管理体系
E. 定期对职工进行环保法规知识的培训和考核

参考答案及解析

一、单项选择题

1. C 【解析】施工总承包管理方负责整体施工任务的组织与协调,也可按业主要求负责整个施工招标和发包工作,但一般不承担施工任务,需要参与施工时,可以通过竞标获取部分施工任务。

2. B 【解析】矩阵式组织结构中,成员接受来自纵向和横向两个不同类型部门的指令,若纵向部门是工程计划、人事管理、设备管理等职能部门,则横向工作部门可以是A地施工项目部、B地区施工项目部等项目部门。【此知识点已删去】

3. B 【解析】项目各参与方应形成各自的工作流程图。故选项A错误。工作流程图中用菱形框表示判别条件。故选项C错误。工作流程图中用单向箭线表示工作间的逻辑关系。故选项D错误。【此知识点已删去】

4. A 【解析】编制施工组织总设计的一般程序:收集相关资料和图纸→计算主要工程量→确定施工的总体部署→拟定施工方案→编制施工总进度计划→编制资源需求量计划→编制施工准备工作计划→施工总平面图设计→计算主要技术经济指标。其中,部分工作的先后顺序可以调整,但"拟定施工方案→编制施工总进度计划→编制资源需求量计划"三项工作的先后顺序是固定的。【此知识点已删去】

5. A 【解析】项目目标动态控制的纠偏措施包括组织措施、管理措施、技术措施、经济措施。其中,技术措施包括优化施工、设计方案,改进施工方法(工艺),调整施工机具等。【此知识点已删去】

6. D 【解析】成本的计划值和实际值是相对而言的,相对于实际施工成本,施工成本的规划值是计划值;相对于工程合同价,施工成本的规划值是实际值。投标报价值、设计概算、最高投标限价都发生在工程合同价之前,只能作为工程合同价的计划值。【此知识点已删去】

7. C 【解析】根据《建设工程项目管理规范》,项目管理机构负责人(项目经理)应具有下列权限:(1)参与项目招标、投标和合同签订。(2)参与组建项目管理机构。(3)参与组织对项目各阶段的重大决策。(4)主持项目管理机构工作。(5)决定授权范围内的项目资源使用。(6)在组织制度的框架下制定项目管理机构管理制度。(7)参与选择并直接管理具有相应资质的分包人。(8)参与选择大宗资源的供应单位。(9)在授权范围内与项目相关方进行直接沟通。(10)法定代表人和组织授予的其他权利。【此知识点已删去】

8. A 【解析】施工项目经理对项目施工承担全面管理的责任,主要承担的是所负责项目的施工安全、质量责任,并不对企业市场经营、项目投标、企业总部管理负责。

9. D 【解析】一个网络计划可以有多条关键线路。故选项A错误。双代号网络计划中,关键线路是指由关键工作组成的线路或总持续时间最长的线路;但在单代号网络计划中,关键线路是由关键工作组成,且关键工作之间的时间间隔为零的线路或总持续时间最长的线路。故选项B错误。全部由关键节点组成的线路不一定是关键线路,两边关键节点的工作自由时差和总时差相同,但不一定是关键工作。故选项C错误。

10. B 【解析】验收工程项目的主体结构、基础、桩基等主要部位时,监督机构应进行监督检查。建设单位应在验收后3天内将各方签字的分部工程质量验收证明报送工程质量监督机构备案。【此知识点已删去】

11. D 【解析】建设单位项目负责人对工程质量承担全面责任,不得违法发包、肢解发包,不得以任何理由要求勘察、设计、施工、监理单位违反法律法规和工程建设标准,降低工程质量,其违法违规或不当行为造成工程质量事故或质量问题应当承担责任。【此知识点已删去】

12. A 【解析】施工方进度控制的工作首先应进行的工作是编制施工进度计划。施工进度计划交底、施工进度检查和调整都需要以施工进度计划为基础才可进行。【此知识点已删去】

13. B 【解析】根据《标准施工招标文件》,履约担保有效期自发包人与承包人签订的合同生效之日起至发包人签发工程接收证书之日止。承包人应保证其履约担保在发包人颁发工程接收证书前一直有效。发包人应在工程接收证书颁发后28天内把履约担保退还给承包人。

14. A 【解析】根据《标准施工招标文件》,经承包人自检确认的工程隐蔽部位具备覆盖条件后,承包人应通知监理人在约定的期限内检查。承包人的通知应附有自检记录和必要的检查资料。监理人应按时到场检查。

15. A 【解析】环境管理体系标准应着眼于采用整个系统的管理措施。故选项B错误。该体系标准应纳入组织整个管理体系中,而不必成为独立的系统。故选项C错误。该体系标准中组织最高管理者的承诺以及全员的参与同样重要。故选项D错误。【此知识点已删去】

16. B 【解析】清单项目的工程量和定额工程量可能不一致。清单工程量与定额工程量的计算规则不相同,即使一个清单项目对应一个定额子目,两者计算的工程量也不一定相同。因此,清单工程量不可以直接用于计价。【此知识点已删去】

17. D 【解析】建筑工程五方责任主体项目负责人质量终身责任,是指参与新建、扩建、改建的建筑工程项目负责人按照国家法律法规和有关规定,在工程设计使用年限内对工程质量承担相应责任。【此知识点已删去】

18. B 【解析】政府质量监督机构应按单位工程建立

工程质量监督档案,档案签字人员为质量监督机构负责人。【此知识点已删去】

19. A 【解析】根据《建设工程安全生产管理条例》,建设工程实行施工总承包的,由总承包单位对施工现场的安全生产负总责。总承包单位应当自行完成建设工程主体结构的施工。总承包单位依法将建设工程分包给其他单位的,分包合同中应当明确各自的安全生产方面的权利、义务。总承包单位和分包单位对分包工程的安全生产承担连带责任。

20. D 【解析】比较类推法主要适用于产品规格多、工序重复、工作量小的施工过程。该方法是以同类型工序或同类型产品的实耗工时为标准,经过对比分析推算而制定人工定额。

21. B 【解析】采用单价合同形式的工程,其工程价款是根据实际完成并经工程师计量的工程量及合同单价计算确定的。单价合同中规定了合同工程的工程单价,一般固定不变,但未确定合同详细的工程量。工程量应随着实际发生的工程量进行计算。

22. B 【解析】根据《建筑安装工程费用项目组成(按工程造价形成划分)》,竣工验收前对已完工程及设备采取的必要保护措施所发生的费用属于措施项目费中的已完工程及设备保护费。【此知识点已删去】

23. A 【解析】建设工程项目实施过程中,对资源需求计划进行分析的目的是验证进度计划实现的可能性,从而及时调整进度计划。【此知识点已删去】

24. A 【解析】建设工程设备采购合同通常采用的计价方式是固定总价合同,一般在合同交货期间不再调整价格。【此知识点已删去】

25. D 【解析】施工总承包模式下,业主方委托一个施工单位或由多个施工单位组成的施工联合体或施工总承包单位作为施工任务的承包人。经业主同意,施工总承包单位可以按需要将施工任务的一部分分包给其他符合资质的分包人。【此知识点已删去】

26. C 【解析】根据《建设工程项目管理规范》,项目风险管理应包括下列程序:(1)风险识别。(2)风险评估。(3)风险应对。(4)风险监控。

27. B 【解析】根据《标准施工招标文件》,监理人未按约定的时间进行检查,除监理人另有指示外,承包人可自行完成覆盖工作,并作相应记录报送监理人,监理人应签字确认。监理人事后对检查记录有疑问的,可按约定重新检查。

28. D 【解析】建设工程项目总进度目标论证的核心工作是通过编制总进度纲要论证总进度目标实现的可能性。业主方是建设工程项目总进度目标控制的责任者。【此知识点已删去】

29. A 【解析】严禁将有毒有害废弃物作土方回填,避免污染水源。故选项B错误。施工现场存放的油料和化学溶剂等物品应设置专用库房,地面应进行防渗漏处理。故选项C错误。100人以上的临时食堂,可设置隔油池进行污水排放,不能直接排入城市污水管。故选项D错误。

30. C 【解析】声像资料应按建设工程各阶段立卷,重大事件及重要活动的声像资料应按专题立卷,声像档案与纸质档案应建立相应的标识关系。故选项A错误。专业承(分)包施工的分部、子分部(分项)工程应分别单独立卷。故选项B错误。当案卷内既有文字材料又有图纸材料时,文字材料应排在前面,图纸应排在后面。故选项D错误。

31. B 【解析】施工企业质量管理体系的认证单位是第三方认证机构,获准认证的有效期为3年。

32. B 【解析】施工总承包管理模式下,一般由业主方与分包单位签订分包合同。故选项A错误。施工总承包管理单位一般不承担具体施工任务,且对工程质量负责的是承担施工任务的分包单位。故选项B正确。在同一个工程项目中,施工总承包管理单位与施工总承包单位不会同时存在。故选项C错误。

33. C 【解析】根据《建设工程施工劳务分包合同(示范文本)》,运至施工场地用于劳务施工的材料和待安装设备,由工程承包人办理或获得保险,且不需劳务分包人支付保险费用。

34. D 【解析】工作E的紧前工作有工作B和工作C,只有工作B、C均完成后,才能进行工作E。工作G的紧前工作包括工作C、D、E,只有工作C、D、E均完成后,才可进行工作G。

35. A 【解析】施工企业质量管理体系文件包括质量手册、程序文件、质量计划、质量记录。其中,质量手册是纲领性文件,主要包括质量方针和质量目标、质量活动的体系要素和控制程序、组织机构和质量职责以及质量评审、修改和控制的管理办法等。

36. A 【解析】项目管理信息资料中,能够反映项目竣工验收信息的资料除了包括选项A外,还包括施工技术资料移交表、施工项目质量合格证书、施工项目结算、交工验收证明书、回访和保修书等。选项B能够反映项目安全控制信息和成本信息;选项C能够反映项目安全控制信息;选项D能够反映项目进度控制信息。【此知识点已删去】

37. B 【解析】对于混凝土结构出现裂缝的情况,若经分析研究不影响结构的安全和使用,可采取返修处理。若裂缝宽度大于0.3 mm,可采取嵌缝密闭法进行修补。

38. B 【解析】工作B的最早开始时间 = 最迟开始时间 - 总时差 = 10 - 2 = 8(天),其最早第8天开始。工作C的最早开始时间 = 最早完成时间 - 工作持续时间 = 9 - 2 = 7(天),其最早第7天开始。则工作A的自由时差 = 紧后工作最早开始时间的最小值 - 最早开始时间 - 持续时间 = min{8,7} - 2 - 4 = 1(天)。

39. D 【解析】采用成本加固定比例费用合同时,报酬费用总额会随着成本的增加而增加,承包人可能为拿到更高的报酬而故意增加成本,因此不能激励承包人努力降低成本和缩短工期。【此知识点已删去】

40. B 【解析】成本分析方法中,比率法包括相关比率法、构成比率法、动态比率法。其中,构成比率法主要通过计算材料成本及总成本的比重

以判定材料成本的合理性,进而找到降低成本的途径。

41. A 【解析】建筑工程一切险和安装工程一切险以工程发包人和承包人双方名义共同投保。国内一般由项目法人办理工程一切险;国际上一般由承包人办理工程一切险。

42. A 【解析】根据《标准施工招标文件》,工程接收证书颁发后,承包人应按专用合同条款约定的份数和期限向监理人提交竣工付款申请单,并提供相关证明材料。【此知识点已删去】

43. B 【解析】索赔成立的三个条件包括按约定的时间和程序进行索赔、已造成成本和工期损失、非己方原因,即选项A,C,D,且应同时具备,缺一不可。

44. C 【解析】根据《建设工程工程量清单计价规范》,其他项目投标报价时的材料、工程设备暂估价应按招标工程量清单中列出的单价计入综合单价;专业工程暂估价应按招标工程量清单中列出的金额填写。

45. A 【解析】根据《建设工程监理规范》,监理规划可在签订建设工程监理合同及收到工程设计文件后由总监理工程师组织编制,并应在召开第一次工地会议前报送建设单位。【此知识点已删去】

46. C 【解析】施工定额的编制对象是工序,施工定额可以直接用于施工企业作业计划的编制,且作为预算定额编制的基础。预算定额的编制对象是建(构)筑物的各个分部分项工程,预算定额是编制概算定额的基础,也是编制施工图预算的依据。【此知识点已删去】

47. C 【解析】与施工进度有关的计划主要包括施工企业的施工生产计划和工程项目施工进度计划。选项A,B,D均属于项目施工进度计划;选项C属于施工企业的施工生产计划。【此知识点已删去】

48. D 【解析】工程变更引起施工方案改变并使措施项目发生变化时,承包人提出调整措施项目费的,应事先将拟实施的方案提交发包人确认,并应详细说明与原方案措施项目相比的变化情况。承包人未事先将拟实施的方案提交给发包人确认,则应视为工程变更不引起措施项目费的调整或承包人放弃调整措施项目费的权利。【此知识点已删去】

49. A 【解析】成本控制是在施工过程中对影响成本的因素加强管理,采取各种有效措施保证消耗和支出不超过成本计划。成本控制应遵循下列程序:(1)确定项目成本管理分层目标。(2)采集成本数据,监测成本形成过程。(3)找出偏差,分析原因。(4)制定对策,纠正偏差。(5)调整改进成本管理方法。【此知识点已删去】

50. B 【解析】落实施工生产安全事故报告和调查处理"四不放过"原则的核心环节是事故处理。事故发生单位应当按照负责事故调查的人民政府的批复,对本单位负有事故责任的人员进行处理。【此知识点已删去】

51. C 【解析】横道图进度计划中,时间单位可以是月、周、天(工作日)、小时等。横道图可以表示停工时间,但不能表示出工作最迟开始时间。【此知识点已删去】

52. C 【解析】根据《建设工程安全生产管理条例》,施工单位应当在施工组织设计中编制安全技术措施和施工现场临时用电方案,对下列达到一定规模的危险性较大的分部分项工程编制专项施工方案,并附具安全验算结果,经施工单位技术负责人、总监理工程师签字后实施,由专职安全生产管理人员进行现场监督:(1)基坑支护与降水工程。(2)土方开挖工程。(3)模板工程。(4)起重吊装工程。(5)脚手架工程。(6)拆除、爆破工程。(7)国务院建设行政主管部门或者其他有关部门规定的其他危险性较大的工程。对前项中涉及深基坑、地下暗挖工程、高大模板工程的专项施工方案,施工单位还应当组织专家进行论证、审查。

53. B 【解析】施工现场质量检查方法包括目测法、实测法和试验法。其中,试验法包括理化试验法和无损检测法。选项A属于无损检测法;选项B属于理化试验法;选项C,D属于实测法。【此知识点已删去】

54. D 【解析】施工现场应设置"五牌一图",即工程概况牌、管理人员名单及监督电话牌、消防保卫牌、安全生产牌、文明施工牌、施工现场平面图。

55. B 【解析】根据《特种作业人员安全技术培训考核管理规定》,特种作业操作证每3年复审1次。离开特种作业岗位6个月以上的特种作业人员,应当重新进行实际操作考试,经确认合格后方可上岗作业。【此知识点已删去】

56. D 【解析】根据《标准施工招标文件》,承包人提出索赔的期限:(1)承包人按约定接受了竣工付款证书后,应被认为已无权再提出在合同工程接收证书颁发前所发生的任何索赔。(2)承包人按约定提交的最终结清申请单中,只限于提出工程接收证书颁发后发生的索赔。提出索赔的期限自接收最终结清证书时终止。

57. D 【解析】根据《工程网络计划技术规程》,单代号网络图是以节点及该节点的编号表示工作,以箭线表示工作之间逻辑关系的网络图。单代号网络图中节点应标注在节点内,其号码可间断,但不得重复。箭尾节点编号应小于箭头节点编号。单代号网络图中的时间间隔参数标注在箭线上,且用字母表示。

58. C 【解析】根据《建筑安装工程费用项目组成》,日工资单价是指施工企业平均技术熟练程度的生产人员在每工作日(国家法定工作时间内)按规定从事施工作业应得的日工资总额。【此知识点已删去】

59. B 【解析】冗余安全度处理原则主要体现在发生事故之前的预防,针对已经发现的安全隐患,设置多道安全措施,以此控制安全事故,即多重保险。【此知识点已删去】

60. B 【解析】横道图比较直观、形象,利用横道图法进行费用进度综合比较和分析,可以准确得出费用、进度的绝对偏差,偏差的严重性表现比较直观。但该方法较曲线法相比,表达的信息相对有限。

61. A 【解析】根据《房屋建筑和市政基础设施工程

竣工验收规定》，工程竣工验收由建设单位负责组织实施。对于住宅工程，进行分户验收并验收合格，建设单位按户出具《住宅工程质量分户验收表》。【此知识点已删去】

62. D 【解析】按工程实施阶段编制施工成本计划时，可以按实施阶段（如基础、主体、安装、装修等或月、季、年等）进行编制，通常可在控制施工进度的网络图基础上进一步扩充得到施工成本计划。施工成本按时间进行分解时，分解程度应适宜，不是越细越好。按项目结构编制成本计划时，需将成本分解到项目结构的各个层次。按成本组成编制成本计划时，需将成本分解为人工费、材料费、施工机具使用费和企业管理费等。【此知识点已删去】

63. C 【解析】根据《标准施工招标文件》，除专用合同条款另有约定外，在履行合同中发生以下情形之一，应按照规定进行变更：(1)取消合同中任何一项工作，但被取消的工作不能转由发包人或其他人实施。(2)改变合同中任何一项工作的质量或其他特性。(3)改变合同工程的基线、标高、位置或尺寸。(4)改变合同中任何一项工作的施工时间或改变已批准的施工工艺或顺序。(5)为完成工程需要追加的额外工作。

64. C 【解析】质量控制点是指质量活动过程中需进行重点控制的对象或实体。质量控制点的设置应选择生产过程中的重点部位、重点工序和重点质量因素作为质量控制的对象。【此知识点已删去】

65. C 【解析】根据《生产安全事故报告和调查处理条例》，根据生产安全事故（以下简称事故）造成的人员伤亡或者直接经济损失，事故一般分为以下等级：(1)特别重大事故，是指造成30人以上死亡，或者100人以上重伤（包括急性工业中毒，下同），或者1亿元以上直接经济损失的事故。(2)重大事故，是指造成10人以上30人以下死亡，或者50人以上100人以下重伤，或者5 000万元以上1亿元以下直接经济损失的事故。(3)较大事故，是指造成3人以上10人以下死亡，或者10人以上50人以下重伤，或者1 000万元以上5 000万元以下直接经济损失的事故。(4)一般事故，是指造成3人以下死亡，或者10人以下重伤，或者1 000万元以下直接经济损失的事故。按不同依据确定出不同事故等级时，应按高等级认定。

66. D 【解析】施工成本管理措施包括组织措施、合同措施、技术措施、经济措施。选项A属于经济措施。【此知识点已删去】

67. C 【解析】该网络计划的关键线路为①→②→③→④→⑤→⑥。工作D是关键工作，其总时差为0，它可以出现在关键线路上，也可以出现在非关键线路上。

68. B 【解析】根据《建设工程施工合同（示范文本）》，因不可抗力导致合同无法履行连续超过84天或累计超过140天的，发包人和承包人均有权解除合同。【此知识点已删去】

69. A 【解析】企业安全技术措施计划的编制步骤为：工作活动分类→识别危险源→确定风险→进行风险评价→安全技术措施计划制定→评价安全技术措施计划的充分性。【此知识点已删去】

70. D 【解析】根据《质量管理体系 基础和术语》，不合格是指不符合，未满足要求。工程产品未满足质量要求则称为质量不合格。

二、多项选择题

71. ADE 【解析】安全技术措施制度是保证企业安全生产的有效措施之一。企业安全技术措施计划的范围应涉及加强劳动保护，改善劳动条件，保障职工的安全和健康，防止事故发生等方面的内容。

72. ACE 【解析】根据《生产安全事故报告和调查处理条例》，事故发生单位主要负责人有下列行为之一的，处上一年年收入40%～80%的罚款；属于国家工作人员，并依法给予处分；构成犯罪，依法追究刑事责任：(1)不立即组织事故抢救。(2)迟报或者漏报事故的。(3)在事故调查处理期间擅离职守的。【此知识点已删去】

73. ABCD 【解析】建设工程监理工作是监理单位接受建设单位委托，在项目的投资控制、进度控制、质量控制、合同管理、信息管理、施工组织与协调等方面从事的工作。其工作主要体现出服务性、科学性、独立性、公平性等特点。【此知识点已删去】

74. BDE 【解析】根据《建筑工程施工质量验收统一标准》，分部工程应按下列原则划分：(1)可按专业性质、工程部位确定。(2)当分部工程较大或较复杂时，可按材料种类、施工特点、施工程序、专业系统及类别将分部工程划分为若干分部工程。选项A属于单位工程；选项B、D、E属于分部工程；选项C属于室外工程，不在土建工程划分范围内，属单位工程。

75. ABC 【解析】在工程项目开工前，质量监督机构进行第一次现场监督的重点是参与工程建设各方主体的质量资质情况的检查，主要包括质量保证体系的建立情况，开工前的各项建设行政手续，各参与方的经营资质证书、相关人员的执业资格证书，施工组织设计、监理规划等文件及文件的审批手续。【此知识点已删去】

76. AB 【解析】根据《建设工程施工专业分包合同（示范文本）》，承包人应按合同专用条款约定的内容和时间一次或分阶段完成下列工作：(1)向分包人提供根据总包合同由发包人办理的与分包工程相关的各种证件、批件、各种相关资料，向分包人提供具备施工条件的施工场地。(2)按合同专用条款约定的时间，组织分包人参加发包人组织的图纸会审，向分包人进行设计图纸交底。(3)提供合同专用条款中约定的设备和设施，并承担分包工程的费用。(4)随时向分包人提供确保分包工程施工所必需的施工场地和通道等，满足施工运输的需要，施工期间的畅通。(5)负责整个施工场地的管理工作，协调分包人与一施工场地的其他分包人之间的交叉配合，确保分包人按经批准的施工组织设计进行施工。(6)承包人应做的其他工作，双方在合同专用条款中

约定。选项C、D属于分包人的工作。选项E说法正确，但归为承包人工作不太妥当，最好不选。

77. BDE 【解析】阅读招标文件"投标人须知"时，投标人应重点关注的信息有：招标工程的详细范围和内容；投标文件的组成；重要的时间安排（投标截止时间、招标答疑时间等）。【此知识点已删去】

78. ABD 【解析】按生产要素内容分类，建设工程定额可以分为人工定额、材料消耗定额、施工机械台班使用定额；按投资费用性质分类，建设工程定额可以分为建筑工程定额、设备安装工程定额、建筑安装工程费用定额、工器具定额、工程建设其他费用定额。

79. ABCD 【解析】根据《建设工程施工合同（示范文本）》，采用计日工计价的任何一项工作，承包人应在该工作实施过程中，每天提交以下报表和有关凭证报送监理人审查：(1)工作名称、内容和数量。(2)投入该工作的所有人员的姓名、专业、工种、级别和耗用工时。(3)投入该工作的材料类别和数量。(4)投入该工作的施工设备型号、台数和耗用台时。(5)其他有关资料和凭证。

80. AC 【解析】项目经理因特殊情况授权其下属人员履行某项工作职责的，该下属人员应具备履行相应职责的能力，并应提前7天将上述人员的姓名和授权范围书面通知监理人，并征得发包人书面同意。故选项B错误。承包人需要更换项目经理的，应提前14天书面通知发包人和监理人，并征得发包人书面同意。故选项D错误。在紧急情况下，为保施工安全和人员安全，在无法与发包人代表和总监理工程师及时取得联系时，项目经理有权采取必要的措施保证与工程有关的人身、财产和工程的安全，但应在48小时内向发包人代表和总监理工程师提交书面报告。故选项E错误。【选项A,B,C,E知识点已删去】

81. ACDE 【解析】工程施工阶段，施工单位应编制职业健康安全施工生产技术措施计划。工程设计阶段，设计单位应进行安全保护设施的设计。故选项B错误。【选项B知识点已删去】

82. BCE 【解析】施工质量事故处理的基本要求除了包括选项B、C、E外，还包括：事故处理应达到安全可靠、满足使用和生产要求、不留隐患、经济合理、施工方便的目的；正确选择事故处理的范围、时间和方法等。

83. ABCD 【解析】施工质量保证体系运行遵循PDCA原理，包括的环节有计划（P）、实施（D）、检查（C）、处理（A），可以使企业的质量呈不断循环、螺旋式上升的特点。【此知识点已删去】

84. CDE 【解析】网络计划中，一项工作的最迟完成时间等于其所有紧后工作最迟开始时间的最小值，也等于最早完成时间与总时差的和。若采用节点计算法计算，最迟完成时间即工作完成节点的最迟时间。

85. ABCE 【解析】项目管理任务分工表确定后，随着

项目的进展不断地深化、细化，及时调整，不是一成不变的。故选项D错误。【此知识点已删去】

86. CDE 【解析】在合同履行过程中，监理人发出变更指示前应征得发包人同意。故选项A错误。采用计日工计价的任何一项变更工作，应从暂列金额中支付。暂列金额属于其他项目费。故选项B错误。

87. BC 【解析】由不同功能的计划所构成的建设工程进度计划系统一般包括控制性进度计划、指导性进度计划、操作性（实施性）进度计划。【此知识点已删去】

88. AB 【解析】单位工程施工组织设计中，反映组织施工水平的技术经济指标有单位工程施工工期、资源消耗的均衡性、机械设备的利用程度等。【此知识点已删去】

89. ADE 【解析】采用固定总价合同的工程，承包商承担了大部分风险，主要包括价格风险和工作量风险。漏项、报价计算错误、人工费和物价上调等属于价格风险；工程变更、工程量计算错误、工程范围不确定、误差等属于工作量风险。【此知识点已删去】

90. ABCD 【解析】项目实施阶段的总进度包括设计前准备、设计、招标、施工前准备、工程施工及设备安装、采购、动用前准备等的工作进度。【此知识点已删去】

91. BCE 【解析】根据《标准施工招标文件》，承包人应在接到开工通知后28天内，向监理人提交承包人在施工场地的管理机构以及主要人员安排的报告，其内容应包括管理机构的设置，各主要岗位的技术和管理人员名单及其资格，以及各工种技术工人的安排状况。承包人应向监理人提交施工场地人员变动情况的报告。【此知识点已删去】

92. BCDE 【解析】施工进度控制的措施包括组织措施、管理措施、技术措施、经济措施。选项A属于经济措施。

93. ABCD 【解析】编制成本计划时，应考虑项目管理机构内部或外部环境的影响，成本计划应具有一定的弹性，以保证其具有一定的适应环境变化的能力。故选项E错误。【此知识点已删去】

94. BCDE 【解析】建筑工程五方责任主体项目负责人是指承担建筑工程项目建设的建设单位项目负责人、勘察单位项目负责人、设计单位项目负责人、施工单位项目经理、监理单位总监理工程师。【此知识点已删去】

95. ABDE 【解析】施工现场环境保护的要求应包括做好施工前现场环境调查，在施工组织设计中编制环境保护措施、建立并实施施工现场环境保护管理体系、加强施工现场环境（噪声、扬尘、水污染）质量和环保管理、做好环保法规和知识的培训与考核。选项C未提及环境保护。【此知识点已删去】

全国二级建造师执业资格考试
建设工程施工管理

2021年二级建造师考试真题(一)

题 号	一	二	总 分
分 数			

说明:加灰色底纹标记的题目,其知识点已不作考查,可略过学习。

得 分	评卷人

一、单项选择题(共70题,每题1分。每题的备选项中,只有1个最符合题意)

1. 根据《企业职工伤亡事故分类》,某工人因在施工作业过程中受伤,在家休养21周后完全康复,该工人的伤害程度为 ( )
   A. 重伤　　　　　　　　　　B. 轻伤
   C. 职业病　　　　　　　　　D. 失能伤害

2. 对工程质量有重大影响的工序,应在"三检"的基础上,经( )最终检查认可后,才能进入下道工序。
   A. 建设单位项目负责人　　　B. 施工项目经理
   C. 施工项目技术负责人　　　D. 监理工程师

3. 工程量清单计价模式中,混凝土模板项目措施费用的计算宜采用 ( )
   A. 参数法　　　　　　　　　B. 综合单价法
   C. 分包法　　　　　　　　　D. 工料单价法

4. 施工职业健康安全管理体系与环境管理体系的管理评审,应由施工企业的( )进行。
   A. 最高管理者　　　　　　　B. 项目经理
   C. 技术负责人　　　　　　　D. 安全生产负责人

5. 某双代号网络图如下图所示,关于各项工作逻辑关系的说法,正确的是 ( )

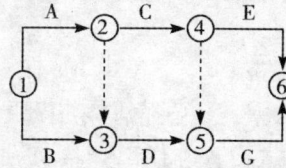

   A. 工作G的紧前工作有工作C和工作D
   B. 工作B的紧后工作有工作C和工作D
   C. 工作D的紧后工作有工作E和工作G
   D. 工作C的紧前工作有工作A和工作B

6. 下列施工质量控制工作中,属于事前控制的是 ( )
   A. 编制施工质量计划　　　　B. 约束质量活动的行为
   C. 监督质量活动过程　　　　D. 处理施工质量的缺陷

7. 根据《建设工程项目管理规范》,项目风险管理正确的程序是 ( )
   A. 风险识别→风险评估→风险应对→风险监控
   B. 风险计划→风险分析→风险评估→风险应对
   C. 风险识别→风险分析→风险应对→风险监控
   D. 风险规划→风险评估→风险自留→风险转移

8. 下列施工成本管理措施中,属于技术措施的是 ( )
   A. 加强施工调度　　　　　　B. 优化材料配合比
   C. 加强施工定额管理　　　　D. 及时落实设计变更签证

9. 某招标工程采用单价合同,如投标书中出现明显的总价和单价的计算结果不一致时,正确的做法是 ( )
   A. 分别调整单价和总价　　　B. 以单价为准调整总价
   C. 按市场价调整单价　　　　D. 以总价为准调整单价

10. 下列工程测量放线成果中,应由施工单位建立的是 ( )
    A. 测量控制网　　　　　　　B. 原始坐标点
    C. 基准线　　　　　　　　　D. 标高基准点

11. 某土石方工程实行混合计价,其中土方工程实行总价包干,包干价14万元;石方工程实行单价合同。该工程有关工程量和价格资料如下表所示,则该工程结算价款为( )万元。

项目	估计工程量/m³	实际工程量/m³	承包单价/(元/m³)
土方工程	4 000	4 200	—
石方工程	2 800	3 000	120

    A. 50.7　　　　　　　　　　B. 50.0
    C. 48.3　　　　　　　　　　D. 47.6

12. 关于建设工程索赔的说法,正确的是 ( )
    A. 导致索赔的事件必须是对方的过错,索赔才能成立
    B. 只要对方存在过错,不管是否造成损失,索赔都能成立
    C. 未按照合同规定的程序提交索赔报告,索赔不能成立
    D. 只要索赔事件的事实存在,在合同有效期内任何时候提出索赔都能成立

13. 下列工作逻辑关系表达图中,表示"工作A和工作B都完成后再进行工作C、工作D"逻辑关系的是 ( )

A. 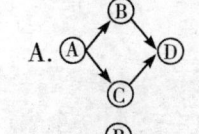　　　　B.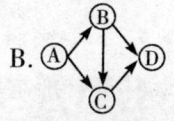

C. 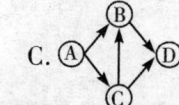　　　　D.

14. 建筑安装工程费用的构成中,社会保险费的计算基础是 ( )
    A. 定额机械费 + 定额人工费　B. 企业管理费
    C. 定额人工费　　　　　　　D. 实际人工费

15. 根据《建设工程质量管理条例》,监理工程师对建设工程实施监理采取的主要形式是（ ）
   A. 旁站、验收和平行检验
   B. 旁站、验收和专检
   C. 旁站、抽检和专检
   D. 旁站、巡视和平行检验

16. 根据《建设工程工程量清单计价规范》,工程发包时招标人压缩的工期不得超过定额工期的（ ）,否则应在招标文件中明示增加赶工费。
   A. 10%   B. 15%
   C. 20%   D. 30%

17. 关于施工总承包管理模式特点的说法,正确的是（ ）
   A. 总承包管理单位的招标依赖于完整的施工图
   B. 业主负责项目总进度计划的编制、控制和协调
   C. 业主负责所有分包合同交界面的定义
   D. 各分包单位的各种款项必须通过总承包管理单位支付

18. 工程施工过程中发生索赔事件以后,承包人首先要做的是（ ）
   A. 提出索赔意向通知   B. 提交索赔证据
   C. 提交索赔报告   D. 与监理人进行谈判

19. 下列项目施工质量管理体系文件中,能够证明各阶段产品质量达到要求的是（ ）
   A. 质量记录   B. 质量手册
   C. 程序文件   D. 质量计划

20. 根据《标准施工招标文件》,监理人向承包人作出暂停施工的指示,则暂停施工期间负责保护工程并提供安全保障的主体为（ ）
   A. 监理人   B. 承包人
   C. 发包人   D. 项目管理公司

21. 施工现场文明施工管理的第一责任人是（ ）
   A. 项目经理   B. 建设单位负责人
   C. 施工单位负责人 D. 项目专职安全员

22. 可提高工程管理数据传输的抗干扰能力,使数据传输不受距离限制,并可提高数据传输的保真度和保密性,这一功能可通过信息技术的（ ）来实现。
   A. 信息存储的数字化和集中化   B. 信息传输的数字化和电子化
   C. 信息处理和变换的程序化   D. 信息获取的便捷性和信息流扁平化

23. 下列施工单位发生的各项费用支出中,可以计入施工直接成本的是（ ）
   A. 施工现场管理人员工资   B. 组织施工生产必要的差旅交通费
   C. 构成工程实体的材料费   D. 施工过程中发生的贷款利息

24. 施工质量事故发生后,负责向事故发生地政府建设行政主管部门报告的是（ ）
   A. 建设单位负责人   B. 事故现场管理人员
   C. 施工单位负责人   D. 监理单位负责人

25. 关于施工企业职业健康安全与环境管理基本要求的说法,正确的是（ ）
   A. 取得安全生产许可证的施工企业,需设立安全生产管理机构,但不需配备专职安全生产管理人员
   B. 建设工程项目中防治污染的设施必须经监理单位验收合格后方可投入使用
   C. 建设工程实行总承包的,因分包合同中已明确各自安全生产的权利和义务,分包单位发生安全生产事故时,总承包单位不承担连带责任
   D. 施工企业法定代表人是安全生产的第一负责人,项目经理是施工项目生产的主要负责人

26. 某清单项目计划工程量为300 m³,预算单价为600元/m³,已完工程量为350 m³,实际单价为650元/m³。采用赢得值法分析该项目成本正确的是（ ）
   A. 费用节约,进度延误   B. 费用节约,进度提前
   C. 费用超支,进度延误   D. 费用超支,进度提前

27. 施工总承包管理模式中,对业主选定的分包方承担组织和管理责任的是（ ）
   A. 业主方   B. 工程监理方
   C. 施工总承包管理方 D. 分包方

28. 下列组织工具中,可通过树状图方式分解工程项目所有工作任务的是（ ）
   A. 项目结构图   B. 组织结构图
   C. 工作流程图   D. 合同结构图

29. 具有两个工作指令源,指令分别来自于纵向和横向两个工作部门的组织结构模式是（ ）
   A. 职能组织结构   B. 矩阵组织结构
   C. 网络组织结构   D. 线性组织结构

30. 关于编制项目管理工作任务分工的说法,正确的是（ ）
   A. 项目各参与方应编制统一的项目管理任务分工表
   B. 首先要明确项目经理的工作任务
   C. 已经确定的工作任务表在项目实施过程中不能调整
   D. 需要明确各工作部门的工作任务

31. 施工顺序的安排属于工程项目施工组织设计基本内容中的（ ）
   A. 施工进度计划   B. 施工平面图
   C. 施工部署和施工方案 D. 工程概况

32. 应用动态控制原理控制施工进度的核心是（ ）
   A. 定期比较计划值和实际值,并采取纠偏措施
   B. 针对目标影响因素采取有效的预防措施
   C. 对进度目标由粗到细进行逐层分解
   D. 按照进度控制的要求,收集施工进度实际值

33. 项目因资金缺乏导致总体进度延误,项目经理部采取尽快落实工程资金的方式来解决此问题,该措施属于项目目标控制的（ ）
   A. 组织措施   B. 管理措施
   C. 经济措施   D. 技术措施

34. 根据《建设工程项目管理规范》,在项目实施之前,应由法定代表人或其授权人与项目经理协商制定的文件是（ ）
   A. 施工安全管理计划   B. 项目管理目标责任书
   C. 项目管理实施规划   D. 工程质量责任承诺书

35. 工程质量验收时,应进行观感质量检查并作出综合质量评价的验收对象是（ ）
   A. 分部工程   B. 工序
   C. 检验批   D. 分项工程

36. 设计交底和图纸会审记录属于施工质量控制依据中的（ ）
   A. 共同性依据   B. 专业技术性依据
   C. 项目专用性依据 D. 施工管理依据

37. 某工程需开挖土方量为500 m³,人工定额是2.0 m³/工日,一班制作业,拟安排10人,则开挖土方的工作持续时间是( )天。
   A. 50   B. 25
   C. 100   D. 200

38. 某项目网络计划工期为26天,共有四项工作,它们的总时差分别是0、1、2、4天,其中最早完成工作的最早完成时间是第( )天。
   A. 22   B. 23
   C. 24   D. 25

39. 为了提高项目按期竣工的保证率,用S形曲线编制成本计划时,可以采用的做法是( )
   A. 非关键线路上的工作都按最迟时间开始 B. 所有工作都按最早时间开始
   C. 施工成本大的工作按最迟时间开始   D. 人工消耗量大的工作按最早时间开始

40. 某项目基础施工的横道图如下图所示,第二周的施工人数是( )人。

项次	分项工程名称	人数/台班	天数	施工进度/周
				第一周/天　　第二周/天　　第三周/天　　第四周/天
1	土方开挖	2	6	
2	基础垫层	6	10	
3	基础钢筋	16	14	
4	基础模板	23	14	

   A. 22   B. 12
   C. 18   D. 24

41. 某施工项目的成本指标如下表所示,采用动态比率法进行成本分析时,第四季度的基期指数是( )

指标	第一季度	第二季度	第三季度	第四季度
降低成本/万元	45.6	47.8	52.5	64.3
基期指数/%	100	104.82	115.13	

   A. 109.83   B. 115.13
   C. 122.48   D. 141.01

42. 根据《建设工程施工现场环境与卫生标准》,施工单位采取的环境污染技术措施中,正确的是( )
   A. 施工现场的主要道路进行硬化处理
   B. 施工污水有组织地直接排入市政污水管网
   C. 采取防火措施后在现场焚烧包装废弃物
   D. 废弃的降水井及时用建筑废弃物回填

43. 根据《建设工程施工劳务分包合同(示范文本)》,关于保险的说法,正确的是( )
   A. 工程承包人为提供给劳务分包人使用的机械办理保险,劳务分包人承担保险费
   B. 运至现场用于劳务施工的材料,由承包人办理保险,劳务分包人承担保险费
   C. 劳务分包人必须为从事危险作业的职工办理意外伤害保险,并承担保险费
   D. 施工开始前,工程承包人应获得发包人为施工现场内第三方人员生命财产办理的保险,劳务分包人支付保险费用

44. 下列建筑安装工程费中,由投标人在投标时自主报价,在施工过程中按签约合同价执行的是( )
   A. 暂估价   B. 暂列金额
   C. 总承包服务费   D. 增值税销项税额

45. 实行招标的工程,发承包人约定合同中关于工期、造价、质量、履行期限等主要条款应当与招标文件和中标人的投标文件的内容一致,若出现不一致的情况,应( )
   A. 以招标文件为准   B. 要求中标人进行适当修正
   C. 以投标文件为准   D. 要求发包人进行适当修正

46. 建设单位编制年度投资计划时,通常所依据的建设工程定额是( )
   A. 概算指标   B. 预算定额
   C. 劳动定额   D. 投资估算指标

47. 在工程项目开工前,施工质量监督机构进行第一次现场监督的重点是( )
   A. 主要原材料的质量   B. 施工作业面的施工质量
   C. 参与工程建设各方主体的质量行为 D. 重要部位和关键工序的施工质量

48. 某现浇混凝土工程采用工程量清单中的工程数量为3 000 m³;合同约定:综合单价为800元/m³,当实际工程量超过清单中工程数量的15%时,综合单价调整为原单价的0.9倍。工程结束时经监理工程师确认的实际完成工程量为3 500 m³,则现浇混凝土工程款应为( )万元。
   A. 240.0   B. 252.0
   C. 276.0   D. 279.6

49. 根据《生产安全事故应急预案管理办法》,施工单位对本企业的事故预防重点,每年至少组织现场处置方案演练( )次。
   A. 1   B. 2
   C. 3   D. 4

50. 下列与施工进度有关的计划,属于实施性施工进度计划的是( )
   A. 某构件制作计划   B. 单项工程施工进度计划
   C. 项目年度施工进度计划   D. 企业旬生产计划

51. 根据《建设工程施工合同(示范文本)》,担保金额在担保有效期内随着工程款支付可以逐月减少的担保是( )
   A. 投标担保   B. 履约担保
   C. 预付款担保   D. 支付担保

52. 在工程项目开工前,监督机构接受建设单位有关建设工程质量监督的申报手续,并对有关文件进行审查,审查合格后签发( )
   A. 质量监督文件   B. 施工许可证
   C. 质量监督报告   D. 监督计划方案

53. 根据《建设工程施工合同(示范文本)》,关于安全文明施工费的说法,正确的是( )
   A. 因基准日期后合同适用的法律发生变化,增加的安全文明施工费由发包人承担
   B. 发包人可以根据施工项目环境和安全情况酌情扣减部分安全文明施工费
   C. 承包人经发包人同意采取合同约定以外的安全措施所产生的费用,由承包人承担
   D. 承包人对安全文明施工费应专款专用,在财务账目中与管理费合并列备查

54. 关于修正总费用法计算索赔的说法,正确的是( )
   A. 计算索赔款的时段可以是整个施工期
   B. 索赔金额为受影响工作调整后的实际总费用减去该项工作的报价费用
   C. 索赔款应包括受影响时段内所有工作所受的损失
   D. 索赔款只包括受影响时段内关键工作所受的损失

55. 工作最早第4天开始,总时差为2天,持续时间为6天,该工作的最迟完成时间是第( )天。
A. 9
B. 10
C. 11
D. 12

56. 根据《建设工程施工专业分包合同(示范文本)》,承包人应在收到分包工程竣工结算报告及结算资料后( )天内支付竣工结算款。
A. 7
B. 14
C. 28
D. 56

57. 关于建设项目进度计划系统的说法,正确的是( )
A. 进度计划系统是指组成进度计划的各项内容,包括执行时需要的资源和措施等
B. 为便于协调各项目参与方,计划系统应由业主负责建立,各参与方协助完善
C. 同一进度计划系统中,各计划的工作结构分解(项目分解)一定相同
D. 同一进度计划系统中,各进度计划之间必须相互协调

58. 关于竣工图编制要求的说法,正确的是( )
A. 竣工图不能委托设计单位编制
B. 一般性图纸变更及符合杠改或划改要求的,可不编制竣工图
C. 同一建筑物重复的标准图也必须编入竣工图中
D. 重大变更及图面变更面积超过35%的,应当重新绘制竣工图

59. 下列建设工程定额中,具有企业定额性质的是( )
A. 预算定额
B. 概算定额
C. 概算指标
D. 施工定额

60. 项目技术负责人向各班组进行施工方案交底属于施工质量保证体系运行的( )
A. 计划
B. 实施
C. 检查
D. 处理

61. 施工成本分析的主要工作有:①收集成本信息;②选择成本分析方法;③分析成本形成原因;④进行成本数据处理;⑤确定成本结果。正确的步骤是( )
A. ①→②→④→⑤→③
B. ②→③→①→⑤→④
C. ①→③→②→④→⑤
D. ②→①→④→③→⑤

62. 关于总时差、自由时差和间隔时间相互关系的说法,正确的是( )
A. 自由时差一定不超过其与紧后工作的间隔时间
B. 与其紧后工作间隔时间均为0的工作,总时差一定为0
C. 工作的自由时差为0,总时差一定是0
D. 关键节点间工作,总时差和自由时差不一定相等

63. 根据《标准施工招标文件》,监理人在收到承包人提出的书面变更建议后,确认存在变更的,应在( )天内作出变更指示。
A. 5
B. 7
C. 14
D. 28

64. 下列风险控制方法中,适用于第一类危险源控制的是( )
A. 提高各类设施的可靠性
B. 限制能量和隔离危险物质
C. 设置安全监控系统
D. 加强员工的安全意识教育

65. 根据施工承包合同中质量创优的要求,宜针对性采取的创优措施是( )
A. 执行《建筑工程施工质量验收统一标准》
B. 按照相关专业验收规范组织检查验收
C. 强化管理人员和操作人员的质量意识
D. 制定高于国家标准的控制准则

66. 关于标前会议纪要和答复函件的说法,正确的是( )
A. 不能作为招标文件的组成部分
B. 与招标文件内容不一致时,以补充文件为准
C. 其法律效力仅次于招标文件
D. 与招标文件内容不一致时,以招标文件为准

67. 施工企业在安全生产许可证有效期内严格遵守有关安全生产的法律法规,未发生死亡事故的,安全生产许可证期满时,经原安全生产许可证的颁发管理机关同意,可不再审查,其有效期延期( )年。
A. 1
B. 2
C. 3
D. 5

68. 根据事故责任分类,"由于工程负责人不按质量标准进行控制与检验,降低施工质量标准而造成的质量事故"属于( )
A. 技术原因引发的质量事故
B. 管理原因引发的质量事故
C. 指导责任事故
D. 操作责任事故

69. 下列施工合同风险中,属于管理类的是( )
A. 合同主体的资信和能力风险
B. 项目周边居民或单位的干预、抗议风险
C. 对现场环境调查和预测的风险
D. 合同依据的法律环境变化的风险

70. 下列影响施工质量的环境因素中,属于施工作业环境因素的是( )
A. 各种能源介质的供应保障程度
B. 参建施工单位之间的协调程度
C. 项目部质量管理制度
D. 项目工程地质情况

二、多项选择题(共25题,每题2分。每题的备选项中,有2个或2个以上符合题意,至少有1个错项。错选,本题不得分;少选,所选的每个选项得0.5分)

71. 项目施工质量计划的内容包括( )
A. 质量方针编制计划
B. 施工质量工作计划
C. 质量保证体系认证计划
D. 施工质量成本计划
E. 施工质量组织计划

72. 根据项目成本管理程序,在成本考核前需完成的工作有( )
A. 编制成本计划,确定成本实施目标
B. 进行成本控制
C. 进行项目过程成本分析
D. 编制项目成本报告
E. 项目成本管理资料归档

73. 采用技术测定法编制人工定额时,测定各工序工时消耗的方法有( )
A. 测时法
B. 写实记录法
C. 理论计算法
D. 工作日写实法
E. 统计分析法

74. 下列施工企业员工安全教育的形式中,属于经常性安全教育的有( )
A. 事故现场会
B. 上岗前三级安全教育
C. 变换岗位时的安全教育
D. 安全生产会议
E. 安全活动日

75. 根据《建设工程工程量清单计价规范》,分部分项工程综合单价包括 (　　)
　　A. 人工费　　　　　　　　　　　B. 规费
　　C. 材料费　　　　　　　　　　　D. 利润
　　E. 企业管理费

76. 根据《建设工程施工合同(示范文本)》,关于施工项目经理的说法,正确的有 (　　)
　　A. 项目经理每月在施工现场的时间可根据现场情况自行决定
　　B. 发包人书面通知承包人更换其认为不称职的项目经理后,承包人必须更换
　　C. 项目经理经承包人授权后代表承包人负责履行合同
　　D. 一个注册建造师可同时担任数个项目的项目经理
　　E. 承包人应向发包人提交与项目经理的劳动合同以及为其缴纳社会保险的有效证明

77. 关于施工合同计价方式的说法,正确的有 (　　)
　　A. 总价合同主要适用于紧急工程、保密工程
　　B. 单价合同风险由承发包双方分担
　　C. 总价合同风险主要由发包人承担
　　D. 成本加酬金合同主要适用于工程量不确定的工程
　　E. 成本加酬金合同风险主要由业主承担

78. 关于旁站监理的说法,正确的有 (　　)
　　A. 旁站监理指项目监理机构对工程关键部位或关键工序的施工安全进行的监督活动
　　B. 施工单位应在需要实施旁站监理的关键部位、关键工序进行施工前 24 小时,书面通知项目监理机构
　　C. 旁站监理人员的主要职责包括检查施工企业现场特殊工种人员持证上岗情况
　　D. 凡旁站监理人员和施工企业现场管理人员未在旁站监理记录上签字的,不得进行下一道工序施工
　　E. 旁站监理人员实施旁站监理时,发现施工企业有违反工程建设强制性标准的行为,有权下达局部暂停施工指令

79. 下列项目管理的工作流程中,属于管理工作流程组织的有 (　　)
　　A. 投资控制工作流程　　　　　　B. 钢结构深化设计流程
　　C. 进度控制工作流程　　　　　　D. 弱电工程物资采购工作流程
　　E. 合同管理工作流程

80. 根据《标准施工招标文件》,变更的范围和内容包括 (　　)
　　A. 取消合同中任何一项工作转由其他人实施
　　B. 改变合同中任何一项工作的质量或其他特性
　　C. 改变合同工程的基线、标高、位置或尺寸
　　D. 改变合同中任何一项工作的施工时间
　　E. 改变合同中任何一项工作的已批准的施工工艺或顺序

81. 某双代号网络计划如下图所示,其关键工作有 (　　)

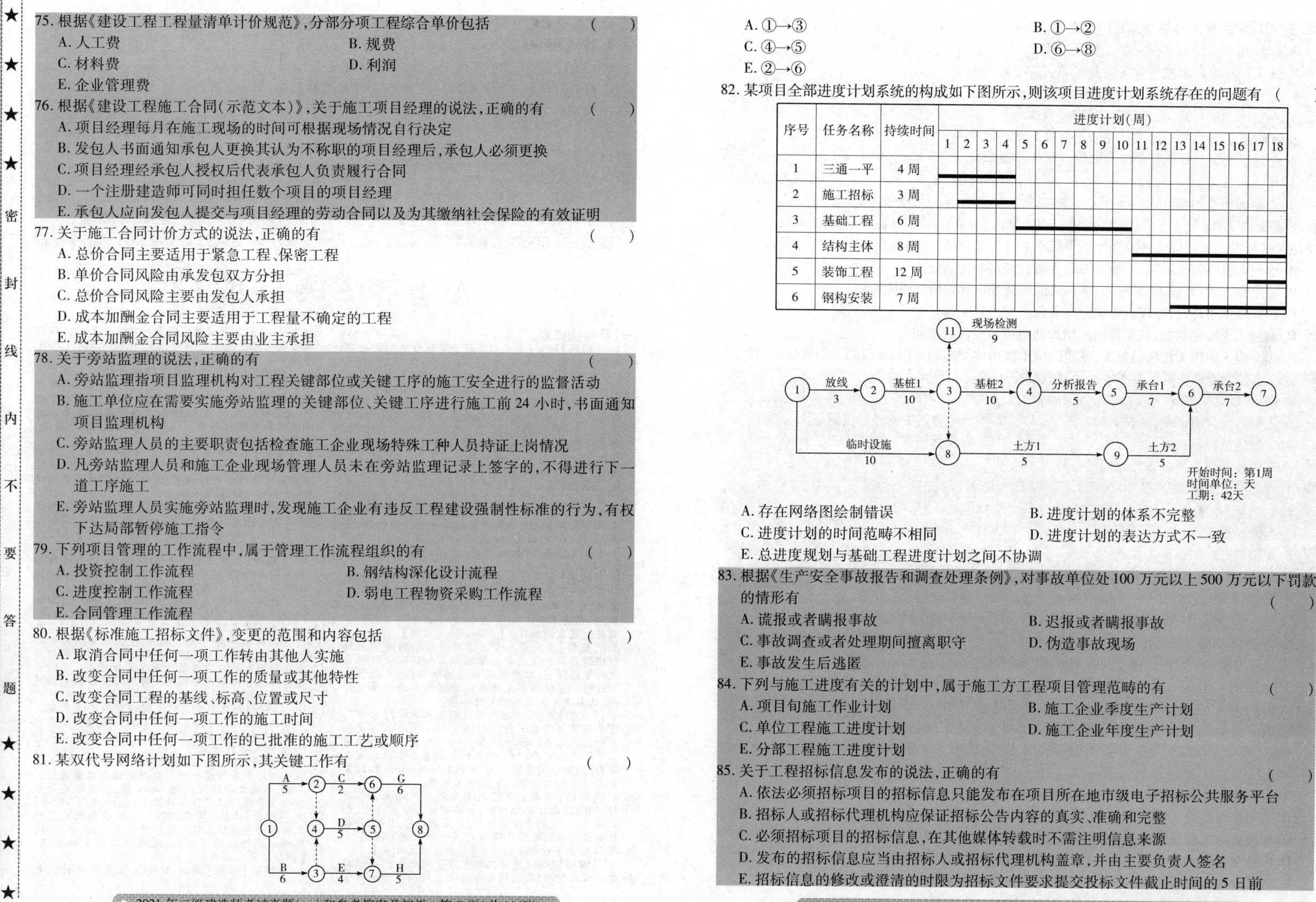

A. ①→③　　　　　　　　　　　B. ①→②
C. ④→⑤　　　　　　　　　　　D. ⑥→⑧
E. ②→⑥

82. 某项目全部进度计划系统的构成如下图所示,则该项目进度计划系统存在的问题有 (　　)

A. 存在网络图绘制错误　　　　　B. 进度计划的体系不完整
C. 进度计划的时间范畴不相同　　D. 进度计划的表达方式不一致
E. 总进度规划与基础工程进度计划之间不协调

83. 根据《生产安全事故报告和调查处理条例》,对事故单位处 100 万元以上 500 万元以下罚款的情形有 (　　)
　　A. 谎报或者瞒报事故　　　　　　B. 迟报或者瞒报事故
　　C. 事故调查或者处理期间擅离职守　D. 伪造事故现场
　　E. 事故发生后逃逸

84. 下列与施工进度有关的计划中,属于施工方工程项目管理范畴的有 (　　)
　　A. 项目旬施工作业计划　　　　　B. 施工企业季度生产计划
　　C. 单位工程施工进度计划　　　　D. 施工企业年度生产计划
　　E. 分部工程施工进度计划

85. 关于工程招标信息发布的说法,正确的有 (　　)
　　A. 依法必须招标项目的招标信息只能发布在项目所在地市级电子招标公共服务平台
　　B. 招标人或招标代理机构应保证招标公告内容的真实、准确和完整
　　C. 必须招标项目的招标信息,在其他媒体转载时不需注明信息来源
　　D. 发布的招标信息应当由招标人或招标代理机构盖章,并由主要负责人签名
　　E. 招标信息的修改或澄清的时限为招标文件要求提交投标文件截止时间的 5 日前

86. 下列事项中,属于现场签证范围的有（　　）
    A. 确认修改施工方案引起的工程量增减
    B. 施工过程中发生变更后需要现场确认的工程量
    C. 施工合同范围内的工程量确认
    D. 承包人原因导致的人工窝工及有关损失
    E. 工程变更导致的措施费用增减

87. 职业健康安全与环境管理体系的作业文件一般包括（　　）
    A. 作业指导书　　　　　　　　B. 管理规定
    C. 监测活动准则　　　　　　　D. 程序文件引用的表格
    E. 绩效报告

88. 根据《标准施工招标文件》,关于暂停施工后复工的说法,正确的有（　　）
    A. 承包人收到复工通知后,应在发包人进行经济补偿后复工
    B. 暂停施工后,监理人、发包人、承包人应协商采取有效措施消除影响
    C. 具备复工条件时,监理人应立即向承包人发出复工通知
    D. 承包人无故拖延的,应承担由此增加的费用和延误的工期
    E. 因发包人原因无法按时复工,发包人应承担由此增加的费用、延误的工期和合理的利润

89. 政府质量监督机构对工程实体质量和责任主体的质量行为采取"双随机,一公开"检查方式和"互联网+监管"模式,其检查的内容主要有（　　）
    A. 工程各参建方的质量行为　　B. 工程各参建方的经营资质证书
    C. 工程质量控制资料的完成情况　D. 工程实体质量
    E. 工程各参建方质量责任制的履行情况

90. 下列工程中,需要编制分部(分项)工程施工组织设计的有（　　）
    A. 砌筑工程　　　　　　　　　B. 深基坑工程
    C. 高大模板工程　　　　　　　D. 住宅小区绿化工程
    E. 无粘结预应力混凝土工程

91. 根据《建设工程项目管理规范》,施工进度计划的检查内容有（　　）
    A. 工程量的完成情况　　　　　B. 工作时间的执行情况
    C. 前次检查提出问题的整改情况　D. 资源消耗的离散程度
    E. 工程费用的优化情况

92. 建设工程施工质量事故调查报告的主要内容包括（　　）
    A. 事故基本情况　　　　　　　B. 事故发生后采取的应急防护措施
    C. 事故调查中的有关数据、资料　D. 事故的原因分析
    E. 事故涉及人员与主要责任者的情况

93. 根据《建设工程施工劳务分包合同(示范文本)》,关于工时及工程量确认的说法,正确的有（　　）
    A. 采用固定劳务报酬方式的,施工过程中不计算工时,只计算工程量
    B. 采用按确定的工时计算劳务报酬的,劳务分包人每日提供劳务人数报承包人确认
    C. 按确认的工程量计算劳务报酬的,劳务分包人提供完成的工程量报承包人确认
    D. 因劳务分包人原因造成返工的工程量,工程承包人不予计量
    E. 劳务分包人完成的超出设计图纸范围的工程量,工程承包人应按实际计量

94. 建筑材料采购合同中,约定质量标准的一般原则有（　　）
    A. 按颁布的国家标准执行
    B. 没有任何标准的,按第三方提供标准执行
    C. 没有国家标准而有部颁标准的,按部颁标准执行
    D. 没有国家标准和部颁标准的,按企业标准执行
    E. 对于采购方有特殊要求的,按合同中约定技术条件、样品或补充的要求执行

95. 根据《建筑施工项目经理质量安全责任十项规定(试行)》,项目经理的质量安全责任有（　　）
    A. 负责建立质量安全管理体系　B. 负责组织编制施工组织设计
    C. 负责审批施工组织设计　　　D. 负责组织制定质量安全技术措施
    E. 负责组织工程质量验收

参考答案及解析

一、单项选择题

1. A 【解析】根据《企业职工伤亡事故分类》,安全事故按照伤害程度可分为:(1)轻伤,指损失工作日为1个工作日以上(含1个工作日),105个工作日以下的失能伤害。(2)重伤,指损失工作日为105个工作日以上(含105个工作日),6 000个工作日以下的失能伤害。(3)死亡,指损失工作日为6 000工作日以上(含6 000工作日)的失能伤害。该工人因工受伤在家休养21周后完全康复,即损失工作日为21×5=105(工日),故该工人的伤害程度为重伤。【此知识点已删去】

2. D 【解析】现场质量检查的内容包括开工前、工序交接、隐蔽工程、停工后复工、分部分项工程完工后的检查。其中,工序交接检查是指对工程质量有重大影响或重要的工序进行的检查,应在"三检"的基础上,经监理工程师或建设单位项目技术负责人检查认可后,才能进入下道工序。【此知识点已删去】

3. B 【解析】采用工程量清单计价模式下的措施项目费的计算方法有综合单价法、参数法、分包法等。其中,综合单价法适用于可以计算工程量的措施项目,如混凝土模板、垂直运输、脚手架等与工程实体有密切联系的项目。【此知识点已删去】

4. A 【解析】企业最高管理者应策划的时间间隔对组织的职业健康安全管理体系与环境管理系进行管理评审,以确保其持续的适宜性、充分性和有效性。管理评审主要是对管理体系进行系统评价,从而决定是否调整管理体系。【此知识点已删去】

5. A 【解析】根据《工程网络计划技术规程》,紧前工作是指紧排在本工作之前的工作。紧后工作是指紧排在本工作之后的工作。本题中,工作G的紧前工作有工作C和工作D;工作B的紧后工作只有工作D;工作D的紧后工作只有工作G;工作C的紧前工作只有工作A。故选项A正确。

6. A 【解析】事前质量控制主要是在正式施工前进行的预防,属于主动控制,如编制施工质量计划、制定施工方案、明确质量目标、设置质量控制点、分析目标偏差原因等。选项B,C属于事中质量控制;选项D属于事后质量控制。【此知识点已删去】

7. A 【解析】根据《建设工程项目管理规范》,组织应建立风险管理制度,明确各层次管理人员的风险管理责任,管理各种不确定因素对项目的影响。项目风险管理应包括下列程序:(1)风险识别。(2)风险评估。(3)风险应对。(4)风险监控。

8. B 【解析】成本管理的技术措施包括确定施工机械和设备的使用方案;应用先进施工方案;运用新材料;进行技术经济分析选择最佳方案;比选材料,并通过优化配合比、使用外加剂或代用料等方法降低材料消耗费用等。选项A,C属于组织措施;选项D属于经济措施。

9. B 【解析】单价优先是单价合同的特点之一,即当投标书中的总价和单价的计算结果不一致时,应以单价为准进行总价的调整;当出现明显的计算错误时,业主可先修改再评标。

10. A 【解析】工程测量放线成果中,应由施工单位建立的是测量控制网。原始坐标点、基准线和标高基准点应由建设单位提供,施工单位对其进行复核。【此知识点已删去】

11. B 【解析】土方工程实行总价包干,则工程结算款为包干价14万元;石方工程采用单价合同,则工程结算款等于实际完成的工程量乘以合同单价。故工程结算款为:14+(3 000×120)/10 000=50.0(万元)。【此知识点已删去】

12. C 【解析】索赔成立的三个条件(同时具备)包括:(1)依据合同,事件已使承包人的费用额外增加或直接工期损失。(2)按照合同约定,费用增加或工期损失的原因不属于承包人的责任。(3)承包人按照合同要求的程序和时间提交索赔意向通知和索赔报告。【此知识点已删去】

13. D 【解析】网络图中工作之间的逻辑关系表现为工作之间的先后顺序。选项D表示的逻辑关系为"工作A和工作B都完成后再进行工作C、工作D"。故选项D正确。

14. C 【解析】根据《建筑安装工程费用项目组成》,社会保险费和住房公积金应以定额人工费为计算基础,根据工程所在地省、自治区、直辖市或行业建设主管部门规定费率计算。

15. D 【解析】根据《建设工程质量管理条例》,监理工程师应当按照工程监理规范的要求,采取旁站、巡视和平行检验等形式,对建设工程实施监理。【此知识点已删去】

16. C 【解析】根据《建设工程工程量清单计价规

17. B 【解析】总承包管理单位的招标可在初步设计阶段进行，不用依赖于完整的施工图。故选项A错误。总承包管理单位负责所有分包合同界面的定义。故选项C错误。各分包单位的各种款项可通过总承包管理单位支付，也可由业主直接支付。故选项D错误。【此知识点已删去】

18. A 【解析】根据《标准施工招标文件》，承包人应在知道或应当知道索赔事件发生后28天内，向监理人递交索赔意向通知书，并说明引起索赔意向通知书的事由。承包人未在前述28天内发出索赔意向通知书，丧失要求追加付款和（或）延长工期的权利。因此，工程施工过程中发生索赔事件以后，承包人首先要做的是提出索赔意向通知。

19. A 【解析】质量管理体系文件包括质量记录、质量手册、程序文件和质量计划。其中，质量记录是指阐明所取得的结果或提供所完成活动的证据的文件，其能够证明各阶段产品达到要求及质量体系运行有效。

20. B 【解析】根据《标准施工招标文件》，监理人认为有必要时，可通过发出指示要求承包人暂停施工。承包人应按监理人指示暂停施工。不论由于何种原因引起的暂停施工，暂停施工期间承包人应负责妥善保护工程并提供安全保障。

21. A 【解析】施工项目文明管理的第一责任人是项目经理。施工现场文明管理组织的成员是现场项目经理部人员。【此知识点已删去】

22. B 【解析】"信息传输的数字化和电子化"的开发和应用有利于工程管理数据传输抗干扰能力的增加，保证数据传输不受距离限制，并且可使数据传输的保真度和保密性有所提高。选项A有利于统一数据和文件的管理工作，还有利于查询、检索项目各参与方的版本信息；选项C有利于提高数据处理的准确性和效率；选项D有利于项目各参与方的协同工作和信息交流。【此知识点已删去】

23. C 【解析】施工直接成本是指构成工程实体或有助于工程实体形成的人工费、材料费及施工机具使用费等的费用支出。

24. A 【解析】根据《关于做好房屋建筑和市政基础设施工程质量事故报告和调查处理工作的通知》，工程质量事故发生后，事故现场有关人员应当立即向工程建设单位负责人报告；工程建设单位负责人接到报告后，应于1小时内向事故发生地县级以上人民政府住房和城乡建设主管部门及有关部门报告。【此知识点已变更】

25. D 【解析】施工单位应当设立安全生产管理机构，配备专职安全生产管理人员。故选项A错误。防治污染的设施必须经审批环境影响报告书的生态环境行政主管部门验收合格后，该建设项目方可投入施工使用。故选项B错误。工程实行施工总承包的，由总承包单位对施工现场的安全生产总负责。总承包单位依法将建设工程分包给其他单位的，分包合同中应当明确各自的安全生产方面的权利、义务。总承包单位和分包单位对分包工程的安全生产承担连带责任。故选项C错误。【此知识点已删去】

26. D 【解析】费用偏差（CV）=已完工作预算费用（BCWP）-已完工作实际费用（ACWP）=（350×600－350×650）/10 000＝－1.75（万元）＜0，表示费用超支。进度偏差（SV）=已完工作预算费用（BCWP）-计划工作预算费用（BCWS）= (350×600－300×600)/10 000＝3（万元）＞0，表示进度提前。

27. C 【解析】施工总承包管理模式的特点体现在进度控制、质量控制、费用控制、合同管理、组织与协调五个方面。其中，组织与协调是指施工总承包管理方对所有分包方均承担管理责任，从而减轻业主的工作。【此知识点已删去】

28. A 【解析】项目结构图可通过树状图方式分解工程项目，以反映组成该项目的所有工作任务。项目结构图中使用矩形框表示工作任务，表示矩形框之间的连接。【此知识点已删去】

29. B 【解析】矩阵组织结构具有两个工作指令源，即双重领导，容易形成指令相互矛盾。若指令发生矛盾，可由该组织系统的最高指挥者进行协调或决策。【此知识点已变更】

30. B 【解析】项目各参与方根据各自的项目管理任务，编制各自的项目管理任务分工表。故选项A错误。编制项目管理任务分工表时，首先应详细分解项目实施阶段的管理任务，如质量控制、进度控制、费用控制、合同管理、信息管理与协调等。故选项B错误。已经确定的工作任务表在项目实施过程中应不断深化、细化。故选项C错误。

31. C 【解析】施工组织设计的基本内容包括工程概况、施工部署及施工方案、施工进度计划、施工平面图和主要技术经济指标。其中，施工部署及施工方案包括部署各阶段的任务、安排施工顺序、确定主要施工方案、比选施工方案。【此知识点已删去】

32. A 【解析】应用动态控制原理控制施工进度的核心是对计划值和实际值进行定期比较，并采取纠偏措施。进度跟踪和进度控制报告是两者比较的成果。【此知识点已删去】

33. C 【解析】项目目标动态控制的纠偏措施有：(1)组织措施，包括调整项目组织结构、落实管理人员责任、优化工作流程、强化奖惩机制、调整工作任务和管理职能分工等。(2)管理措施，包括优化进度管理方案、选择合理的合同管理模式等。(3)技术措施，包括优化施工、设计方案、改进施工方法(工艺)、调整物资供应计划等。(4)经济措施，包括落实工程资金、编制与动态控制相适应的资源需求计划等。

34. B 【解析】根据《建设工程项目管理规范》，项目管理目标责任书应在项目实施之前，由组织法定代表人或其授权人与项目管理机构负责人协商制定。项目管理目标责任书属于组织内部明确责任的系统性管理文件，应考虑组织管理制度要求和项目自身特点。【此知识点已删去】

35. A 【解析】根据《建筑工程施工质量验收统一标准》，分部工程质量验收合格应符合下列规定：(1)分部工程所含分项工程的质量均应验收合格。(2)质量控制资料应完整。(3)有关安全、节能、环境保护和主要使用功能的抽样检验结果应符合相应规定。(4)观感质量应符合要求。以观察、触摸或简单量测的方式进行观感质量验收，并结合验收人的主观判断，检查结果并不给出"合格"或"不合格"的结论，而是综合给出"好""一般""差"的质量评价。对于"差"的检查点应进行返修处理。【此知识点已删去】

36. C 【解析】施工质量控制依据包括共同性依据、专业技术性依据和项目专用性依据。其中，共同性依据是指在施工质量管理中，一般都必须共同遵守的、最基本的通用性法律法规文件。专业技术性依据是指针对不同行业、不同质量控制对象而制定的相关专业、工种之间制定的相关标准文件。项目专用性依据指与本项目相关的合同文件、设计文件、设计变更和修改、设计交底和图纸会审记录等。【此知识点已删去】

37. B 【解析】本题中，已知该工程采用一班制作业，拟安排10人，则开挖土方的工作持续时间为500/(2×10)=25(天)。

38. A 【解析】根据《工程网络计划技术规程》，总时差是指在不影响工期和有关时限的前提下，一项工作可以利用的机动时间。总时差越大说明工作完成的时间越早，则最早完成的是总时差为4天的工作，该工作的最早完成时间为26－4=22(天)。

39. B 【解析】用S形曲线编制成本计划时，所有工作按最迟开始时间开始，有利于节约资金贷款利息，但降低了项目按期竣工的保证率。因此，为了提高项目按期竣工的保证率，可将所有工作按最早开始时间开始。

40. A 【解析】本题中，横道图显示第二周同时施工的为2、3项工作，共需要6＋16＝22(人)。

41. D 【解析】本题中，第一季度降低成本45.6万元对应的基期指数为100%，第四季度降低成本64.3万元，对应的基期指数为(64.3/45.6)×100=141.01。

42. A 【解析】根据《建设工程施工现场环境与卫生标准》，大气环境污染防治技术措施中，施工现场的主要道路应进行硬化处理，施工污水应经沉淀处理达到排放标准后，方可排入市政污水管网。施工现场严禁焚烧各类废弃物。废弃的降水井应及时回填，并应封井井口，防止污染地下水。【此知识点已删去】

43. C 【解析】工程承包人必须为租赁或提供给劳务分包人使用的施工机械设备办理保险，并支付保险费用。故选项A错误。运至施工场地用于劳务施工的材料和待安装设备，由工程承包人办理或获得保险，且不需劳务分包人支付保险费用。故选项C错误。劳务分包人应获得保险为施工场地内的自有人员，工程承包人及其人员生命财产办理的保险，且不需劳务分包人支付保险费用。故选项D错误。

44. C 【解析】根据《建筑安装工程费用项目组成》，总承包服务费由建设单位在招标控制价中根据总包服务范围和有关计价规定编制，施工企业投标时自主报价，施工过程中按约定合同价执行。【此知识点已删去】

45. C 【解析】根据《建设工程工程量清单计价规范》，实行招标的工程合同价款应在中标通知书发出之日起30天内，由发承包双方依据招标文件和中标人的投标文件订立书面合同。合同约定不得违背招标、投标文件中关于工期、造价、质量等方面的实质性内容。招标文件与中标人投标文件不一致的地方，应以投标文件为准。【此知识点已删去】

46. A 【解析】概算指标是指完成一定单位建筑安装工程的工料消耗量和工程造价的定额指标，是建设单位编制投资计划、设计单位编制设计概算的依据，也是估算指标编制的基础。【此知识点已删去】

47. C 【解析】在工程项目开工前，施工质量监督机构进行第一次现场监督检查的重点是参与工程建设各方主体的质量行为。其主要检查内容有工程项目建设各方的质量保证体系建立情况；工程经营资质证书和相关人员的执业资格证书；检查结果的主要情况；施工组织设计文件及手续是否齐全完善。【此知识点已删去】

48. D 【解析】合同约定范围内(15%以内)的工程款为：3 000×(1＋15%)×800/10 000＝276(万元)；超过15%之后部分工程款的支付为：[3 500－3 000×(1＋15%)]×800×0.9/10 000＝3.6(万元)。则现浇混凝土工程款应为276＋3.6＝279.6(万元)。

49. D 【解析】根据《生产安全事故应急预案管理办法》，生产经营单位应当制定本单位的应急预案演练计划，根据本单位的事故风险特点，每年至少组织1次综合应急预案演练或者专项应急预案演练，每半年至少组织1次现场处置方案演练。【此知识点已删去】

50. A 【解析】实施性施工进度计划针对的是具体的工程项目，因此，必须非常具体。故选项A正确。【此知识点已删去】

51. C 【解析】发包人在工程款中逐期扣回预付款后，预付款担保额度应相应减少，但剩余的预付款担保金额不得低于未被扣回的预付款。

52. C 【解析】根据《建设工程质量管理条例》，建设单位在开工前，应当按照国家有关规定办理工程质量监督手续，工程质量监督手续可以与施工许可证或有关建设工程质量监督的申报手续合并办理。监督机构接受建设单位办理的有关建设工程质量监督的申报手续后，并对有关文件进行审查，审查合格签发有关质量监督文件。【此知识点已删去】

53. D 【解析】安全文明施工费由发包人承担，发包人不得以任何形式扣减该部分费用。故选项B错误。承包人经发包人同意采取合同约定以外的安全措施所产生的费用由承包人承担。故选项C错误。承包人应在财务账目中单独列项备查，不得挪作他用，否则发包人有权责令其限期改正。故选项D错误。【选项A、B、C知识点已删去】

54. B 【解析】计算索赔款的时段不是整个施工期，而是受到外界影响的时间。故选项A错误。索赔款只包括受到影响时段内的某项工作所受影响的损失。故选项C、D错误。【此知识点已删去】

55. D 【解析】本题中，该工作最迟开始时间＝最早开始时间＋总时差＝4＋2＝6(天)；该工作最迟完成时间＝最迟开始时间＋持续时间＝6＋6＝12(天)。

56. C 【解析】承包人收到分包工程竣工结算报告及结算资料后28天内无正当理由不支付工程竣工结算价款，从第29起按分包人同期向银行贷款利率支付拖欠工程价款的利息，并承担违约责任。故选项C正确。

57. D 【解析】进度计划系统是由多个相互关联的进度计划组成的系统，是逐步完善的。合同约定错误。业主方和项目各参与方根据各自不同需要和用途，编制不同的建设工程项目进度计划系统。故选项B错误。同一进度计划系统中，各计划的深度可能不同，各个计划的工作结构分解(项目分解)也不同。故选项C错误。【此知识点已删去】

58. D 【解析】施工单位委托设计单位编制竣工图，或者行业主管部门规定应由施工单位和监理单位的审核和签认责任。故选项A错误。一般性图纸变更及符合杠改或划改要求的，可直接在竣工图的原图上进行更改，故选项B错误。施工单位重复使用的标准图可不入竣工图中，但在图纸目录中列出图号，故选项C错误。【此知识点已删去】

59. B 【解析】施工定额是规定建筑安装工人或小组在正常施工条件下，完成单位合格产品所消耗的劳动力、材料和机械台班的数量标准，是编制预定额的基础。施工定额的研究对象是工序,属于企业定额的性质。

60. B 【解析】施工质量保证体系的运行包括计划、实施、检查、处理等步骤。实施的内容主要包括计划的交底和落实。其中,落实包括组织落实、技术落实和物质材料的落实。【此知识点已删去】

61. D 【解析】根据《建设工程项目管理规范》,成本分析应遵循下列步骤:(1)选择成本分析方法。(2)收集成本信息。(3)进行成本数据处理。(4)分析成本形成原因。(5)确定成本结果。

62. A 【解析】自由时差等于该工作与其紧后工作之间的间隔时间的最小值,因此自由时差一定不超过其与紧后工作的间隔时间。故选项A正确。

63. C 【解析】监理人收到承包人书面建议后,应与发包人共同研究,确定发出变更指示后的14天内作出变更指示。经研究后不同意作为变更的,应由监理人书面答复承包人。

64. B 【解析】第一类危险源控制方法包括个体防护、隔离危险源、限制能量、应急救援等,第二类危险源控制方法包括设置安全监控系统,增加安全系数、改善施工作业环境,提高设施可靠性,加强工作人员安全意识的教育(最重要)。

65. D 【解析】根据《建设工程项目管理规范》,项目质量创优控制宜符合下列规定:(1)明确质量创优目标和创优计划。(2)精心策划和系统管理。(3)制定高于国家标准的控制准则。(4)确保工程质量创优资料和相关记录的管理水平。【此知识点已删去】

66. B 【解析】标前会议纪要和答复函件是招标文件的补充文件,应作为招标文件的组成部分,法律效力与招标文件相同。当标前会议纪要和答复函件内容不一致时,应以标前会议纪要和答复函件为准,即以补充文件为准。【此知识点已删去】

67. C 【解析】根据《安全生产许可证条例》,安全生产许可证的有效期为3年。安全生产许可证期满需要延期的,企业应当在期满前3个月向原安全生产许可证颁发管理机关办理延期手续。企业在安全生产的法律法规,未发生死亡事故的,安全生产许可证有效期届满时,经原安全生产许可证颁发管理机关同意,不再审查,安全生产许可证有效期延期3年。

68. C 【解析】施工质量事故按事故责任可以划分为指导责任事故、操作责任事故以及自然灾害事故。其中,指导责任事故主要是指工程负责人在指导方面的失误或由于不按规范要求进行质量事故控制和检验、不按规范指导施工、随意压缩工期、降低工程质量标准造成的质量事故。

69. C 【解析】施工合同的管理风险包括:(1)环境调查的风险。(2)合同条款含义不清、不严密、错误的风险。(3)承包商投标策略或理解错误的风险。(4)承包商的技术、方案、计划等的风险。(5)合同实施控制过程中的风险。选项A、B属于项目成员资信和能力风险;选项D属于项目界外环境风险。【此知识点已删去】

70. A 【解析】影响施工质量的环境因素包括施工现场自然环境因素、施工质量管理环境因素和施工作业环境因素等,如水文气象、地质、资源介质的供应、交通运输、道路条件、给水排水、安全防护设施、照明、通风等方面的因素。选项B、C属于施工质量管理环境因素;选项D属于施工现场自然环境因素。【此知识点已删去】

二、多项选择题

71. BD 【解析】项目施工质量计划是联系企业质量手册、程序文件、施工质量验收统一标准的通用要求与特定项目的文件,其内容包括施工质量计划和施工质量成本计划。施工质量工作计划包括描述形成项目质量的各环节的权限和责任;项目质量目标的详细描述;重要工序的试验、检验及审核的方法和特定程序;工作指导书;其他达到质量目标的措施。施工质量成本包括外部质量保证成本和运行质量成本。

72. ABC 【解析】根据《建设工程项目管理规范》,项目成本管理应遵循下列程序:(1)掌握生产要素的价格信息。(2)确定项目合同价。(3)编制成本计划,确定成本实施目标。(4)进行成本控制。(5)进行项目过程成本分析。(6)进行项目成本考核。(7)编制项目成本报告。(8)项目成本管理资料归档。【此知识点已删去】

73. ABD 【解析】施工中常用制订人工定额的方法有技术测定法、统计分析法、比较类推法和经验估计法。其中,采用技术测定法编制人工定额时,测定各工序工时消耗的方法有测时法、工作日写实法、写实记录法等。

74. ADE 【解析】施工企业员工安全教育的形式有经常性安全教育、新员工上岗前三级安全教育、变换岗位和改变工艺时的安全教育。其中,经常性安全教育的形式包括事故现场会、安全生产会议、安全活动日、安全宣传标语和标志等。【此知识点已删去】

75. ACDE 【解析】根据《建设工程工程量清单计价规范》,综合单价是指完成一个规定清单项目所需的人工费、材料和工程设备费、施工机具使用费和企业管理费、利润及一定范围内的风险费用。【此知识点已删去】

76. CE 【解析】项目经理应常驻施工现场,且每月在施工现场时间不得少于专用合同条款约定的天数。故选项A错误。发包人有权书面通知承包人更换其认为不称职的项目经理,通知中应当载明要求更换的理由。承包人应在接到更换通知后14天内向发包人提出书面的改进报告。发包人收到改进报告后仍要求更换的,承包人应在接到第二次更换通知后的28天内进行更换。故选项B错误。项目经理不得同时担任其他项目的项目经理。故选项D错误。【此知识点已删去】

77. BE 【解析】总价合同主要适用于施工图设计完成后,业主要求清楚,施工工期和任务较明确的工程。故选项A错误。总价合同下承包人承担的风险较大,发包人承担的风险较小。故选项C错误。成本加酬金合同适用的情况有:(1)工程特别复杂,工程技术、结构方案不确定,或者尽管可以确定工程技术和结构方案,但不可能进行竞争性的招标活动并以总价合同或单价合同的形式确定承包人。(2)时间特别紧迫,来不及进行详细的计划和商谈,如抢险、救灾工程。故选项D错误。【选项B、C、D、E知识点已删去】

78. BC 【解析】旁站监理是指监理人员在房屋建筑工程施工阶段监理中,对关键部位、关键工序的施工质量实施全过程现场跟班的监督活动。故选项A错误。凡旁站监理人员和施工企业现场质检人员未在旁站监理记录上签字的,不得进行下一道施工活动。凡在旁站监理时,发现施工企业有违反工程建设强制性标准行为的,有权责令施工企业立即改正;发现其施工活动已经或者可能危及工程质量的,应当及时向总监理工程师下达局部暂停施工指令或者采取其他应急措施。故选项E错误。

79. ACE 【解析】工作流程组织包括:(1)管理工作流程组织,如投资、进度控制、付款、合同管理及设计变更等流程。(2)物质流程组织,如爆炸工程物资采购、钢结构深化设计及外立面装饰工程等工作流程等。(3)信息处理工作流程组织,如施工成本与月度报告有关的数据处理流程等。【此知识点已删去】

80. BCDE 【解析】根据《标准施工招标文件》,除专用合同条款另有约定外,在履行合同中发生以下情形之一,应按照本条变更要求进行变更:(1)取消合同中任何一项工作,但被取消的工作不能转由发包人或其他人实施。(2)改变合同中任何一项工作的质量或其他特性。(3)改变合同工程的基线、标高、位置或尺寸。(4)改变合同中任何一项工作的施工时间或改变已批准的施工工艺或顺序。(5)为完成工程需要追加的额外工作。

81. ACD 【解析】根据《工程网络计划技术规程》,双代号网络计划中,由关键工作组成的线路或总持续时间最长的线路称为关键线路。本题关键线路有1条:①→③→④→⑥→⑧,工期为17天,则关键工作有工作B(①→③)、工作D(④→⑤)、工作G(⑥→⑧)。

82. AE 【解析】网络图节点的编号顺序应从小到大,不允许重复,但可以不连续。本题图中,节点⑪指向节点④,节点⑨指向节点⑥,存在网络图绘制错误。故选项A正确。其他选项中基础工程的开始时间是第5周,网络计划图中基础工程开始时间为第1周,与总进度规划中的开始时间不协调。故选项E正确。

83. ADE 【解析】根据《生产安全事故报告和调查处理条例》,事故发生单位及其有关人员有下列行为之一的,对事故发生单位处100万元以上500万元以下的罚款;对主要负责人、直接责任的主管人员和其他直接责任者处上一年年收入60%至100%的罚款;属于国家工作人员的,并依法给予处分;构成违法治安管理行为的,由公安机关依法给予治安管理处罚;构成犯罪的,依法追究刑事责任:(1)谎报或者瞒报事故的。(2)伪造或者故意破坏事故现场的。(3)转移、隐匿资金、财产,或者销毁有关证据、资料的。(4)拒绝接受调查或者拒绝提供有关情况、资料的。(5)在事故调查中作伪证或者指使他人作伪证的。(6)事故发生后逃匿的。【此知识点已删去】

84. ACE 【解析】工程项目施工进度计划属于工程项目管理的范畴。工程项目施工进度计划包括施工总进度计划、施工总进度规划、整个项目施工总进度方案;项目施工进度计划;子项目施工进度计划、单体工程施工进度计划等。

85. BD 【解析】依法必须招标项目的招标公告和公示信息应当在"中国招标投标公共服务平台"或者项目所在地省级电子招标投标公共服务平台发布。其他媒介可以依法全文转载依法必须招标项目的招标公告和公示信息,但不得改变其内容,同时必须注明信息来源。故选项C错误。招标人对已发出的招标文件进行必要的澄清或者修改的,应当在招标文件要求提交投标文件截止时间至少15日前,以书面形式通知所有招标文件收受人。故选项E错误。

86. ABE 【解析】现场签证是指业主与承包商根据承包合同约定,就工程施工过程中涉及合同价以外的实施额外施工内容所作的签认证明。其范围除上述选项A、B、E之外,还包括非承包人原因

的人员窝工、设备窝工及相关损失;非承包人原因造成的费用或工程量的增减且符合合同约定;施工合同范围外的零星工程量的确认。【此知识点已删去】

87. ABCD 【解析】职业健康安全与环境管理体系文件包括管理手册(纲领性文件)、程序文件和作业文件。其中,作业文件一般包括管理规定、作业指导书(操作规程)、监测活动准则和程序文件引用的表格。【此知识点已删去】

88. BCDE 【解析】根据《标准施工招标文件》,承包人收到复通知后,应在监理人指定的期限内复工。故选项A错误。

89. ACDE 【解析】政府质量监督机构对工程实体质量和责任主体质量行为检查的内容包括工程质量控制资料的完成情况;工程实体质量;工程各参建方的质量行为;工程各参建方质量责任制的履行情况等。

90. BCE 【解析】对于采用新工艺、新技术,技术复杂或者特别重要的分部(分项)工程,需编制分部(分项)工程工组织设计,如定向爆破工程、深基础工程、高大模板工程、特大构件吊装工程、无粘结预应力混凝土工程等。【此知识点已删去】

91. ABC 【解析】项目管理机构应按规定的统计周期,检查进度计划的执行并保存相关记录。进度计划检查应包括下列内容:(1)工作完成数量。(2)工作时间的执行情况。(3)工作顺序的执行情况。(4)资源投入情况。(5)前次检查提出问题的整改情况。【此知识点已删去】

92. ABCE 【解析】施工质量事故处理程序:事故调查→分析事故原因→制订事故处理方案→进行事故处理→鉴定、验收事故处理→提交事故处理报告。其中,事故调查报告的主要内容有:(1)工程项目和各参建单位概况。(2)事故基本情况。(3)事故原因和事故性质的初步判断。(4)事故发生原因和事故性质的初步判断。(5)事故调查的相关数据、资料。(6)事故涉及人员及主要责任者的情况。(7)事故处理建议等。【此知识点已删去】

93. BCD 【解析】采用固定劳务报酬方式,施工过程中不计算工时和工程量。故选项A错误。对劳务分包人未经工程承包人认可,超出设计图纸范围和因劳务分包人原因造成返工的工程量,工程承包人予不计量。故选项E错误。

94. ACDE 【解析】建筑材料采购合同中,约定质量标准的一般原则为:(1)按现行的国家标准执行。(2)无国家标准的,按照行业标准执行。(3)既无国家标准又无行业标准的,按照企业标准执行。(4)无上述标准的或有上述标准但有特殊要求的,按照合同中双方的相关约定执行。【此知识点已删去】

95. ABD 【解析】根据《建筑施工项目经理质量安全责任十项规定(试行)》,项目经理必须对项目质量安全负全面管理责任,建立质量安全管理体系,负责配备专职质量、安全等施工现场管理人员,负责落实质量安全责任制、质量安全管理规章制度和操作规程。项目经理必须按工程设计图纸和施工技术标准组织施工,不得对质量任意减让,负责组织编制施工组织设计,负责组织编制、论证和实施危险性较大分部分项工程专项施工方案;负责组织质量安全技术交底。【此知识点已删去】

全国二级建造师执业资格考试
建设工程施工管理

2021年二级建造师考试真题(二)

说明:加灰色底纹标记的题目,其知识点已不作考查,可略过学习。

一、单项选择题(共70题,每题1分。每题的备选项中,只有1个最符合题意)

1. 下列建设工程项目管理的类别中,属于施工方项目管理的是 ( )
   A. 投资方的项目管理
   B. 开发方的项目管理
   C. 分包方的项目管理
   D. 供货方的项目管理

2. 影响建设工程项目目标实现的决定性因素是 ( )
   A. 组织
   B. 资源
   C. 方法
   D. 工具

3. 项目结构图反映的是组成该项目的 ( )
   A. 各子系统之间的关系
   B. 各部门的职责分工
   C. 各参与方之间的关系
   D. 所有工作任务

4. 能够反映一个组织系统中各工作部门之间指令关系的组织工具是 ( )
   A. 组织结构图
   B. 项目结构图
   C. 合同结构图
   D. 工作流程图

5. 根据施工组织总设计的编制程序,编制施工总进度计划前应完成的工作是 ( )
   A. 施工总平面图设计
   B. 编制资源需求量计划
   C. 编制施工准备工作计划
   D. 拟订施工方案

6. 在项目管理中,定期进行项目目标的计划值和实际值的比较,属于项目目标控制中的 ( )
   A. 事前控制
   B. 动态控制
   C. 事后控制
   D. 专项控制

7. 在对施工成本目标进行动态跟踪和控制过程中,如工程合同价为计划值,则相对的实际值可以是 ( )
   A. 工程概算
   B. 工程预算
   C. 投标报价
   D. 施工成本规划值

8. 关于建造师与施工项目经理的说法,正确的是 ( )
   A. 取得建造师注册证书的人员就是施工项目经理
   B. 建造师是管理岗位,施工项目经理是技术岗位
   C. 施工项目经理必须由取得建造师注册证书的人员担任
   D. 建造师执业资格制度可以替代施工项目经理岗位责任制

9. 某施工企业在项目实施过程中,因部分管理人员缺乏施工经验而造成的风险属于 ( )
   A. 组织风险
   B. 经济与管理风险
   C. 工程环境风险
   D. 技术风险

10. 某建设工程施工由甲施工单位总承包,甲依法将其中的空调安装工程分包给乙施工单位,空调由建设单位采购,因空调安装质量不合格返工导致工程不能按时完工给建设单位造成损失,该质量责任及损失应由( )承担。
    A. 建设单位
    B. 空调供应商
    C. 乙施工单位
    D. 甲和乙施工单位

11. 关于工程索赔的说法,正确的是 ( )
    A. 承包人可以向发包人提出索赔,发包人不可以向承包人提出索赔
    B. 非分包人的原因导致工期拖延时,分包人可以向发包人提出索赔
    C. 承包人可以向发包人提出索赔,发包人也可以向承包人提出索赔
    D. 承包人根据工程师指示指令分包人加速施工,发包人也可以向承包人提出索赔

12. 根据《建设工程安全生产管理条例》,工程监理单位发现安全事故隐患未及时要求施工单位整改,则建设行政主管部门一般采取的处罚是 ( )
    A. 降低资质等级
    B. 停业整顿
    C. 限期改正
    D. 处以10万元以上30万元以下的罚款

13. 根据《关于做好房屋建筑和市政基础设施工程质量事故报告和调查处理工作的通知》,工程建设单位负责人接到施工质量事故发生报告后,向事故发生地县级以上人民政府住房城乡建设主管部门及有关部门报告应在( )小时内。
    A. 1
    B. 2
    C. 3
    D. 6

14. 某招标工程采用单价合同,当投标书中出现明显的总价和单价计算结果不一致时,正确的做法是 ( )
    A. 以单价为准调整总价
    B. 以总价为准调整单价
    C. 同时调整单价和总价
    D. 以市场价为依据调整单价

15. 关于施工进度计划类型的说法,正确的是 ( )
    A. 项目施工总进度方案是企业计划,单位工程施工进度计划是项目计划
    B. 施工企业的施工生产计划和工程项目进度计划属于不同项目参与方
    C. 施工企业的施工生产计划和工程项目进度计划都与施工进度有关
    D. 施工企业的施工生产计划和工程项目进度计划是相同系统的计划

16. 将各方签字的分部工程质量验收证明报送工程质量监督机构备案的责任主体是 ( )
    A. 建设单位
    B. 施工单位
    C. 监理单位
    D. 质量检测单位

17. 下列建设工程定额中，分项最细、子目最多的定额是 （ ）
   A. 施工定额   B. 费用定额
   C. 概算定额   D. 预算定额

18. 根据《建设工程施工合同（示范文本）》，承包人应在发出索赔意向通知书后（ ）天内向监理人正式递交索赔报告。 （ ）
   A. 7   B. 14
   C. 21   D. 28

19. 关于双代号网络图中节点编号的说法，正确的是 （ ）
   A. 起点节点的编号为0   B. 每一个节点都必须编号
   C. 箭头节点编号要小于箭尾节点编号   D. 各节点应连续编号

20. 关于投标人正式投标时投标文件和程序要求的说法，正确的是 （ ）
   A. 提交投标保证金的最后期限为招标人规定的投标截止日
   B. 标书的提交可按投标人的内部控制标准
   C. 投标的担保截止日为提交标书最后的期限
   D. 投标文件应对招标文件提出的实质性要求和条件作出响应

21. 某单代号网络计划中，相邻两项工作的部分时间参数如下图所示（时间单位：天），此两项工作的间隔时间（$LAG_{i,j}$）是（ ）天。 （ ）

   A. 0   B. 1
   C. 2   D. 3

22. 某招标工程的招标控制价为1.6亿元，某投标人报价为1.55亿元，经修正计算性错误后以1.45亿元的报价中标，则该承包人的报价浮动率为 （ ）
   A. 3.125%   B. 9.355%
   C. 9.375%   D. 9.677%

23. 下列施工成本管理措施中，属于组织措施的是 （ ）
   A. 编制成本控制计划，确定合理的工作流程
   B. 确定合理的施工机械、设备使用方案
   C. 对成本管理目标进行风险分析，并制定防范对策
   D. 选择适合于工程规模、性质和特点的合同结构模式

24. 工程质量监督机构对违反有关规定、造成工程质量事故和严重质量问题的单位和个人依法严肃查处，对查实的问题可签发 （ ）
   A. 吊销企业资质证书通知单   B. 吊销建造师执业资格证书通知单
   C. 质量问题整改通知单   D. 质量问题罚款通知单

25. 下列施工项目相关的信息中，属于施工记录信息的是 （ ）
   A. 施工合同信息   B. 施工日志
   C. 自然条件信息   D. 材料管理信息

26. 关于施工文件归档的说法，正确的是 （ ）
   A. 可以采用纯蓝墨水书写的文件
   B. 根据建设程序和工程特点，归档可分阶段分期进行
   C. 归档图纸可以使用计算机出图的复印件
   D. 利用施工图改绘竣工图，可以不标明变更修改依据，但图面必须清晰整洁

27. 关于施工机械设备质量控制的说法，正确的是 （ ）
   A. 要明确机械操作人员的岗位职责，在使用中严格遵守操作规程
   B. 机械设备选型应首先考虑经济性，其次是适应性和可靠性
   C. 机械设备选择主要是选型，性能参数不作为选择依据
   D. 机械操作人员应持证上岗，可根据工作需要操作同类机械

28. 关于双代号网络计划关键线路的说法，正确的是 （ ）
   A. 一个网络计划可能有几条关键线路
   B. 在网络计划执行中，关键线路始终不会改变
   C. 关键线路是总的工作持续时间最短的线路
   D. 关键线路上的工作总时差为零

29. 关于成本加酬金合同的说法，正确的是 （ ）
   A. 对业主来说，成本加酬金合同风险较小
   B. 需等待所有施工图完成后才开始招标和施工
   C. 采用该合同方式对业主的投资控制很不利
   D. 对承包人来说，风险比固定总价合同的高，利润无保证

30. 施工现场使用的水泥、白灰、珍珠岩等易飞扬的细颗粒散体材料，最适宜的存放方式是 （ ）
   A. 入库密闭   B. 表面临时固化
   C. 搭设草帘屏障   D. 用密目式安全网遮盖

31. 对建筑材料密度的测定属于现场质量检查方法中的 （ ）
   A. 目测法   B. 实测法
   C. 无损检测法   D. 试验法

32. 采用定额组价方法计算分部分项工程的综合单价时，第一步的工作是 （ ）
   A. 确定组合定额子目   B. 测算人、料、机消耗量
   C. 计算定额子目工程量   D. 确定人、料、机单价

33. 下列风险产生的原因中，可能导致合同信用风险的是 （ ）
   A. 不利的地质条件变化   B. 物价上涨
   C. 不可抗力   D. 承包人层层转包

34. 关于施工现场文明施工措施的说法，正确的是 （ ）
   A. 市区主要路段设置高度不低于2 m的封闭围挡
   B. 项目经理任命专职安全员作为现场文明施工第一责任人
   C. 建筑垃圾和生活垃圾集中一起堆放，并及时清运
   D. 现场施工人员均佩戴胸卡，按工种统一编号管理

35. 下列施工成本计划的指标中，属于效益指标的是 （ ）
   A. 责任目标成本计划降低率   B. 设计预算成本计划降低率
   C. 按子项汇总的计划总成本指标 D. 责任目标总成本计划降低额

36. 应由建设单位组织的施工质量验收项目是 ( )
   A. 分部工程　　　　　　　　　　B. 分项工程
   C. 工序　　　　　　　　　　　　D. 单位工程

37. 按造价形成划分,脚手架工程费属于建筑安装工程费用构成中的 ( )
   A. 规费　　　　　　　　　　　　B. 其他项目费
   C. 措施项目费　　　　　　　　　D. 分部分项工程费

38. 根据《建设工程施工合同(示范文本)》,发包人应在开工后28天内预付安全文明施工费总额的 ( )
   A. 30%　　　　　　　　　　　　B. 40%
   C. 50%　　　　　　　　　　　　D. 60%

39. 下列工程质量事故中,属于技术原因引发的质量事故是 ( )
   A. 检测仪器设备管理不善而失准引起的质量事故
   B. 采用了不适宜的施工工艺引发的质量事故
   C. 质量管理措施落实不力引起的质量事故
   D. 设备事故导致连带发生的质量事故

40. 某双代号网络计划如下图所示(时间单位:天),存在的绘图错误是 ( )
   A. 有多个起点节点　　　　　　　B. 工作标识不一致
   C. 节点编号不连续　　　　　　　D. 时间参数有多余

41. 某双代号网络计划如下图所示(时间单位:天),计算工期是 ( )
   A. 8　　　　　　　　　　　　　B. 9
   C. 10　　　　　　　　　　　　 D. 11

42. 根据《质量管理体系 基础和术语》循证决策原则,要求施工企业质量管理时应基于( )做出相关决策。
   A. 与相关方的关系　　　　　　　B. 数据和信息的分析和评价
   C. 满足顾客的要求　　　　　　　D. 功能连贯的过程组成的体系

43. 建设工程项目总进度目标论证的主要工作有:①进行项目结构分析;②确定项目工作编码;③编制总进度计划;④进行进度计划系统的结构分析;⑤编制各层进度计划。正确的工作顺序是 ( )
   A. ②→①→③→④→⑤　　　　　B. ①→④→②→⑤→③
   C. ②→①→④→⑤→③　　　　　D. ①→④→②→⑤→③

44. 施工项目成本分析时,可以用于分析某项成本指标发展方向和发展速度的方法是 ( )
   A. 环比指数法　　　　　　　　　B. 构成比率法
   C. 因素分析法　　　　　　　　　D. 差额计算法

45. 施工合同变更是指( )由双方当事人依法对合同内容所进行的修改。
   A. 合同成立以后和工程竣工以前　B. 工程开工以后和履行完毕以前
   C. 合同成立以后和履行完毕以前　D. 合同签字以后和支付完毕以前

46. 关于工程合同价款约定及其内容的说法,正确的是 ( )
   A. 可以根据发包人的补充要求调整工程造价
   B. 对安全文明施工费应约定支付计划、使用要求
   C. 应约定质量保证金的总额为工程价款结算总额的5%
   D. 不实行招标的工程应按承包人最低成本价签订合同

47. 根据《招标投标法实施条例》,投标保证金的数额不得超过招标项目估算价的 ( )
   A. 1%　　　　　　　　　　　　　B. 2%
   C. 3%　　　　　　　　　　　　　D. 5%

48. 某项工作计划最早第15天开始,持续时间为25天,总时差为2天,每天完成的工程量相同。第20天结束时,检查发现该工作仅完成20%,关于该项工作进度计划检查与调整的说法,正确的是 ( )
   A. 实际进度超前,可以适当减缓工作进度
   B. 实际进度和计划保持一致,各时间参数均未发生变化
   C. 实际进度滞后,且影响总工期1天,须采取措施赶工
   D. 实际进度滞后,但对总工期没有影响,加强关注即可

49. 在合同环境中,施工质量保证体系的作用是 ( )
   A. 向项目监理机构证明所完成工程满足设计和验收标准要求
   B. 向业主证明施工单位资质满足完成工程项目的要求
   C. 向项目监理机构证明隐蔽工程质量符合要求
   D. 向业主证明施工单位具有足够的管理和技术上的能力

50. 某施工总承包项目实施过程中,因国家消防设计规范变化导致出现费用偏差,从偏差产生原因来看属于 ( )
   A. 客观原因　　　　　　　　　　B. 设计原因
   C. 施工原因　　　　　　　　　　D. 业主原因

51. 根据《职业健康安全管理体系 要求及使用指南》的总体结构,属于运行要求的内容是 ( )
   A. 应急准备和响应　　　　　　　B. 持续改进
   C. 事件、不符合和纠正措施　　　D. 绩效测量和监视

52. 根据《标准施工招标文件》,关于合同进度计划的说法,正确的是 ( )
   A. 监理人应编制施工进度计划和施工方案说明并报发包人
   B. 监理人不能直接向承包人作出修订合同进度计划的指示
   C. 实际进度与合同进度计划不符时,承包人应提交修订合同进度计划申请报告等资料,报监理人审批
   D. 监理人无需获得发包人的同意,可以直接在合同约定期限内批复修订的合同进度计划

53. 由采购方负责提货的建筑材料,其交货期限应以( )为准。
   A. 采购方收货戳记的日期　　B. 采购方向承运单位提出申请的日期
   C. 供货方发运产品时承运单位签发的日期　　D. 供货方按照合同规定通知的提货日期

54. 发包方将建设工程项目合理划分标段后,将各标段分期发包给不同的施工单位,并与之签订施工承包合同,此发承包模式属于 ( )
   A. 施工平行发承包　　B. 施工总承包
   C. 施工总承包管理　　D. 设计施工总承包

55. 下列项目施工质量成本中,属于外部质量保证成本的是 ( )
   A. 编写项目施工质量工作计划发生的费用
   B. 根据业主要求进行的特殊质量检测试验的费用
   C. 例行的重要工序试验、检验的费用
   D. 为运行质量体系达到规定的质量水平所支付的费用

56. 工程施工职业健康安全管理工作包括:①确定职业健康安全目标;②识别并评价危险源及风险;③持续改进相关措施和绩效;④编制并实施项目职业健康安全技术措施计划;⑤职业健康安全技术措施计划实施结果验证,正确的程序是 ( )
   A. ①→②→④→⑤→③　　B. ①→②→⑤→④→③
   C. ②→①→④→⑤→③　　D. ②→①→④→⑤→③

57. 施工企业最基本的安全管理制度是 ( )
   A. 安全生产检查制度　　B. 安全生产责任制度
   C. 安全生产许可证制度　　D. 安全生产教育培训制度

58. 某施工项目部对工人进行安全用电操作教育,同时对现场的配电箱、用电电路进行防护改造,严禁非专业电工乱接乱拉电线,这体现了施工安全隐患处理原则中的 ( )
   A. 直接隐患与间接隐患并治原则　　B. 单项隐患综合处理原则
   C. 重点处理原则　　D. 动态处理原则

59. 关于建筑安装工程费用中暂列金额的说法,正确的是 ( )
   A. 已签约合同价中的暂列金额由承包人掌握使用
   B. 暂列金额不得用于招标人给出暂估价的材料采购
   C. 发包人按照合同约定做出支付后,如有剩余归发包人所有
   D. 暂列金额不得用于施工可能发生的现场签证费用

60. 根据《标准施工招标文件》,关于发包人提供资料的说法,正确的是 ( )
   A. 发包人只提供基础资料,不对其真实性和完整性负责,承包人自行解读内容
   B. 发包人应通过监理人向承包人提供测量基准点、基准线和水准点及书面资料
   C. 发包人提供资料有误使承包人受损时,只承担增加的费用和工期延误
   D. 发包人提供的资料使承包人推断失误,只承担相关费用和利润

61. 关于横道图进度计划的说法,正确的是 ( )
   A. 每行只能容纳一项工作　　B. 可以表达工作间的逻辑关系
   C. 可以表达工作的时差　　D. 可以直接表达出关键线路

62. 根据《生产安全事故应急预案管理办法》,施工单位应当制定本企业的应急预案演练计划,每年至少组织综合应急预案演练( )次。 ( )
   A. 1　　B. 2
   C. 3　　D. 4

63. 关于施工图预算与施工预算区别的说法,正确的是 ( )
   A. 施工图预算的编制以施工定额为依据,施工预算的编制以预算定额为依据
   B. 施工图预算只能由造价咨询机构编制,施工预算只能由施工企业编制
   C. 施工图预算和施工预算都可作为投标报价的主要依据,但施工预算更为详细
   D. 施工图预算适用于发包人和承包人,施工预算适用于施工企业的内部管理

64. 编制材料消耗定额时,材料消耗量包括直接使用在工程上的材料净用量和 ( )
   A. 在施工现场内运输及保管过程中不可避免的损耗
   B. 在施工现场内运输及操作过程中不可避免的废料和损耗
   C. 从供应地运输到施工现场及操作过程中不可避免的废料和损耗
   D. 从供应地运输到施工现场过程中不可避免的损耗

65. 根据《建设工程施工合同(示范文本)》,发包人明确表示或者以其行为表明不履行合同主要义务的,承包人有权解除合同,发包人应承担 ( )
   A. 由此增加的费用,但不包括利润　　B. 由此增加的费用并支付承包人合理的利润
   C. 承包人已订购但未支付的材料费　　D. 由此支出的直接成本,不包括管理费

66. 下列建筑安装工程费用项目中,在投标报价时不得作为竞争性费用的是 ( )
   A. 企业管理费　　B. 机械使用费
   C. 社会保险费　　D. 其他项目费用

67. 施工成本管理中最根本和最重要的基础工作是 ( )
   A. 科学设计成本核算账册体系　　B. 建立成本管理责任体系
   C. 建立企业内部施工定额并保持其适应性　　D. 建立生产资料市场价格信息的收集网络

68. 根据生产安全事故应急预案的体系构成,深基坑开挖施工的应急预案属于 ( )
   A. 专项施工方案　　B. 现场处置方案
   C. 专项应急预案　　D. 危大工程预案

69. 为保证施工质量,在项目开工前,应由( )向分包人进行书面技术交底。
   A. 施工企业技术负责人　　B. 施工项目经理
   C. 总监理工程师　　D. 项目技术负责人

70. 特殊施工过程的质量控制中,专业技术人员编制的作业指导书应经( )审批后方可执行。
   A. 企业技术负责人　　B. 项目经理
   C. 监理工程师　　D. 项目技术负责人

二、多项选择题(共25题,每题2分。每题的备选项中,有2个或2个以上符合题意,至少有1个错项。错选,本题不得分;少选,所选的每个选项得0.5分)

71. 施工职业健康安全管理体系文件包括 ( )
   A. 管理方案　　B. 管理手册
   C. 程序文件　　D. 初始状态评审文件
   E. 作业文件

72. 在工程网络计划中,工作的自由时差等于其 ( )
   A. 完成节点最早时间减去开始节点最早时间减去本工作持续时间
   B. 最迟开始时间与最早开始时间的差值
   C. 与所有紧后工作之间间隔时间的最小值
   D. 所有紧后工作最早开始时间的最小值减去本工作的最早完成时间
   E. 在不影响其紧后工作最早开始时间的前提下可以利用的机动时间

73. 施工企业投标报价时,企业管理费的计算基础可以为 ( )
   A. 材料费 B. 分部分项工程费
   C. 人工费和机械费合计 D. 人工费
   E. 规费

74. 一般情况下,固定总价合同适用的情形有 ( )
   A. 抢险、救灾工程 B. 工程结构简单,风险小
   C. 工程内容和工程量一时不能明确 D. 工程量小、工期短,工程条件稳定
   E. 工程设计详细、图纸完整、清楚,工程任务和范围明确

75. 施工项目部采用线性组织结构模式如下图所示,图中 A,B,C 表示不同级别的工作部门,关于下达工作指令的说法,正确的有 ( )
   A. 部门 B2 可以对部门 C21 下达指令 B. 部门 A 可以对部门 C21 下达指令
   C. 部门 A 可以对部门 B3 下达指令 D. 部门 B3 可以对部门 C22 下达指令
   E. 部门 B2 可以对部门 C23 下达指令

76. 施工企业质量管理体系运行阶段的工作内容包括 ( )
   A. 编制详细作业文件 B. 持续改进质量管理体系
   C. 生产和服务按质量管理体系的规定操作 D. 监测管理体系运行的有效性
   E. 编制质量手册

77. 根据《建设工程项目管理规范》,施工项目经理应履行的职责有 ( )
   A. 组织或参与编制项目管理规划大纲
   B. 对各类资源进行质量管控和动态管理
   C. 主持编制项目管理目标责任书
   D. 组织或参与评价项目管理绩效
   E. 进行授权范围内的利益分配

78. 下列施工合同实施偏差的处理措施中,属于组织措施的有 ( )
   A. 调整人员安排 B. 调整施工方案
   C. 调整工作流程 D. 调整工作计划
   E. 进行合同变更

79. 根据《标准施工招标文件》,承包人向监理人报送竣工验收申请报告时,工程应具备的条件有 ( )
   A. 已按合同的约定和份数备齐符合要求的竣工资料
   B. 已经完成合同内的全部单位工程及有关工作,并符合合同要求
   C. 已按监理人要求编制了缺陷责任期内完成的甩项工程及缺陷修补工作
   D. 工程项目的试运行完成并形成完整的资料清单
   E. 已按监理人要求编制了缺陷责任期内的修补工作清单及施工计划

80. 下列施工方进度控制措施中,属于管理措施的有 ( )
   A. 推广采用工程网络计划技术 B. 健全进度控制管理的组织体系
   C. 制定并落实加快进度的经济激励政策 D. 选择合理的工程合同结构
   E. 重视信息技术在进度控制中的应用

81. 施工总承包管理模式下,项目各个参与方可能存在的合同关系包括 ( )
   A. 业主与分包单位直接签订合同
   B. 监理单位与施工总承包管理单位签订合同
   C. 施工总承包管理单位与分包单位签订合同
   D. 施工总承包管理单位与施工总承包单位签订合同
   E. 监理单位与分包单位签订合同

82. 根据《建设工程质量管理条例》,建设行政主管部门在实施工程质量监督检查时,有权采取的措施包括 ( )
   A. 要求被检查单位提供有关工程质量的资料
   B. 依法对违法违规行为进行经济处罚
   C. 进入被检查单位施工现场进行检查
   D. 要求被检查单位随时停工配合检查
   E. 发现有影响工程质量的问题时,责令整改

83. 关于单价合同工程计量的说法,正确的有 ( )
   A. 承包人已完成的质量合格的全部工程都应予以计量
   B. 招标工程量清单缺项的,应按承包人履行合同义务中完成的工程量计量
   C. 监理工程师计量的工程量应等于承包人实际施工量
   D. 监理人对已完成工程量有异议的,有权要求承包人进行共同复核或抽样复测
   E. 单价合同应按照招标工程量清单中的工程量计量

84. 根据材料使用性质、用途和用量大小划分,材料消耗定额指标的组成有 ( )
   A. 主要材料 B. 辅助材料
   C. 废弃材料 D. 周转性材料
   E. 零星材料

85. 下列施工现场的危险源中,属于第二类危险源的有 ( )
   A. 现场存放的燃油 B. 焊工焊接操作不规范
   C. 洞口临边缺少防护设施 D. 机械设备缺乏维护保养
   E. 现场管理措施缺失

86. 编制控制性施工进度计划的主要目的有 （　　）
   A. 分析项目实施工作的逻辑关系
   B. 对施工进度目标进行分解
   C. 确定施工的总体部署
   D. 确定施工作业的资源投入
   E. 确定里程碑事件的进度目标

87. 根据《建设工程监理规范》，关于监理实施细则编制的说法，正确的有 （　　）
   A. 危险性较大的分部分项工程应编制监理实施细则
   B. 编制依据包括施工组织设计和专项施工方案等
   C. 编制时间应在相应工程施工开始前
   D. 所有的分部分项工程均应编制监理实施细则
   E. 由专业监理工程师编制，并报总监理工程师审批

88. 下列施工质量事故发生的原因中，属于施工失误的有 （　　）
   A. 违反相关规范施工
   B. 边勘察、边设计、边施工
   C. 使用不合格的工程材料、半成品、构配件
   D. 忽视安全生产施工，发生安全事故
   E. 非法承包，偷工减料

89. 下列建设工程项目进度控制的任务中，属于施工方进度控制任务的有 （　　）
   A. 估算施工资源投入
   B. 调整施工进度计划
   C. 论证项目进度总目标
   D. 协调作业班组的进度
   E. 编制总进度纲要

90. 根据《生产安全事故报告和调查处理条例》，发生下列违法行为时，可以对事故发生单位主要负责人处上一年年收入40%～80%罚款的情形有 （　　）
   A. 不立即组织事故抢救
   B. 谎报或者瞒报事故
   C. 迟报或者漏报事故
   D. 伪造或者故意破坏事故现场
   E. 在事故调查处理期间擅离职守

91. 根据《建设工程施工专业分包合同（示范文本）》，下列工作中，属于分包人的工作有 （　　）
   A. 对分包工程进行深化设计、施工、竣工和保修
   B. 负责已完成分包工程的成品保护工作
   C. 向监理人提供进度计划和进度统计报表
   D. 向承包人提交详细的施工组织设计
   E. 直接履行监理工程师的工作指令

92. 影响建设工程施工质量的环境因素包括 （　　）
   A. 施工现场自然环境
   B. 施工质量管理环境
   C. 施工作业环境
   D. 施工所在地政策环境
   E. 施工所在地市场环境

93. 根据《标准施工招标文件》，发包人应负责赔偿第三者人身伤亡和财产损失的情况有 （　　）
   A. 工地附近小孩进入工地场区引起的意外伤害
   B. 施工围挡倒塌导致路过行人的伤害
   C. 发包人现场管理人员的工伤事故
   D. 工程施工过程中承包人发生安全事故
   E. 政府相关人员进入施工现场检查时的意外伤害

94. 根据编制广度、深度和作用的不同，施工组织设计可分为 （　　）
   A. 施工组织总设计
   B. 单位工程施工组织设计
   C. 单项工程施工组织设计
   D. 危大工程施工组织设计
   E. 分部（分项）工程施工组织设计

95. 下列施工成本管理措施中，属于组织措施的有 （　　）
   A. 利用施工组织设计降低材料的库存成本
   B. 确定合理详细的成本管理工作流程
   C. 加强施工任务单管理
   D. 确定施工设备使用方案
   E. 编制成本控制工作计划

参考答案及解析

一、单项选择题

1. C 【解析】施工方项目管理包括施工总承包方的项目管理、施工总承包管理方的项目管理、施工分包方的项目管理、建设项目总承包的施工任务执行方的项目管理等。

2. A 【解析】影响建设工程项目目标实现的因素有组织因素、人为因素、方法和工具的因素。其中，组织因素在项目目标的实现中起决定性作用。【此知识点已删去】

3. D 【解析】项目结构图是通过树状图反映组成某个项目的所有工作任务，描述这些工作对象之间的关系，该图的矩形框表示工作任务或工作对象，矩形框之间用直线连接。【此知识点已删去】

4. A 【解析】组织结构图表达的是某个组织系统中，各工作单位、各工作部门和各工作人员之间的指令关系，该图的矩形框表示工作部门或组成部分，矩形框之间用单向箭线连接，由上级指向下级。

5. D 【解析】通常情况下，施工组织总设计的编制程序为：收集并熟悉相关资料，调查研究项目特点及施工条件→对主要工种的工程量进行计算→进行施工总体部署的确定→进行施工方案的拟订→进行施工进度计划的编制→进行各项资源需求量计划的编制→进行总体施工准备工作计划的编制→设计施工总平面图→计算主要技术经济指标。【此知识点已删去】

6. B 【解析】在项目实施过程中，项目目标动态控制的过程为：(1)对项目目标的实际值进行收集。(2)将收集的实际值与计划值进行定期比较。(3)通过比较，分析是否有偏差，对有偏差的要及时采取纠偏措施进行纠编。【此知识点已删去】

7. D 【解析】在对施工成本目标进行动态跟踪和控制过程中，如工程合同价为计划值，则相对的值是施工成本规划值；如施工成本规划值为计划值，相对的实际值是实际施工成本。【此知识点已删去】

8. C 【解析】取得建造师注册证书的人员由企业自主决定是否可以担任施工项目经理。故选项A错误。项目经理是工作岗位的名称，建造师是专业人士的名称。故选项B错误。在建造师执业资格制度全面实施的同时，仍要落实项目经理岗位责任制。故选项D错误。【此知识点已删去】

9. A 【解析】施工风险包括：(1)组织风险，包括承包商管理人员，施工机械操作人员，安全管理人员，一般技工的知识、经验和能力和损失控制等。(2)经济与管理风险，包括合同风险，资金供应条件，防火设施的数量及可用性，事故防范措施和计划，人身、信息安全控制计划等。(3)技术风险，包括工程设计文件，施工方案、物资，机械等。(4)环境风险，包括岩土、水文地质条件，气象条件，自然灾害，火灾和爆炸的引发因素等。【此知识点已删去】

10. D 【解析】根据《建设工程质量管理条例》，总承包单位依法将建设工程分包给其他单位的，分包单位应当按照分包合同的约定对其分包工程的质量向总承包单位负责，总承包单位与分包单位对分包工程的质量承担连带责任。【此知识点已删去】

11. B 【解析】工程索赔是指在合同履行过程中，合同当事人一方因对方不履行或未能正确履行合同或者由于其他非自身因素而受到经济损失或权利损害，通过合同规定的程序向对方提出经济赔偿或时间补偿要求的行为。因此发包人和发包人都可以向对方提出索赔。故选项A错误。非承包人的原因导致工期拖延时，分包人可以向承包人提出索赔，但不可以向发包人提出索赔。故选项B正确。发包人根据工程师或监理工程师的指示指令分包人加速施工时，分包人可以向承包人提出索赔。故选项D错误。【此知识点已删去】

12. C 【解析】根据《建设工程安全生产管理条例》的规定，工程监理单位有下列行为之一的，责令限期改正；逾期未改正的，责令停业整顿，并处10万元以上30万元以下的罚款；情节严重的，降低资质等级，直至吊销资质证书；造成重大安全事故，构成犯罪的，对直接责任人员，依照刑法有关规定追究刑事责任；造成损失的，依法承担赔偿责任：(1)未对施工组织设计中的安全技术措施或者专项施工方案进行审查的。(2)发现安全事故隐患未及时要求施工单位整改或者暂时停止施工的。(3)施工单位拒不整改或者不停止施工，未及时向有关主管部门报告的。(4)未依照法律、法规和工程建设强制性标准实施监理的。【此知识点已删去】

13. A 【解析】工程质量事故发生后，事故现场有关人员应当立即向工程建设单位负责人报告；工程建设单位负责人接到报告后，应于1小时内向事故发生地县级以上人民政府住房和城乡建设主管部门及有关部门报告。情况紧急时，事故现场有关人员可直接向事故发生地县级以上人民政府住房和城乡建设主管部门报告。【此知识点有变更】

14. A 【解析】单价优先是单价合同的特点之一，即当投标书中的总价和单价的计算结果不一致时，应以单价为准进行总价的调整；当出现明显的计算错误时，业主可修改再评标。

15. C 【解析】项目施工总进度方案和单位工程施工进度计划都属于项目计划。故选项A错误。施工企业的施工生产计划和工程项目进度计划的参与方均属于不同的两个系统(针对整个企业)和工程项目进度计划(针对具体工程项目)属于两个不同系统,两者紧密相关。故选项D错误。【此知识点已删去】

16. B 【解析】工程项目的主体结构、基础、桩基等主要部位进行验收时,监理单位应对其进行监督检查。建设单位应在验收后3天内将各方签字的分部工程质量验收证明资料送工程质量监督机构备案。【此知识点已删去】

17. A 【解析】施工定额是规定建筑安装工人或小组在正常施工条件下,完成单位合格产品所消耗的劳动力、材料和机械台班的数量标准,是企业内部使用的一种定额,是施工企业管理工作的基础。施工定额的研究对象是工序,属于企业定额的性质。其在工程建设定额中是子目最多、分项最细的一种定额。

18. D 【解析】承包人应在发出索赔意向通知书后28天内,向监理人正式递交索赔报告;索赔报告应详细说明索赔理由以及要求追加的付款金额和(或)延长的工期,并附必要的记录和证明材料。【此知识点已删去】

19. B 【解析】起点节点的编号一般为1。故选项A错误。箭头节点编号应大于箭尾节点编号。故选项C错误。节点编号应由小到大,不允许重复,但可以不连续。故选项D错误。

20. D 【解析】根据《招标投标法》,投标人应当按照招标文件的要求编制投标文件。投标文件应当对招标文件提出的实质性要求和条件作出响应。投标文件属于建设施工的,投标文件的内容应当包括拟派出的项目负责人与主要技术人员的简历、业绩和拟为完成招标项目的机械设备等。【此知识点已删去】

21. B 【解析】根据《工程网络计划技术规程》,相邻两项工作i和j之间的间隔时间($LAG_{i,j}$)的计算应符合下式规定:(1)当终点节点为虚拟节点时,其他节点之间的间隔时间应按下式计算:$LAG_{i,j} = ES_j - EF_i$。单代号网络计划的时间参数标注如下图所示。则本题中,$LAG_{i,j} = 14 - 13 - 1$(天)。

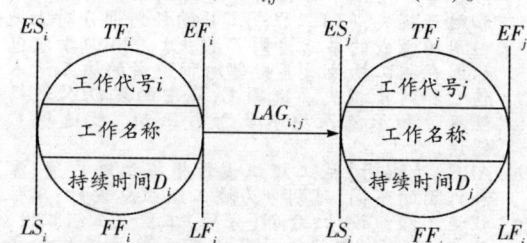

22. C 【解析】根据《建设工程工程量清单计价规范》,招标工程的承包人报价浮动率$L = (1 - 中标价/招标控制价) \times 100\% = (1 - 1.45/1.6) \times 100\% = 9.375\%$。

23. A 【解析】成本管理的组织措施包括组织机构和人员落实的相关工作;成本控制工作计划的编制;详细工作流程的确定;施工任务单和施工定额管理方面的加强;规章制度的完善等。选项B属于技术措施。【此知识点已删去】选项D属于合同措施。

24. C 【解析】工程质量监督机构对违反有关规定、造成工程质量事故和严重质量问题的单位和个人依法开具指令单或质量问题整改通知单。

25. B 【解析】施工信息的内容包括施工记录信息和施工技术资料信息。其中,施工记录信息包括施工日志、材料设备进场记录、质量检查记录、用工记录等。【此知识点已删去】

26. B 【解析】工程文件不得使用纯蓝墨水、红色墨水、铅笔、圆珠笔等易褪色的书写材料,应使用蓝黑墨水、碳素墨水的书写材料。故选项A错误。归档图纸不能使用计算机出图的复印件。故选项C错误。利用施工图改绘竣工图时,必须标明变更修改依据。故选项D错误。【选项B、C、D错误】

27. A 【解析】施工机械设备选型应同时考虑经济性、适用性、可靠性、安全性和方便性。故选项B错误。选择机械设备时,不仅要选型,同时也要对其主要性能参数作出选择。故选项C错误。机械操作人员应持证上岗,且人机固定。故选项D错误。【此知识点已删去】

28. A 【解析】在网络计划执行中,关键线路可能会变化,发生转移。故选项B错误。关键线路是总持续时间最长的线路。故选项C错误。若计划工期等于计算工期,关键线路上的工作总时差为零。

29. C 【解析】对业主来说,成本加酬金合同风险很大。故选项A错误。成本加酬金合同无需等待所有施工图完成后再进行招标和施工,可以分段施工。故选项B错误。对承包人来说,成本加酬金合同风险比固定总价合同的风险低,且利润比较有保证。故选项D错误。【此知识点已删去】

30. A 【解析】根据《建设工程施工现场环境与卫生标准》,采用现场搅拌混凝土或砂浆的施工现场应采取封闭、降尘、降噪措施。水泥和其他易飞扬的细颗粒建筑材料应密闭存放或采取覆盖等措施。

31. D 【解析】现场质量检验的方法有目测法、试验法、实测法。其中,试验法包括理化试验(物理力学性能、化学成分及含量)和无损检测(超声波探伤、X射线探伤、γ射线探伤)。对建筑材料密度的测定属于试验法中的理化试验。【此知识点已删去】

32. A 【解析】采用定额组价方法计算分部分项工程综合单价的程序为:确定组合定额子目→计算定额子工程量→测算人、材料消耗量→计算人、材、机单价→计算人、材、机费用→计算管理费和利润→计算综合单价。【此知识点已删去】

33. D 【解析】合同风险根据风险产生的原因可分为合同信用风险和工程风险。合同信用风险是指由主观故意导致的风险,如承包人层层转包、非法分包、以次充好、偷工减料、知假买假,发包人拖欠工程款等。

34. D 【解析】根据《建设工程施工现场环境与卫生标准》,市区主要路段的施工现场围挡高度不应低于2.5 m,一般路段围挡高度不应低于1.8 m。故选项A错误。施工文明活动不属于项目经理。故选项B错误。施工现场应设置封闭式建筑垃圾站。办公区和生活区应设置封闭式垃圾容器。生活垃圾应分类存放,并及时清运、消纳。

35. D 【解析】施工成本计划指标包括数量指标、质量指标和效益指标。其中,效益指标包括设计预算总成本计划降低额和责任目标总成本计划降低率。选项A、B属于质量指标;选项C属于数量指标。【此知识点已删去】

36. D 【解析】根据《建筑工程施工质量验收统一标准》,建设单位收到工程竣工报告后,应由建设单位项目负责人组织监理、施工、设计、勘察单位项目负责人进行单位工程验收。【此知识点已删去】

37. C 【解析】根据《建筑安装工程费用项目组成》,措施项目费是指为完成建设工程施工,发生于该工程施工前和施工过程中的技术、生活、安全、环境保护等方面的费用。内容包括安全文明施工费;夜间施工增加费;二次搬运费;冬雨季施工增加费;已完工程及设备保护费;工程定位复测费;特殊地区施工增加费;大型机械设备进出场及安拆费;脚手架工程费等。【此知识点已删去】

38. C 【解析】根据《建设工程施工合同(示范文本)》,除专用合同条款另有约定外,发包人应在开工后28天内预付安全文明施工费总额的50%,其余部分与进度款同期支付。【此知识点已变更】

39. B 【解析】质量事故按事故产生原因可划分为技术原因引发的质量事故,管理原因引发的质量事故,社会、经济原因引发的质量事故和其他原因引发的质量事故。其中,技术原因引发的质量事故主要是由于施工工艺、施工方法、结构设计、地质估计等方面的不当或错误引发的质量事故;A、C属于管理原因引发的质量事故;选项D属于其他原因引发的质量事故。

40. A 【解析】根据《工程网络计划技术规程》,双代号网络计划中,只有一个起点节点;在分期完成任务的网络图中,应只有一个终点节点;其他所有节点均应是中间节点。本题中,图中有两个起点节点,分别是①和②。

41. C 【解析】根据《工程网络计划技术规程》,双代号网络计划的计算工期(T_c)应按下式计算:$T_c = \max\{EF_{i-n}\}$,式中,EF_{i-n}为以终点节点($j = n$)为箭头节点的工作$i-n$的最早完成时间。本题中,$T_c = \max\{EF_a, EF_b\} = \max\{10, 4\} = 10$(天)。

42. B 【解析】循证决策是指基于数据和信息的分析和评价的决策,更有可能产生期望的结果。决策过程是一个复杂的过程,并且总是包含某些不确定性。对事实、证据和数据的分析可导致决策更加客观、可信。

43. B 【解析】建设工程项目总进度目标论证的工作步骤为:调查研究、收集资料→对进度计划系统结构进行分析→确定工作编码→对各层(各级)进度计划进行编制→协调各层关系,编制总进度计划→调整不符合项目进度目标时,报告项目决策者。【此知识点已删去】

44. A 【解析】成本分析的方法有因素分析法、比较法、差额计算法、比率法(构成比率法、相关比率法、动态比率法)。比率法中的动态比率法是将同类指标不同时期的数值进行对比,求出比率,以分析该项指标的发展方向和发展速度,其动态比率的计算可采用基期指标法和环比指标法。

45. C 【解析】施工合同变更是指合同成立以后和履行完毕以前由双方当事人依法对合同内容(工程数量、质量要求、价款、内容等)所进行的修改。【此知识点已删去】

46. B 【解析】建筑工程造价应当按照国家有关规定,由发包单位与承包单位在合同中约定。工程造价应根据招标文件和中标人的投标文件在书面合同中约定。工程质量保证金不得超过工程价款结算总额的3%。故选项C错误。不实行招标的工程合同价款,应在发包双方认可的工程价款基础上,由发承包双方在合同中约定。故选项D错误。【此知识点已删去】

47. B 【解析】根据《招标投标法实施条例》,招标人在招标文件中要求投标人提交投标保证金的,投标保证金不得超过招标项目估算价的2%。投标保证金有效期应当与投标有效期一致。

48. D 【解析】本题中,第20天结束时实际工作了6天,按计划应完成的比例为6/25=24%,但实际进度仅完成20%,故实际进度滞后,但对总工期无影响,应重点关注即可。

49. D 【解析】施工质量保证体系包括组织保证体系、工作保证体系、思想保证体系、施工质量目标和施工质量计划。其作用是向业主证明施工单位具有足够的管理和技术上的能力。

50. A 【解析】工程项目产生费用偏差的原因有很多,包括业主原因、设计原因、施工原因、物价上涨等一些客观原因。客观原因主要包括社会原因、自然因素、法律法规政策变化、基础处理及其他方面。【此知识点已删去】

51. A 【解析】职业健康安全管理体系运行要求的内容,包括运作策划和控制,应急准备和响应。

52. C 【解析】承包人应按专用合同条款约定的内容和期限,编制详细的施工进度计划和施工方案说明报送监理人。故选项A错误。监理人可以直接向承包人发出修订合同进度计划的指示,承包人应按该指示修订合同进度计划,报监理人审批。监理人应在专用合同条款约定的期限内批复。监理人在批复前应获得发包人同意。

53. D 【解析】物资采购合同中交货日期应按以下要求确定:(1)供方自送货的,交货日期为采购方收货戳记日期。(2)采购方提货的,交货日期为合同规定的提货日期。(3)委托运输部门运输、送货或代运的,交货日期为供货方发运产品时承运单位的签发日期。【此知识点已删去】

54. C 【解析】施工平行发承包是指发包方将建设项目按照一定原则进行分解,将不同的施工任务分别发包给不同的施工单位,并与之分别签订施工承包合同,各个施工单位之间的关系是平行的。

55. B 【解析】施工质量成本包括外部质量保证成本和运行质量成本。其中,外部质量保证成本包括附加的和特殊的质量检测试验费用、质量评定费用、质量保证措施及程序费用等。【此知识点已删去】

56. D 【解析】工程施工职业健康安全管理的程序为:危险源和风险的识别及评价→职业健康安全目标的确定→验措施计划措施计划的编制和实施→验措施计划的实施结果→措施和绩效的持续改进。【此知识点已删去】

57. B 【解析】施工企业最基本和最核心的安全管理制度是全员安全生产责任制度。其包括纵向方面(即各级人员)和横向方面(即各个部门)的安全生产责任制。

58. B 【解析】安全事故隐患处理原则包括动态处理原则(发现问题及时治理)、单项隐患综合处理原则(事故发生后,人、料、机、法、环多角度整改,强调整改)、冗余安全度处理原则(设置多道防线,强调的是防,没有发生事故)、直接与间接隐患并治原则、重点处理原则(分级处理)、预防与减灾并重处理原则。本题中:项目部对工人进行安全教育的同时,又对电路及配电箱进行改造,体现了单项隐患综合处理原则。【此知识点已删去】

59. C 【解析】暂列金额是指招标人在工程量清单中暂定并包括在合同价款中的一笔款项。用于工程合同签订时尚未确定或者不可预见的所需材料、工程设备、服务的采购,施工中可能发生的工程变更、合同约定调整因素出现时的合同价款调整以及发生的索赔、现场签证确认等的费用。已约合同价中的暂列金额应由发包人掌握使用。发包人按照规定支付后，暂列金额余额均归发包人所有。

60. B 【解析】发包人应对其提供的测量基准点、基准线和水准点及其书面资料的真实性、准确性和完整性负责。故选项A错误。发包人提供上述基准资料错误导致承包人测量放线工作的返工或造成工程损失的，发包人应当承担由此增加的费用和(或)工期延误，并向承包人支付合理利润。故选项C,D错误。【此知识点已删去】

61. B 【解析】横道图每行可容纳多项工作，可以表达工作间的逻辑关系，但不易表达清楚。横道图不能直接表达关键线路、关键工作和工期。

62. C 【解析】根据《生产安全事故应急预案管理办法》，生产经营单位应当制定本单位的应急预案演练计划，根据本单位的事故风险特点，每年至少组织1次综合应急预案演练或者专项应急预案演练，每半年至少组织1次现场处置方案演练。【此知识点已删去】

63. D 【解析】编制施工图预算应以预算定额为依据。故选项A错误。施工图预算可由施工单位或受其委托的工程造价咨询企业编制。故选项B错误。施工图预算和施工预算可作为投标报价的依据，通常施工图预算是投标报价的主要依据。故选项C错误。【此知识点已删去】

64. B 【解析】材料消耗定额是指在节约和合理使用材料的条件下，生产单位合格产品所需要消耗的一定品种规格的材料、半成品、配件、水、电、燃料等的数量标准，包括材料的使用量和必要的工艺性损耗及废料数量。材料的总消耗量等于净用量+损耗量，即施工现场内运输及操作过程中不可避免的废料和损耗。

65. B 【解析】根据《建设工程施工合同(示范文本)》，除专用合同条款另有约定外，承包人按"发包人违约的情形"约定暂停施工满28天后，发包人仍不纠正其违约行为并致使合同目的不能实现的，或出现"发包人明确表示或者其行为表明不履行合同主要义务的"违约情况，承包人有权解除合同，发包人应当承担由此增加的费用，并支付承包人合理的利润。

66. C 【解析】建筑安装工程费项目中，在投标报价时，措施费中的安全文明施工费必须按国家或省级、行业建设主管部门的规定计算，不得作为竞争性费用。规费和税金必须按国家或省级、行业建设主管部门的规定计算，不得作为竞争性费用。规费包括社会保险费和住房公积金。

67. B 【解析】施工成本管理中最根本和最重要的基础工作是建立成本管理责任体系。项目成本管理应遵循的程序：(1)掌握生产要素的价格信息。(2)确定项目合同价。(3)编制成本计划，确定成本实施目标。(4)进行成本控制。(5)进行项目过程成本分析。(6)进行项目过程成本考核。(7)编制项目成本报告。(8)项目成本管理资料归档。【此知识点已删去】

68. C 【解析】根据《生产经营单位生产安全事故应急预案编制导则》，生产经营单位的应急预案分为综合应急预案、专项应急预案和现场处置方案。其中，专项应急预案是生产经营单位为应对某一种或者多种类型生产安全事故，或者针对重要生产设施、重大危险源、重大活动防止事故而制定的专项工作方案。本题中，深基坑施工的应急预案属于专项应急预案。

69. D 【解析】为保证施工质量，在项目开工前，应由项目技术负责人向分包人或承担施工的负责人进行书面技术交底。项目技术人员负责编制技术交底书，并经过项目技术负责人批准后实施。【此知识点已删去】

70. D 【解析】特殊施工过程的质量控制中，专业技术人员编制作业指导书，并应经项目技术负责人审批后方可执行。对质量控制点的检查应严格按照三级检查制度进行。【此知识点已删去】

二、多项选择题

71. BCE 【解析】施工职业健康安全管理体系的建立步骤为：领导决策→成立工作组→人员培训→初始状态评审→制定方针、目标、指标和管理方案→策划及设计管理体系→编写体系文件包括管理手册（纲领性文件）、程序文件（"4W1H"）、作业文件。

72. ACDE 【解析】根据《工程网络计划技术规程》，自由时差是指在不影响其紧后工作最早开始和有关时限的前提下，一项工作可以利用的机动时间。双代号网络计划中，有紧后工作的自由时差等于本工作的紧后工作最早开始时间的最小值减本工作的最早完成时间。单代号网络计划中，有紧后工作的自由时差等于其与紧后工作之间时间间隔的最小值。工作的自由时差＝该工作完成节点的最早时间－该工作开始节点的最早时间－持续时间。

73. BCD 【解析】工程造价管理机构在确定计价定额中企业管理费时，可作为计算基础的有分部分项工程费；人工费；人工费和机械费合计；人工费或(人工费+机械费)为计算基础时，其费率根据历年工程造价积累的资料，辅以调查数据确定，列入分部分项工程和措施项目中。

74. BDE 【解析】固定总价合同是为供货方提供一个完成任务的固定价格的合同，其适用的情形有工程任务内容明确、技术和结构简单、工程条件稳定、工程量小、工期短、风险小、图纸完整清楚、设计详细、投标期充足、承包人具备按图施工的条件、投标人充分了解工程情况、报价估算准确、有一份完整而详细的工程量清单等。

75. ACE 【解析】在线性组织结构模式中，每一个工作部门只有唯一的一个指令源，指令应逐级下达，只能由直接上级进行指令，不能跨级。部门A可以对部门B1、B2、B3下达指令；部门B2可以对部门C21、C22、C23下达指令。【此知识点已删去】

76. BCD 【解析】施工企业质量管理体系运行阶段的工作内容包括生产和服务按质量管理体系的规定（包括岗位职责、工作要求、程序和标准等）操作；监测管理体系运行的有效性；完成质量记录工作；持续改进质量管理体系。选项A,E属于质量管理体系保持阶段的内容。【此知识点已删去】

77. ABDE 【解析】根据《建设工程项目管理规范》，项目管理机构负责人(项目经理)应履行下列职责：(1)对项目质量安全责任承诺书中应履行的职责。(2)工程质量安全责任承诺书中应履行的职责。(3)组织或参与编制项目管理规划大纲、项目管理实施规划，对项目目标进行系统管理。(4)主持制定并落实质量、安全技术措施和专项方案，负责相关的组织协调工作。(5)对各类资源进行质量监控和动态管理。(6)对进场的机械、设备、器具的安全、质量和使用进行监控。(7)建立各类专业管理制度，并组织实施。(8)制定有效的安全、文明和环境保护措施并组织实施。(9)组织或参与评价项目管理绩效。(10)进行授权范围内的任务分解和利益分配。(11)按规定完善工程资料，规范工程档案文件，准备工程结算和竣工资料，参与

工程竣工验收。(12)接受审计，处理项目管理机构解体的善后工作。(13)协助和配合组织进行项目检查、鉴定和评奖申报。(14)配合组织完善缺陷责任期内的相关工作。

78. ACD 【解析】施工合同实施偏差处理措施包括组织措施、合同措施、技术措施和经济措施。其中，组织措施主要有调整人员安排、工作计划和工作流程，加大人员的投入等。故选项D错误。

79. ABE 【解析】根据《标准施工招标文件》，当工程具备以下条件时，承包人即可向监理人报送竣工验收申请报告：(1)除监理人同意列入缺陷责任期内完成的尾工(甩项)工程和缺陷修补工作外，合同范围内的全部单位工程以及有关工作，包括合同要求的试验、试运行以及检验和验收均已完成，并符合合同要求。(2)已按合同约定的内容和份数备齐了符合要求的竣工资料。(3)已按监理人的要求编制了在缺陷责任期内完成的尾工(甩项)工程和缺陷修补工作清单以及相应施工计划。(4)监理人要求在竣工验收前应完成的其他工作。(5)监理人要求提交的竣工验收资料清单。

80. ADE 【解析】施工方进度控制的措施有：(1)管理措施，包括管理的思想、方法、手段、发承包模式（选择合理的合同结构），合同管理、风险管理、信息管理，重视信息技术。(2)组织措施，包括健全组织体系、专门专人负责、编制工作流程、进度控制会议。(3)经济措施，包括经济激励措施、资金需求计划、资源供应。(4)技术措施，设计、施工技术的选用，设计理念、设计技术路线、设计变更的必要性和可能性分析，设计方案、施工方案的先进性和经济合理性。【此知识点已删去】

81. AC 【解析】施工总承包管理模式下存在的合同关系包括业主与分包单位直接签订合同；施工总承包管理单位与分包单位签订合同；业主、施工总承包管理单位和分包人三方共同签订合同。【此知识点已删去】

82. ACE 【解析】根据《建设工程质量管理条例》，县级以上人民政府建设行政主管部门、其他有关部门履行工程质量监督检查职责时，有权采取下列措施：(1)要求被检查的单位提供有关工程质量的文件和资料。(2)进入被检查单位的施工现场进行检查。(3)发现有影响工程质量的问题时，责令改正。

83. BD 【解析】施工中进行工程计量，当发现招标工程量清单中出现缺项、工程量偏差，或因工程变更引起工程量增减时，承包人应按监理人下达的变更指令调整合同价款。故选项B正确。监理对工程量有异议的，有权要求承包人进行共同复核或抽样测量。承包人应协助监理人进行复核或抽样复测，并提供补充计量资料。故选项D正确。【此知识点已删去】

84. ABDE 【解析】材料消耗定额指标根据材料使用性质、用途和用量大小可分为主要材料、辅助材料、周转性材料和零星材料。材料消耗定额的编制内容包括材料净用量和损耗量。

85. BCDE 【解析】施工现场的危险源中，第一类危险源主要指危险物质或意外释放的能量，包括能量的载体或能源；第二类危险源主要指人员操作的失误及设备的缺陷或故障等。选项A属于第一类危险源。

86. BCE 【解析】控制性施工进度计划的主要目的是对施工承包合同规定的施工进度目标进行再论证，并分解施工进度目标，从而对施工的总体部署及里程碑事件的进度目标进行确定，以此作为进度控制的依据。【此知识点已删去】

87. ABCE 【解析】根据《建设工程监理规范》，对采用新材料、新工艺、新技术、新设备的工程，以及专业性较强、危险性较大的分部分项工程，项目监理机构应编制监理实施细则。故选项D错误。

88. ACD 【解析】施工质量事故发生的原因有施工失误；勘察设计失误；违背基本建设程序；非法承包，偷工减料；自然条件的影响。其中，施工失误主要包括使用不合格的材料、构配件、半成品等；基本业务知识不熟练；施工管理不规范；施工工艺、施工组织措施不当；忽视安全生产施工等。【此知识点已删去】

89. BD 【解析】施工方进度控制的任务有编制施工进度计划；编制相关资源需求计划；组织施工进度计划的实施；检查和调整施工进度计划。【此知识点已删去】

90. ACE 【解析】根据《生产安全事故报告和调查处理条例》，事故发生单位主要负责人有下列行为之一的处上一年年收入40%～80%的罚款；构成犯罪的，依法追究刑事责任：(1)不即刻组织事故抢救的。(2)迟报或者漏报事故的。(3)在事故调查处理期间擅离职守的。

91. BD 【解析】已竣工工程未交付承包人之前分包人应负责已完分包工程的成品保护工作，保护期间发生损坏，分包人应自行修复。故选项B正确。施工前，在专用条款约定的时间内，向承包人提交一份详细施工组织设计，承包人应在专用条款约定的时间内批复，分包人方可执行。故选项D正确。

92. ABC 【解析】影响施工质量的主要因素包括人、材料、机械、方法和环境等方面的因素。其中，环境因素包括施工作业环境因素、施工现场自然环境因素和施工质量管理环境因素。【此知识点已删去】

93. ABE 【解析】根据《标准施工招标文件》，发包人应负责赔偿以下各种情况造成的第三者人身伤亡和财产损失：(1)工程或工程的任何部分占用所需土地的占用所造成的第三者财产损失。(2)由于发包人原因在施工场地及其毗邻地带造成的第三者人身伤亡和财产损失。选项C,D中的发包人现场管理人员和承包人均不属于第三者。故错误。

94. ABE 【解析】施工组织设计根据编制广度、深度和作用的不同，可划分为施工组织总设计、单位（分项）工程施工组织设计、分部（分项）工程施工组织设计。其中，施工组织总设计是以若干单位工程组成的群体工程或特大型项目为主要对象编制的；分部（分项）工程施工组织设计是以采用新工艺、新技术或技术复杂、特别重要的分部（分项）工程为对象编制的。【此知识点已删去】

95. BCE 【解析】施工成本管理的措施有组织措施、经济措施、技术措施和合同措施。组织措施包括组织机构和人员落实的相关工作；成本控制工作计划的编制；详细工作流程的确定；施工任务单和施工定额管理方面的加强；规章制度的完善。选项A,D属于技术措施。【此知识点已删去】

全国二级建造师执业资格考试
建设工程施工管理

2020年二级建造师考试真题

题 号	一	二	总 分
分 数			

说明：加灰色底纹标记的题目，其知识点已不作考查，可略过学习。

一、单项选择题（共70题，每题1分。每题的备选项中，只有1个最符合题意）

1. 建设工程项目决策期管理工作的主要任务是 （ ）
   A. 确定项目的定义 B. 明确项目管理团队
   C. 实现项目的投资目标 D. 实现项目的使用功能

2. 在施工总承包管理模式中，与分包单位直接签订施工合同的单位一般是 （ ）
   A. 业主方 B. 监理方
   C. 施工总承包方 D. 施工总承包管理方

3. 在工作流程图中，菱形框表示的是 （ ）
   A. 工作 B. 工作执行者
   C. 逻辑关系 D. 判别条件

4. 根据《建设工程施工合同（示范文本）》，关于安全文明施工费的说法，正确的是 （ ）
   A. 承包人对安全文明施工费应专款专用，合并列项在财务账目中备查
   B. 若基准日期后合同所适用的法律发生变化，增加的安全文明施工费由发包人承担
   C. 承包人经发包人同意采取合同以外的安全措施所产生费用由承包人承担
   D. 发包人应在开工后42天内预付安全文明施工费总额的50%

5. 下列进度控制工作中，属于业主方任务的是 （ ）
   A. 控制设计准备阶段的工作进度 B. 编制施工图设计进度计划
   C. 调整初步设计小组的人员 D. 确定设计总说明的编制时间

6. 施工单位应根据本企业的事故预防重点，对综合应急预案每年至少演练（ ）次。
   A. 1 B. 2
   C. 3 D. 4

7. 施工承包人向发包人索赔的第一步工作是 （ ）
   A. 向发包人递交索赔报告 B. 将索赔报告报监理工程师审查
   C. 向监理人递交索赔意向通知书 D. 分析确定索赔额

8. 企业质量管理体系的认证应由（ ）进行。
   A. 企业最高管理者 B. 政府相关主管部门
   C. 公正的第三方认证机构 D. 企业所属的行业协会

9. 某项目管理机构设立了合约部、工程部和物资部等部门，其中物资部下设采购组和保管组，合约部、工程部均可对采购组下达工作指令，则该组织结构模式是 （ ）
   A. 强矩阵组织结构 B. 弱矩阵组织结构
   C. 职能组织结构 D. 线性组织结构

10. 编制施工组织总设计时，编制投资需求量计划的紧前工作是 （ ）
    A. 拟定施工方案 B. 编制施工总进度计划
    C. 施工总平面图设计 D. 编制施工准备工作计划

11. 下列施工现场危险源中，属于第一类危险源的是 （ ）
    A. 工人焊接操作不规范 B. 油漆存放没有相应的防护设施
    C. 现场存在大量油漆 D. 焊接设备缺乏维护保养

12. 某地铁工程项目，发包人将14座车站的土建工程分别发包给14个土建施工单位，对应的机电安装工程分别发包给14个机电安装单位，该发承包模式属于 （ ）
    A. 施工总承包 B. 施工平行发包
    C. 施工总承包管理 D. 项目总承包

13. 施工成本动态控制过程中，在施工准备阶段，相对于工程合同价而言，施工成本实际值可以是 （ ）
    A. 施工成本规划的成本值 B. 投标价中的相应成本项
    C. 招标控制价中的相应成本项 D. 投资估算中的建安工程费用

14. 下列项目目标动态控制工作中，属于事前控制的是 （ ）
    A. 确定目标计划值，同时分析影响目标实现的因素
    B. 进行目标计划值和实际值对比分析
    C. 跟踪项目计划的实际进展情况
    D. 发现原有目标无法实现时，及时调整项目目标

15. 关于建造师执业资格制度的说法，正确的是 （ ）
    A. 取得建造师注册证书的人员即可担任项目经理
    B. 实施建造师执业资格制度后可取消项目经理岗位责任制
    C. 建造师是一个工作岗位的名称
    D. 取得建造师执业资格的人员表明其知识和能力符合建造师执业的要求

16. 根据《建设工程项目管理规范》，项目管理目标责任书应在项目实施之前，由企业的（ ）与项目经理协商制定。
    A. 董事会 B. 技术负责人
    C. 股东大会 D. 法定代表人

17. 项目总进度目标论证的主要工作有：①确定项目的工作编码；②编制总进度计划；③编制各层进度计划；④进行进度计划系统的结构分析。这些工作的正确顺序是 （ ）
    A. ④→①→③→② B. ①→④→③→②
    C. ②→④→① D. ③→②→①→④

18. 根据《建设工程工程量清单计价规范》，关于投标人投标报价的说法，正确的是 （ ）
    A. 投标人可以进行适当的总价优惠
    B. 投标人的总价优惠不需要反映在综合单价中
    C. 规费和税金不得作为竞争性费用
    D. 不同发承包模式对投标人投标报价高低没有直接影响

19. 关于网络计划线路的说法,正确的是 （　）
   A. 线路可依次用该线路上的节点代号来表示
   B. 线路段是由多个箭线组成的通路
   C. 线路中箭线的长度之和就是线路的长度
   D. 关键线路只有一条,非关键线路可以有多条

20. 编制人工定额时,对于同类型产品规格多、工序重复、工作量小的施工过程,常用的定额制定方法是 （　）
   A. 统计分析法　　　　　　　　　B. 比较类推法
   C. 技术测定法　　　　　　　　　D. 经验估计法

21. 根据《企业会计准则》,下列费用中,属于间接费用的是 （　）
   A. 材料装卸保管费　　　　　　　B. 周转材料摊销费
   C. 施工场地清理费　　　　　　　D. 项目部的固定资产折旧费

22. 下列施工现场的环境保护措施中,正确的是 （　）
   A. 在施工现场围挡内焚烧沥青
   B. 将有害废弃物作深层土方回填等
   C. 将泥浆水直接有组织排入城市排水设施
   D. 使用密封的圆筒处理高空废弃物

23. 项目监理规划编制完成后,其审核批准者为 （　）
   A. 监理单位技术负责人　　　　　B. 业主方驻工地代表
   C. 总监理工程师　　　　　　　　D. 政府质量监督人员

24. 发承包双方在合同中约定直接成本实报实销,发包方再额外支付一笔报酬。若发生设计变更或增加新项目,当直接费超过原估算成本的10%时,固定的报酬也要增加。此合同属于成本加酬金合同中的 （　）
   A. 成本加固定比例合同　　　　　B. 成本加奖金合同
   C. 成本加固定费用合同　　　　　D. 最大成本加费用合同

25. 企业质量管理体系文件应由(　)等构成。
   A. 质量目标、质量手册、质量计划和质量记录
   B. 质量手册、程序文件、质量计划和质量记录
   C. 质量方针、质量手册、程序文件和质量记录
   D. 质量手册、质量计划、质量记录和质量评审

26. 编制施工项目实施性成本计划的主要依据是 （　）
   A. 项目投标报价　　　　　　　　B. 项目所在地造价信息
   C. 施工预算　　　　　　　　　　D. 施工图预算

27. 网络计划中,某项工作的持续时间是4天,最早第2天开始,两项紧后工作分别最早在第8天和第12天开始。该项工作的自由时差是(　)天。
   A. 2　　　　　　　　　　　　　B. 4
   C. 6　　　　　　　　　　　　　D. 8

28. 根据《建设工程施工劳务分包合同(示范文本)》,下列合同规定的相关义务中,属于劳务分包人义务的是 （　）
   A. 组建项目管理班子　　　　　　B. 投入人力和物力,科学安排作业计划
   C. 负责编制施工组织设计　　　　D. 负责工程测量定位和沉降观测

29. 施工招标过程中,若招标人在招标文件发布后,发现有问题需要进一步澄清和修改,正确的是 （　）
   A. 所有澄清文件必须以书面形式进行
   B. 在招标文件要求的提交投标文件截止时间至少10天前发出通知
   C. 可以用间接方式通知所有招标文件收受人
   D. 所有澄清和修改文件必须公示

30. 施工企业职业健康安全管理体系的运行中,管理评审应由(　)承担。
   A. 施工企业的最高管理者　　　　B. 项目经理
   C. 项目技术负责人　　　　　　　D. 施工企业安全负责人

31. 项目监理机构在施工阶段进度控制的主要工作是 （　）
   A. 合同执行情况的分析和跟踪管理
   B. 定期与施工单位核对签证台账
   C. 监督施工单位严格按照合同规定的工期组织施工
   D. 审查单位工程施工组织设计

32. 根据《建设工程施工合同(示范文本)》,发包人累计扣留的质量保证金不得超过工程价款结算总额的 （　）
   A. 2%　　　　　　　　　　　　B. 3%
   C. 5%　　　　　　　　　　　　D. 10%

33. 根据《标准施工招标文件》,关于变更权的说法,正确的是 （　）
   A. 没有监理人的变更指示,承包人不得擅自变更
   B. 设计人可根据项目实际情况自行向承包人作出变更指示
   C. 监理人可根据实际情况按合同约定自行向承包人作出变更指示
   D. 总承包人可根据项目实际情况按合同约定自行向承包人作出变更指示

34. 施工合同履行过程中发生如下事件,承包人可以据此提出施工索赔的是 （　）
   A. 工程实际进展与合同预计的情况不符的所有事件
   B. 实际情况与承包人预测情况不一致最终引起工期和费用变化的事件
   C. 实际情况与合同约定不符且最终引起工期和费用变化的事件
   D. 仅限于发包人原因引起承包人工期和费用变化的事件

35. 项目风险管理中,风险等级是根据(　)评估确定的。
   A. 风险因素发生的概率和风险管理能力
   B. 风险损失量和承受风险损失的能力
   C. 风险因素发生的概率和风险损失量(或效益水平)
   D. 风险管理能力和风险损失量(或效益水平)

36. 下列影响施工质量的环境因素中,属于管理环境因素的是 （　）
   A. 施工现场平面布置和空间环境　B. 施工现场道路交通状况
   C. 施工现场安全防护设施　　　　D. 施工参建单位之间的协调

37. 下列施工现场质量检查项目中,适宜采用试验法的是 （　）
   A. 钢的力学性能检验　　　　　　B. 混凝土坍落度的检测
   C. 砌体的垂直度检查　　　　　　D. 沥青拌合料的温度检测

38. 编制实施性施工进度计划的主要作用是 （　）
   A. 论证施工总进度目标　　　　　B. 确定施工作业的具体安排
   C. 确定里程碑事件的进度目标　　D. 分解施工总进度目标

39. 企业为施工生产提供履约担保所发生的费用应计入建筑安装工程费用中的（ ）
   A. 企业管理费　　　　　　　　　B. 规费
   C. 税金　　　　　　　　　　　　D. 财产保险费

40. 下列工作内容中，不属于BIM技术应用方面的是（ ）
   A. 进行管线碰撞检查　　　　　　B. 进行定向设计
   C. 进行企业人力资源管理　　　　D. 进行可视化演示

41. 某工程项目施工合同约定竣工日期为2020年6月30日，在施工中因持续下雨致甲供材料未能及时到货，使工程延误至2020年7月30日竣工。由于2020年7月1日起当地计价政策调整，导致承包人额外支付了30万元工人工资。关于增加的30万元责任承担的说法，正确的是（ ）
   A. 持续下雨属于不可抗力，造成工期延误，增加的30万元由承包人承担
   B. 发包人原因导致的工期延误，因此政策变化增加的30万元由发包人承担
   C. 增加的30万元因政策变化造成，属于承包人的责任，由承包人承担
   D. 工期延误是承包人原因，增加的30万元是政策变化造成，应由双方共同承担

42. 根据成本管理的程序，进行项目过程成本分析的紧后工作是（ ）
   A. 编制项目成本计划　　　　　　B. 进行项目成本控制
   C. 编制项目成本报告　　　　　　D. 进行项目过程成本考核

43. 关于工程质量监督的说法，正确的是（ ）
   A. 施工单位在项目开工前向监督机构申请质量监督手续
   B. 建设行政主管部门对工程质量监督的性质属于行政执法行为
   C. 建设行政主管部门质量监督的范围包括永久性和临时性建筑工程
   D. 工程质量监督指的是主管部门对工程实体质量情况实施的监督

44. 施工合同履行过程中，发包人恶意拖欠工程款所造成的风险属于施工合同风险类型中的（ ）
   A. 项目外界环境风险　　　　　　B. 管理风险
   C. 合同信用风险　　　　　　　　D. 合同工程风险

45. 下列施工进度控制措施中，属于组织措施的是（ ）
   A. 编制进度控制的工作流程　　　B. 选择适合的进度目标合同结构
   C. 编制资金使用计划　　　　　　D. 编制和论证施工方案

46. 采用定额组价的方法确定工程量清单综合单价时，第一工作是（ ）
   A. 测算人、料、机消耗量　　　　B. 计算定额子目工程量
   C. 确定人、料、机单价　　　　　D. 确定组合定额子目

47. 下列建筑工程施工质量要求中能够体现个性化的是（ ）
   A. 国家法律、法规的要求　　　　B. 质量管理体系标准的要求
   C. 施工质量验收标准的要求　　　D. 符合工程勘查、设计文件的要求

48. 项目施工成本的过程控制程序主要包括（ ）
   A. 管理控制程序和评审控制程序
   B. 管理行为控制程序和指标控制程序
   C. 管理人员激励程序和指标控制程序
   D. 管理行为控制程序和目标考核程序

49. 施工定额的研究对象是（ ）
   A. 工序　　　　　　　　　　　　B. 分项工程
   C. 分部工程　　　　　　　　　　D. 单位工程

50. 下列施工质量控制工作中，属于"PDCA"中处理环节的是（ ）
   A. 确定项目施工应达到的质量标准　　B. 按质量计划开展施工技术活动
   C. 纠正计划执行中的质量偏差　　　　D. 检查施工质量是否达到标准

51. 下列施工进度控制工作中，属于施工进度计划检查的内容是（ ）
   A. 增加施工班组人数　　　　　　B. 工程量的完成情况
   C. 根据业主指令改变工程量　　　D. 根据现场条件改进施工工艺

52. 根据《标准施工招标文件》，缺陷责任期最长不超过（ ）年。
   A. 1　　　　　　　　　　　　　　B. 2
   C. 3　　　　　　　　　　　　　　D. 4

53. 对于施工现场易塌方的基坑部位，既设防护栏杆和警示牌，又设置照明和夜间警示灯，此措施体现了安全隐患处理中的（ ）原则。
   A. 单项隐患综合处理　　　　　　B. 预防与减灾并重处理
   C. 直接隐患与间接隐患并治　　　D. 冗余安全度处理

54. 现行税法规定，建筑安装工程费用的增值税是指应计入建筑安装工程造价内的（ ）
   A. 项目应纳税所得额　　　　　　B. 增值税可抵扣进项税额
   C. 增值税销项税额　　　　　　　D. 增值税进项税额

55. 下列施工成本管理措施中，属于经济措施的是（ ）
   A. 做好施工采购计划　　　　　　B. 选用合适的合同结构
   C. 确定施工任务单管理流程　　　D. 分解成本管理目标

56. 施工生产安全事故应急预案体系由（ ）构成。
   A. 综合应急预案、单项应急预案、重点应急预案
   B. 企业应急预案、项目应急预案、人员应急预案
   C. 企业应急预案、职能部门应急预案、项目应急预案
   D. 综合应急预案、专项应急预案、现场处置方案

57. 根据《标准施工招标文件》，承包人在施工中遇到不利物质条件时，采取合理措施后继续施工，承包人可以提出（ ）等索赔。
   A. 费用和利润　　　　　　　　　B. 费用和工期
   C. 风险费和利润　　　　　　　　D. 工期和风险费

58. 根据《建筑工程施工质量验收统一标准》，对施工单位采取相应措施清除一般项目缺陷后的检验批验收，应采取的做法是（ ）
   A. 经原设计单位复核后予以验收　　B. 经检测单位鉴定后予以验收
   C. 按验收程序重新组织验收　　　　D. 按技术处理方案和协商文件进行验收

59. 某单代号网络图如下图，关于各项工作间逻辑关系的说法，正确的是（ ）

   A. E的紧前工作只有C　　　　　　B. A完成后进行B,D
   C. B的紧后工作是D,E　　　　　　D. C的紧后工作只有E

60. 某已标价工程量清单中钢筋混凝土工程的工程量是1 000 m³,综合单价是600元/m³,该分部工程招标控制价为70万元。实际施工完成合格工程量为1 500 m³。则固定单价合同下钢筋混凝土工程价款为( )万元。
   A.60.0 B.65.0
   C.70.0 D.90.0

61. 混凝土预制构件出厂时的混凝土强度不宜低于设计混凝土强度等级值的 ( )
   A.50% B.65%
   C.75% D.90%

62. 某工程发生的质量事故导致2人死亡,直接经济损失4 500万元,则质量事故等级是 ( )
   A.一般事故 B.重大事故
   C.特别重大事故 D.较大事故

63. 施工质量事故的处理工作包括:①事故调查;②事故处理;③事故原因分析;④制定事故处理方案。仅就上述工作而言,正确的顺序是 ( )
   A.①→③→④→② B.①→②→③→④
   C.①→③→②→④ D.③→①→④→②

64. 施工企业在安全生产许可证有效期内严格遵守有关安全生产的法律法规,未发生死亡事故的,安全生产许可证期满时,经原安全生产许可证的颁发管理机关同意,可不经审查延长有效期( )年。
   A.1 B.2
   C.3 D.5

65. 下列施工现场文明施工措施中,属于组织措施的是 ( )
   A.现场按规定设置标志牌 B.结构外脚手架设置安全网
   C.建立各级文明施工岗位责任制 D.工地设置符合规定的围挡

66. 根据《环境管理体系 要求及使用指南》,下列环境因素中,属于外部存在的是 ( )
   A.组织的全体职工 B.影响人类生存的各种自然因素
   C.组织的管理团队 D.静态组织结构

67. 根据《标准施工招标文件》,与当地公安部门协商施工现场建立联防组织的主体是 ( )
   A.承包人 B.监理人
   C.项目所在地街道 D.发包人

68. 施工项目综合成本分析的基础是 ( )
   A.分部分项工程成本分析 B.月度成本分析
   C.年度成本分析 D.单位工程成本分析

69. 政府质量监督机构参加工程竣工验收会议的目的是 ( )
   A.签发工程竣工验收意见 B.对工程实体质量进行检查验收
   C.检查核实有关工程质量的文件和资料 D.对验收的组织形式、程序等进行监督

70. 网络计划中,某项工作的最早开始时间是第4天,持续2天,两项紧后工作的最迟开始时间是第9天和第11天,该项工作的最迟开始时间是第( )天。
   A.6 B.7
   C.8 D.9

二、多项选择题(共25题,每题2分。每题的备选项中,有2个或2个以上符合题意,至少有1个错项。错选,本题不得分;少选,所选的每个选项得0.5分)

71. 下列施工成本管理措施中,属于技术措施的有 ( )
   A.加强施工任务单管理 B.确定最佳的施工方案
   C.进行材料使用的比选 D.使用先进的机械设备
   E.加强施工调度

72. 根据《标准施工招标文件》,关于工期调整的说法,正确的有 ( )
   A.监理人认为承包人的施工进度不能满足合同工期要求,承包人应采取措施,增加费用由发包人承担
   B.出现合同条款规定的异常恶劣气候导致工期延误,承包人有权要求发包人延长工期
   C.承包人提前竣工建议被采纳的,由承包人自行采取加快工程进度的措施,发包人承担相应费用
   D.发包人要求承包人提前竣工的,应承担由此增加的费用,并根据合同条款约定支付奖金
   E.在合同履行过程中,发包人改变某项工作的质量特性,承包人有权要求延长工期

73. 关于施工质量控制责任的说法,正确的有 ( )
   A.项目经理可以不参加地基基础、主体结构等分部工程的验收
   B.项目经理负责组织编制、论证和实施危险性较大分部分项工程专项施工方案
   C.质量终身责任是指参与工程建设的项目负责人在工程施工期限内对工程质量承担相应责任
   D.项目经理必须组织对进入现场的建筑材料、构配件、设备、预拌混凝土等进行检验
   E.发生工程质量事故,县级以上地方人民政府住房和城乡建设主管部门应追究项目负责人的质量终身责任

74. 根据《建筑施工组织设计规范》,施工组织设计按编制对象可分为 ( )
   A.施工组织总设计 B.单位工程施工组织设计
   C.生产用施工组织设计 D.投标用施工组织设计
   E.分部工程施工组织设计

75. 下列施工费用中,属于施工机具使用费用的有 ( )
   A.塔吊进入施工现场的费用 B.挖掘机施工作业消耗的燃料费用
   C.压路机司机的工资 D.通勤车辆的过路过桥费
   E.土方运输汽车的年检费

76. 根据《建设工程项目管理规范》,项目管理目标责任书的内容宜包括 ( )
   A.项目合同文件 B.项目管理实施目标
   C.项目管理机构应承担的风险 D.项目管理规划大纲
   E.项目管理效果和目标实现的评价原则、内容和方法

77. 施工方根据项目特点和施工进度控制的需要,编制的施工进度计划有 ( )
   A.主体结构施工进度计划 B.安装工程施工进度计划
   C.建设项目总进度纲要 D.资源需求计划
   E.旬施工作业计划

78. 根据《建设工程施工合同(示范文本)》,关于施工企业项目经理的说法,正确的有（ ）
  A. 承包人需要更换项目经理的,应提前14天书面通知发包人和监理人,并征得发包人书面同意
  B. 承包人应在接到发包人更换项目经理的14天内向发包人提出书面改进报告
  C. 发包人收到承包人书面改进报告后仍要求更换项目经理的,承包人应在接到第二次更换通知的28天内进行更换
  D. 紧急情况下为确保施工安全,项目经理在采取必要措施后,应在48小时内向专业监理工程师提交书面报告
  E. 项目经理因特殊情况授权给下属人员时,应提前14天将授权人员的相关信息通知监理人

79. 对施工特种作业人员安全教育的管理要求有（ ）
  A. 特种作业操作证每5年复审一次
  B. 培训和考核的重点是安全技术基础知识
  C. 上岗作业前必须进行专门的安全技术培训
  D. 培训考核合格取得操作证后才可独立作业
  E. 特种作业操作证的复审时间可有条件延长至每6年一次

80. 采用变动总价合同时,对于建设周期2年以上的工程项目,需考虑引起价格变化的因素有（ ）
  A. 承包人用工制度的变化
  B. 劳务工资以及用工材料的上涨
  C. 燃料费及电力价格的变化
  D. 外汇汇率的波动
  E. 法规变化引起的工程费用的上涨

81. 建设行政主管部门对工程质量监督的内容包括（ ）
  A. 抽查质量检测单位的工程质量行为
  B. 抽查工程质量责任主体的工程质量行为
  C. 参与工程质量事故的调查处理
  D. 监督工程竣工验收
  E. 审核工程建设标准的完整性

82.《环境管理体系 要求及使用指南》中,应对风险和机遇的措施部分包括的内容有（ ）
  A. 总则
  B. 环境目标
  C. 环境因素
  D. 合规义务
  E. 措施的策划

83. 根据《标准施工招标文件》,关于承包人索赔程序的说法,正确的有（ ）
  A. 应在索赔事件发生后28天内,向监理人递交索赔意向通知书
  B. 应在发出索赔意向通知书28天内,向监理人正式递交索赔通知书
  C. 有连续影响的,应在递交延续索赔通知书28天内与发包人谈判确定当期索赔的额度
  D. 索赔事件具有连续影响的,应按合理时间间隔继续递交延续索赔通知
  E. 有连续影响的,应在索赔事件影响结束后的28天内,向监理人递交最终索赔通知书

84. 下列图表中,属于组织工具的有（ ）
  A. 项目结构图
  B. 因果分析图
  C. 工作任务分工表
  D. 工作流程图
  E. 管理职能分工表

85. 根据《建设工程施工合同(示范文本)》,关于不可抗力后果承担的说法,正确的有（ ）
  A. 承包人在施工现场的人员伤亡损失由承包人承担
  B. 永久工程损失由发包人承担
  C. 承包人施工机械损失由承包人承担
  D. 发包人在施工现场的人员伤亡损失由发包人承担
  E. 承包人在停工期间按照发包人要求照管工程的费用由发包人承担

86. 根据《质量管理体系 基础和术语》,施工企业质量管理应遵循的原则有（ ）
  A. 过程方法
  B. 以内控体系为关注焦点
  C. 循证决策
  D. 全员积极参与
  E. 领导作用

87. 施工现场生产安全事故调查报告应包括的内容有（ ）
  A. 事故发生单位概况
  B. 事故发生的原因和事故性质
  C. 对事故责任者处理决定
  D. 事故责任的认定
  E. 事故发生的经过和救援情况

88. 下列机械消耗时间中,属于施工机械时间定额组成的有（ ）
  A. 不可避免的中断时间
  B. 正常负荷下的工作时间
  C. 不可避免的无负荷工作时间
  D. 机械故障的维修时间
  E. 降低负荷下的工作时间

89. 施工质量事故调查报告的主要内容包括（ ）
  A. 事故处理结论
  B. 工程项目和参建单位概况
  C. 事故基本情况
  D. 事故发生后采取的应急防护措施
  E. 事故处理方案

90. 施工总承包管理模式与施工总承包模式相同的方面有（ ）
  A. 工作开展程序
  B. 合同关系
  C. 总包单位承担的责任和义务
  D. 对分包单位的管理和服务
  E. 合同计价方式

91. 根据《建设工程文件归档规范》,建设工程文件应包括（ ）
  A. 工程准备阶段文件
  B. 监理文件
  C. 施工文件
  D. 竣工图和竣工验收文件
  E. 前期投资策划文件

92. 在施工过程中,引起工程变更的原因有（ ）
  A. 发包人修改项目计划
  B. 总承包人改变施工方案
  C. 设计错误导致图纸修改
  D. 工程环境变化
  E. 政府部门提出新的环保要求

93. 编制控制性施工进度计划的目的有（ ）
  A. 对施工进度目标进行再论证
  B. 确定施工的总体部署
  C. 对进度目标进行分解
  D. 确定控制节点的进度目标
  E. 确定施工机械的需求

94. 项目实施阶段的总进度包括( )工作进度。
A. 设计
B. 招标
C. 可行性研究
D. 工程物资采购
E. 工程施工

95. 某双代号网络计划如下图,关键线路有( )

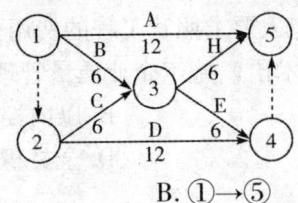

A. ②→③→⑤
B. ①→⑤
C. ①→③→④
D. ②→③→④
E. ①→③→⑤

参考答案及解析

一、单项选择题

1. A 【解析】工程建设项目生命周期包括决策阶段、实施阶段和使用阶段。其中,决策阶段管理工作的主要任务是确定项目的定义,实施阶段管理工作的主要任务是实现项目的目标。【此知识点已删去】

2. A 【解析】施工总承包管理模式下,分包单位通常是由业主通过招标的形式来确定,分包管理方一般只承担项目的管理工作,也可以通过竞标的方式承包部分施工任务。因此,分包合同一般由业主直接与分包单位签订。

3. D 【解析】工作流程图是反映组织系统中各项工作之间逻辑关系的组织工具。工作流程图中,工作用矩形框表示,判别条件用菱形框表示,工作之间的逻辑关系用单向箭线表示,工作执行者和工作可以用两个矩形框分列表示。【此知识点已删去】

4. B 【解析】根据《建设工程施工合同(示范文本)》,安全文明施工费由发包人承担,发包人不得以任何形式扣减该部分费用。因基准日期后合同所适用的法律或政府有关规定发生变化,增加的安全文明施工费由发包人承担。承包人经发包人同意采取合同约定以外的安全措施所产生的费用,由发包人承担。未经发包人同意的,如果该措施避免了发包人的损失,发包人承担该措施费的额度不得超过发包人的损失;如果该措施避免了承包人的损失,由承包人承担该措施费。除专用合同条款另有约定外,发包人应在开工后28天内预付安全文明施工费总额的50%,其余部分与进度款同期支付。发包人逾期支付安全文明施工费超过7天的,承包人有权向发包人发出要求预付的催告通知,发包人收到通知后7天内仍未支付的,承包人有权暂停施工,并按发包人违约的情形执行。承包人应在财务账目中单独列项备查,不得挪作他用,否则发包人有权责令其限期改正;逾期未改正的,可以责令其暂停施工,由此增加的费用和(或)延误的工期由承包人承担。【选项B、C已知识点已删去】

5. A 【解析】业主方进度控制的任务包括控制设计前的准备阶段、设计阶段、施工阶段、物资采购阶段和项目动用前的准备阶段的工作进度,即控制工程项目实施阶段全过程的进度。选项B、C、D属于设计方的进度控制任务。【此知识点已删去】

6. A 【解析】根据《生产安全事故应急预案管理办法》,生产经营单位应当制定本单位的应急演练计划,根据本单位的事故风险特点,每年至少组织1次综合应急预案演练或者专项应急预案演练,每半年至少组织1次现场处置方案演练。易燃易爆物品、危险化学品等危险物品的生产、经营、储存单位,矿山、金属冶炼单位、城市轨道交通运营、建筑施工单位,以及宾馆、商场、娱乐场所、旅游景区等人员密集场所经营单位,应当至少每半年组织1次生产安全事故应急预案演练,并将演练情况报送至所在地县级以上地方人民政府负有安全生产监督管理职责的部门。

7. C 【解析】承包人应在知道或应当知道索赔事件发生后28天内,向监理人递交索赔意向通知书,并说明发生索赔事件的事由。承包人未在前述28天内发出索赔意向通知书的,丧失要求追加付款和(或)延长工期的权利。承包人应在发出索赔意向通知书后28天内,向监理人正式递交索赔报告。索赔报告应详细说明索赔理由以及要求追加的付款金额和(或)延长的工期,并附必要的记录和证明材料;索赔事件具有持续影响的,应按合理时间间隔继续递交延续索赔通知,说明持续影响的实际情况和记录,列出累计的追加付款金额和(或)工期延长天数。在索赔事件影响结束后28天内,承包人应向监理人递交最终索赔报告,说明最终要求索赔的追加付款金额和(或)工期,并附必要的记录和证明材料。

8. C 【解析】质量管理体系认证是指由取得质量管理体系认证资格的,并在认证范围内取得相应认可的第三方认证机构,依据正式发布的质量管理体系标准,对企业质量管理体系进行实施评定。

9. C 【解析】职能组织结构是一种传统的组织结构模式,每一个职能部门可设置上级部门,这些下属部门可以接受其直接上级部门的指令,也可以接受其直接上级部门同级职能部门的指令。

10. B 【解析】施工组织总设计的编制程序为:(1)收集和熟悉资料,调查研究项目特点和施工条件。(2)进行主要工种工程的工程量计算。(3)进行施工总体部署的确定。(4)进行施工方案的拟定。(5)进行施工总进度计划的编制。(6)进行各项资源需求计划的编制。(7)进行总体施工准备工作计划的编制。(8)进行施工总平面图的设计。(9)进行主要技术经济指标的计算。【此知识点已删去】

11. C 【解析】第一类危险源又称根源危险源,指生产过程中存在的可能意外释放的能源、能量载体或危险物质,可能发生意外释放的能量(能源或能量载体)或危险物质。简言之,即危险物本身,选项中只有选项C符合条件。中的发电机,行驶中的车辆,有毒、有害、可燃易爆等危险物品,生产、加工、贮存危险物质的装置、设备、场所等都属于第一类危险源。

12. B 【解析】施工平行发承包模式是指发包人将建设工程的设计、施工以及材料设备采购的任务分解后分别发包给若干个设计单位、施工单位和材料设备供应单位,并分别与各方签订合同的发承包模式。平行发承包模式下合同关系可参考下图。【此知识点已删去】

(图:业主与设计单位A、B,施工单位X、Y、Z,材料供应单位P、Q、M的关系图)

13. A 【解析】不同施工成本实际值相对应的计划值是不同的,如相对于实际施工成本而言,施工成本规划的成本值为计划值;相对于工程合同价而言,投标价为计划值;相对于工程合同价而言,工程款支付属于实际值。【此知识点已删去】

14. A 【解析】项目目标动态控制的核心是定期对比目标值与实际值并及时进行纠偏。通常事前的主动控制措施就是提前对可能的影响因素进行分析,对出现的可能导致目标偏离的影响因素及时采取措施进行预防。

15. D 【解析】取得建造师注册证书的人员是否担任工程项目的项目经理由企业自主决定。故选项A错误。项目经理岗位是保证工程项目进度、安全以及质量的重要岗位,在实施建造师执业资格制度后依旧要实行项目经理岗位责任制。故选项B错误。建造师是专业人士的名称,而项目经理是工作岗位的名称。故选项C错误。【此知识点已删去】

16. D 【解析】根据《建设工程项目管理规范》,项目管理目标责任书应在项目实施之前,由组织法定代表人或其授权人与项目管理机构负责人协商制定。项目管理目标责任书的系统性管理文件,其内容应符合组织制度要求和项目自身特点。【此知识点已删去】

17. A 【解析】建设工程项目总进度目标论证的工作步骤为:(1)调查研究、收集资料。(2)对项目结构进行分析。(3)进度计划系统结构分析。(4)编码项目工作。(5)进行各层进度计划的编制。(6)协调各层关系,编制总进度计划。(7)进度计划不符合进度目标时,进行调整。(8)调整后的进度计划无法实现目标时,报告决策者。

18. C 【解析】根据《建设工程工程量清单计价规范》,投标总价应当与分部分项工程费、措施项目费、其他项目费和规费、税金的合计金额一致。即投标人在投标报价时,不能进行投标总价优惠(或降价、让利),投标人对招标人的任何优惠(或降价、让利)均应反映在相应清单项目的综合单价中。规费和税金必须按国家或省级、行业建设主管部门的规定计算,不得作为竞争性费用。若采用不同的发承包模式,工程项目投标报价的费用内容以及计算深度会直接受到影响。【此知识点已删去】

19. A 【解析】线路是指网络图中从起始节点开始,沿箭线方向连续通过一系列箭线(或虚箭线)与节点,最后到达终点节点所经过的通路。一般情况下,网络图中有多条线路,可依次用该线路上的节点代号来表示。

20. B 【解析】编制人工定额时,对于同类型产品规格多、工序重复、工作量小的施工过程,宜采用比较类推法。此方法是以典型零件、工序的工时定额为依据,经过对比分析推算出同类零件或工序定额的方法。新产品试制或单件小批量生产多采用这种方法。

21. D 【解析】根据《企业会计准则第15号——建造合同》,合同的直接费用应当包括下列内容:(1)耗用的材料费用。(2)耗用的人工费用。(3)耗用的机械使用费。(4)其他直接费用,指其他可以计入合同成本的费用。间接费用是指企业为组织和管理施工生产活动所发生的费用。选项A、B应计入直接材料费,选项C可计入其他直接费用。【此知识点已删去】

22. B 【解析】在施工现场,禁止焚烧有毒有害材料,如沥青、油毡、建筑垃圾等。有毒有害的废弃物禁止用作土方回填,避免造成水源污染。泥浆水属于建筑污水,未经处理的污水禁止直接排入城市管道,可通过沉淀池沉淀后再排入城市排水管道。故选项D正确。【此知识点已删去】

23. A 【解析】根据《建设工程监理规范》,监理规划编制应遵循下列程序:(1)总监理工程师主持监理工程师编制。(2)总监理工程师签字后由工程监理单位技术负责人审批。【此知识点已删去】

24. C 【解析】根据工程的规模、技术要求以及对合同的估计,所涉及的风险等,发承包双方通过合同约定来确定一笔固定金额的报酬作为管理费及利润,对人工、材料等的直接成本实报实销。当设计变更或增加新项目导致直接费超过预估基准的一定比例时,合同中事先规定的报酬金也要随之增加,此种形式属于成本加固定费用合同。该合同模式可对承包商的工作起到激励作用。【此知识点已删去】

25. B 【解析】质量管理体系文件是企业进行质量管理的基础,主要包括质量手册、质量计划、程序文件和质量记录等。其中,质量手册为纲领性文件,程序文件是质量手册的支持性文件,质量计划为质量手册的细化,质量记录为质量活动进行及结果的客观反映。

26. C 【解析】施工成本计划按其作用可分为竞争性成本计划、指导性成本计划与实施性成本计划。竞争性成本计划是估算成本计划,以招标文件中的合同条件、投标者须知、技术规程、设计图纸和工程量清单等为依据编制;指导性成本计划是预算成本计划,以合同价为依据编制;实施性成本计划是施工预算成本计划,以施工预算为主要依据编制。【此知识点已删去】

27. A 【解析】某项工作的自由时差等于其紧后工作的最早开始时间(最小值)减去本工作的最早完成时间,也可以用其紧后工作的最早开始时间(最小值)减去本工作的最早开始时间再减去本工作的持续时间为 2+4=6(天),其自由时差为 8-6=2(天)。

28. B 【解析】根据《建设工程施工劳务分包合同(示范文本)》,劳务分包人主要的义务包括:严格按照设计图纸、施工质量验收规范、有关技术要求及施工组织设计精心组织施工,保证工程质量达到约定的标准;科学安排作业计划,投入足够的人力、物力,保证工期;加强安全教育,认真执行安全技术规范,严格遵守安全制度,落实安全措施,确保施工安全;加强现场管理,执行建设主管部门和环保、消防、环卫有关部门对施工现场的管理规定,做到文明施工;承担由于自身责任造成的质量修改、返工、工期拖延、安全事故、现场脏乱造成的损失及各种罚款。

29. A 【解析】招标人对已发出的招标文件进行必要的澄清或者修改的,应当在招标文件要求提交投标文件截止时间至少15日前,以书面形式直接通知所有招标文件收受人。该澄清或者修改的内容为招标文件的组成部分,与已发出的招标文件具有同等的效力。招标人对招标文件的澄清和修改可只发给潜在的投标人,不需要公布。

30. A 【解析】根据《职业健康安全管理体系 要求及使用指南》,管理评审是最高管理者按策划的时间间隔对组织的职业健康安全管理体系进行评价,以确保其持续的适宜性、充分性和有效性。

31. C 【解析】在施工阶段,项目监理机构进度控制的主要任务有:(1) 监督施工单位严格按照合同约定的工期组织施工。(2) 对施工进度计划进行审查,核查调整的施工进度计划。(3) 建立工程的进度台账,按时向业主汇报相关情况。【此知识点已删去】

32. B 【解析】根据《建设工程施工合同(示范文本)》,发包人累计扣留的质量保证金不得超过工程价款结算总额的 3%。承包人在签发工程款付款证书后28天内提交质量保证金保函,发包人应同时退还此扣留的作为质量保证金的工程价款;保函金额不得超过工程价款结算总额的 3%。

33. A 【解析】根据《标准施工招标文件》,在履行合同过程中,经发包人同意,监理人可按约定的变更程序向承包人作出变更指示,承包人应遵照执行。没有监理人的变更指示,承包人不得擅自变更。【此知识点已变更】

34. C 【解析】因承包人原因造成的实际进展与合同预计的情况不符均应由发包人索赔。故选项A错误。承包人的预测不一定都客观正确,选项B太过绝对。对于不可抗力因素引起承包人工期和费用变化的事件,仍可以提起索赔。故选项D错误。

35. C 【解析】根据《建设工程项目管理规范》,风险等级评估是通过风险因素形成风险概率的估计和发生风险损失量或效益水平的估计进行的。风险损失量或效益水平的估计包括下列内容:(1) 工期损失(工期缩短)的估计。(2) 费用损失(利润提升)的估计。(3) 对工程的质量、功能、使用效果(质量、安全、环境)方面的影响。(4) 其他影响。【此知识点已删去】

36. D 【解析】施工质量管理环境因素主要是指施工单位质量管理体系、质量管理制度和各参建施工单位之间的协调等因素。选项A,B,C都属于施工作业环境因素。

37. A 【解析】施工现场质量检查的试验法主要包括理化试验和无损试验。其中,理化试验包括物理力学性能检验和化学成分及其含量的测定。试验法需要在专门的实验室里进行,而实测法和目测法不需要在施工现场就可进行。选项B,C,D 宜采用实测法进行检查。【此知识点已变更】

38. B 【解析】实施性施工进度计划属于具体施工组织作业文件,用于直接指导施工作业。实施性施工进度计划的类型有月度(旬)进度计划和分部分项工程进度计划,其作用是明确施工作业的具体安排,并确定相应时间段内人、材、机的数量及费用。【此知识点已删去】

39. A 【解析】根据《建筑安装工程费用项目组成》,企业管理费是指建筑安装企业组织施工生产和经营管理所需的费用,内容包括:(1) 管理人员工资。(2) 办公费。(3) 差旅交通费。(4) 固定资产使用费。(5) 工具用具使用费。(6) 劳动保险和职工福利费。(7) 劳动保护费。(8) 检验试验费。(9) 工会经费。(10) 职工教育经费。(11) 财产保险费。(12) 财务费。(13) 税金。(14) 其他。其中,财务费是指企业为施工生产筹集资金或提供预付款担保、履约担保、职工工资支付担保等所发生的各种费用。【此知识点已删去】

40. C 【解析】BIM是一种可以用于设计、建造、管理的数字化方法,是数字信息的应用。BIM技术有五大特点:可视化、协调性、模拟性、优化性和可出图性。选项A属于BIM技术应用的协调性;选项B属于BIM技术应用的模拟性;选项D属于BIM技术应用的可视化。

41. B 【解析】由于发包人原因引起的暂停施工造成工期延误,承包人有权要求发包人延长工期和(或)增加费用,并支付合理利润。甲供材料未能及时到对工程形象进度,按时向业主汇报所造成的费用应由发包人承担。【此知识点已删去】

42. D 【解析】项目成本管理应按照下列程序进行:(1) 掌握生产要素的价格信息。(2) 确定项目合同价。(3) 编制成本计划,确定成本实施目标。(4) 进行成本控制。(5) 进行项目过程成本分析。(6) 进行项目过程成本考核。(7) 编制项目成本报告。(8) 项目成本管理资料归档。【此知识点已删去】

43. B 【解析】工程质量监督是建设行政主管部门及其委托的工程质量监督机构根据国家的法律、法规和工程建设强制性标准,对责任主体和有关机构履行质量责任的行为以及工程实体质量进行监督检查、维护公众利益的行政执法行为。【此知识点已删去】

44. C 【解析】合同信用风险是指合同当事人主观原因导致的,如业主经常改变设计、施工方案、场地提供、支付能力,承包商施工能力不足,偷工减料、以次充好,合同履行不积极等。

45. A 【解析】施工进度控制的主要措施包括组织措施、经济措施、管理措施和技术措施。其中,组织措施主要是针对人员安排与协调、进度计划、工作流程而实施的措施。选项B为管理措施;选项C为经济措施;选项D为技术措施。【此知识点已变更】

46. D 【解析】综合单价的确定通常采用定额组价的方法,分为以下步骤:(1) 进行组合定额子目。(2) 进行定额子目工程量的计算。(3) 进行人、料、机消耗量的测算。(4) 进行人、料、机单价的确定。(5) 进行清单项目人、料、机费的计算。(6) 进行清单项目管理费和利润的计算。(7) 进行清单项目综合单价的计算。

47. D 【解析】建筑工程施工质量验收合格应符合工程勘察、设计文件的要求和《建筑工程施工质量验收统一标准》和相关专业验收规范的规定。其中,符合工程勘察、设计文件的要求可归结为"按图施工",体现了对每个工程项目的个性化要求。【此知识点已删去】

48. B 【解析】施工成本控制的程序包括管理行为程序和指标控制程序两类。管理行为程序是施工成本控制的基础,指标控制程序是施工成本控制的关键。在实施过程中,管理行为程序与指标控制程序是相互交叉、相互制约又相互联系的。

49. A 【解析】施工定额是以同一性质的施工过程(工序)为测定对象,表示某一施工过程中的人工、主要材料和机械消耗量。施工定额属于企业定额的性质,是企业内部经济核算的依据,也是编制预算定额的基础。

50. C 【解析】PDCA过程主要包括:(1) 计划(P),制定目标、方针和行动方案。(2) 实施(D),实施上一步的计划。(3) 检查(C),对照计划检查实施活动的执行情况。(4) 处理(A),在上一步的基础上实施纠偏措施。PDCA的核心是周而复始的运转,使质量整体呈螺旋式上升的状态。【此知识点已删去】

51. B 【解析】工程量施工计划检查的内容包括:(1) 各工程的完成情况。(2) 各工作的执行情况。(3) 资源使用情况及进度的保证情况。(4) 上次检查提出问题的整改情况。【此知识点已删去】

52. D 【解析】根据《标准施工招标文件》,缺陷责任期自实际竣工日期起计算。在全部工程竣工验收前,已经发包人提前验收的单位工程,其缺陷责任期的起算日期相应提前。由于承包人原因造成某项缺陷或损坏使某项工程或工程设备不能按原定目标使用而需要再次检查、检验和修复的,发包人有权要求承包人相应延长缺陷责任期,但缺陷责任期最长不超过2年。

53. C 【解析】建设工程安全隐患的处理原则包括:动态处理原则(发现问题及时治理)、单项隐患综合处理原则(事故发生后,人、料、机、法、环多角度整改,强调整改)、冗余安全处理原则(设置多道防线、强调并治)、预防与减灾并重处理原则。本题中的处理原则属于冗余安全度处理原则。【此知识点已删去】

54. C 【解析】增值税销项税额是指纳税人销售货物或者提供应税服务、应税劳务,按税率规定税率计算并向购买方收取的增值税。建筑安装工程费用的增值税是指国家税法规定应计入建筑安装工程造价内的增值税销项税额。【此知识点已删去】

55. D 【解析】施工成本管理的措施有组织措施、经济措施、技术措施和合同措施。其中,经济措施包括项目管理人员资金使用计划,对成本管理目标进行确定、分解,制定风险防范对策,落实业主签证并结算工程款,做好变更的增减账,可能产生的成本偏差制定预防措施等。

56. D 【解析】根据《生产安全事故应急预案管理办法》,生产经营单位应急预案分为综合应急预案、专项应急预案和现场处置方案。综合应急预案,是指生产经营单位应对各种生产安全事故而制定的综合性工作方案,是本单位应对生产安全事故的总体工作程序、措施和应急预案体系的总纲。专项应急预案,是指生产经营单位为应对某一种或者多种类型生产安全事故,或者针对重要生产设施、重大危险源、重大活动防止生产安全事故而制定的专项性工作方案。现场处置方案,是指生产经营单位根据不同生产安全事故类型,针对具体场所、装置或者设施所制定的应急处置方案。

57. B 【解析】根据《标准施工招标文件》,承包人遇到不利物质条件时,应采取适应不利物质条件的合理措施继续施工,并及时通知监理人。监理人应当及时发出指示,指示构成变更的,按约定办理。监理人没有发出指示,承包人因采取合理措施而增加的费用和(或)工期延误,由发包人承担。

58. C 【解析】根据《建筑工程施工质量验收统一标准》,当建筑工程施工质量不符合要求时,应按下列规定进行处理:(1) 经返工或返修的检验批,应重新进行验收。(2) 经有资质的检测机构检测鉴定能够达到设计要求的检验批,应予以验收。(3) 经有资质的检测机构检测鉴定达不到设计要求,但经原设计单位核算认可能够满足安全和使用功能的检验批,可予以验收。(4) 经返修或加固处理的分项、分部工程,满足安全及使用功能要求时,可按技术处理方案和协商文件的要求予以验收。

59. A 【解析】紧前工作是指紧排在本工作之前的工作。紧后工作是指紧排在本工作之后的工作。根据题干,工作A完成后进行的有工作B和工作C。故选项B错误。工作B的紧后工作是工作D。故选项C错误。工作C的紧后工作有工作D和工作E。故选项D错误。

60. B 【解析】采用固定单价合同时,实际工程款的支付额等于实际完成工程量乘以合同单价。本题中钢筋混凝土工程价款=1 500×600=90(万元)。

61. C 【解析】预制构件制作前,应依据设计要求和使用工况性能要求进行混凝土配合比设计。采用预拌混凝土时,搅拌站(楼)提供的配合比应报监理单位审批后使用。混凝土预制构件出厂时的混凝土强度不宜低于设计混凝土强度等级值的75%。

62. D 【解析】根据《生产安全事故报告和调查处理条例》,根据生产安全事故(以下简称事故)造成的人员伤亡或者直接经济损失,事故一般分为以下等级:(1) 特别重大事故,是指造成30人以上死亡,或者100人以上重伤(包括急性工业中毒,下同),或者1亿元以上直接经济损失的事故。(2) 重大事故,是指造成10人以上30人以下死亡,或者50人以上100人以下重伤,或者5 000万元以上1亿元以下直接经济损失的事故。(3) 较大事故,是指造成3人以上10人以下死亡,或者10人以上50人以下重伤,或者1 000万元以上5 000万元以下直接经济损失的事故。(4) 一般事故,是指造成3人以下死亡,或者10人以下重伤,或者1 000万元以下直接经济损失的事故。上述所称的"以上"包括本数,所称的"以下"不包括本数。

63. 【解析】施工质量事故处理程序:事故调查→分析事故原因→制定事故处理技术方案→进行事

64. C 【解析】根据《安全生产许可证条例》，安全生产许可证的有效期为3年。安全生产许可证有效期满需要延期的，企业应当于期满前3个月向原安全生产许可证颁发管理机关办理延期手续。企业在安全生产许可证有效期内，严格遵守有关安全生产的法律法规，未发生死亡事故，安全生产许可证有效期届满时，经原安全生产许可证颁发管理机关同意，不再审查，安全生产许可证有效期延期3年。【此知识点已变更】

65. C 【解析】文明施工的组织措施包括建立管理组织和健全管理制度。建立管理组织是指成立施工现场内的文明施工管理小组，由项目经理为第一责任人，建立现场文明施工责任区制度。健全管理制度是指建立施工现场各级文明施工岗位责任制以及定期检查制度，加强对文明施工的培训教育等。【此知识点已删去】

66. B 【解析】根据《环境管理体系 要求及使用指南》，环境是指组织运行活动的外部存在，包括空气、水、土地、自然资源、植物、动物、人，以及它们之间的相互关系。环境的主体是组织的外部，其外部存在是指人类认识到的、直接或间接影响人类生存的各种自然因素及它们之间的相互关系。【此知识点已删去】

67. D 【解析】根据《标准施工招标文件》，除合同另有约定外，发包人应与当地公安部门协商，在现场建立治安管理机构或群防组织，统一管理施工场地的治安保卫事项，履行合同工程的治安保卫职责。【此知识点已删去】

68. A 【解析】施工项目进行综合成本分析时，其分析的基础是分部分项工程成本分析，分析的对象是已完成的分部分项工程。

69. D 【解析】在竣工验收前，政府监督机构主要是核查在质量检查中提出问题的整改情况；在竣工验收时，政府监督机构参加竣工验收的会议主要是对工程竣工验收的组织形式以及验收的程序进行监督。

70. B 【解析】该工作的最迟开始时间=各紧后工作最早开始时间的最小值 - 该工作的持续时间，故该工作的最迟开始时间=9-2=7(天)。

二、多项选择题

71. BCD 【解析】施工成本管理的措施有组织措施、经济措施、技术措施、合同措施。其中，技术措施包括确定施工和机械设备使用方案、应用先进的技术和设备、运用新材料、运用技术经济分析以选择最佳施工方案、结合施工方法进行对使用的材料进行比选。选项A，E都属于组织措施。【此知识点已删去】

72. BDE 【解析】由于承包人原因，未能按合同进度计划完成工作，或承包人工人工程进度不能满足合同工期要求的，承包人应采取措施加快进度，并承担加快进度所增加的费用。故选项A错误。发包人要求承包人提前竣工，或提出加快进度的建议，经发包人与承包人带双方协商一致的，应由发包人与承包人共同协商采取加快工程进度的措施和修订合同进度计划。发包人应承担承包人由此增加的费用，并向承包人支付专用合同条款约定的相应奖金。故选项C错误。

73. BDE 【解析】项目经理必须组织做好隐蔽工程的验收工作，参加地基基础、主体结构等分部分项验收，参加单位工程和工程竣工验收；必须在验收文件上签字，不得签署虚假文件。故选项A错误。

74. ABE 【解析】施工组织设计按编制对象，可分为施工组织总设计、单位工程施工组织设计和分部分项工程施工组织设计。

75. BCE 【解析】根据《建筑安装工程费用项目组成》，施工机具使用费是指施工作业所发生的施工机械、仪器仪表使用费或其租赁费。施工机械使用费包括：折旧费、检修费、维护费、安拆费及场外运费、人工费、燃料动力费、税费。选项B属于燃料动力费；选项D属于人工费；选项E属于税费。【此知识点已删去】

76. BCE 【解析】根据《建设工程项目管理规范》，项目管理目标责任书宜包括下列内容：(1)项目管理实施目标。(2)组织和项目管理机构职责、权限和利益的划分。(3)项目现场质量、安全、环保、文明、职业健康和社会责任目标。(4)项目设计、采购、施工、试运行管理的内容和要求。(5)项目所需资源的获取和核算办法。(6)法定代表人向项目管理机构负责人委托的有关事项。(7)项目管理机构负责人和项目管理机构应承担的风险。(8)项目应急事项和突发事件处理的原则和方法。(9)项目管理效果和目标实现的评价标准、内容和方法。(10)项目实施过程中相关责任和问题的认定和处理原则。(11)项目完成后对项目管理机构负责人的奖惩依据、标准和办法。(12)项目管理机构解职和项目管理机构解体的条件和方法。(13)缺陷责任期、质量保修期及之后对项目管理机构负责人的相关要求。选项A，D为项目管理目标责任书编制依据。【此知识点已删去】

77. ABE 【解析】根据项目特点和建设的需要，施工方编制的施工进度计划包括整个项目施工总进度方案、施工总进度规划、施工总进度计划、子项目施工进度计划、单体工程施工进度计划、项目施工的年度施工进度计划、项目施工的季度施工进度计划、项目施工的月度施工进度计划和旬施工作业计划。主体结构施工进度计划和安装工程施工进度计划属于单体工程施工进度计划。故选项A，B，E正确。【此知识点已删去】

78. ABC 【解析】根据《建设工程施工合同(示范文本)》，项目经理按合同约定组织工程实施。在紧急情况下为确保施工安全和人员安全，在无法与发包人代表和总监理工程师及时取得联系情况下，项目经理有权采取必要的措施保证与工程有关的人身、财产和工程的安全，但应在48小时内向发包人代表和总监理工程师提交书面报告。项目经理因特殊情况授权其下属人员履行其某项工作职责的，该下属人员应具备履行相应职责的能力，并应提前7天将上述人员的姓名和授权范围书面通知监理人，并征得发包人书面同意。【选项B，C，D，E知识点已变更】

79. CDE 【解析】特种作业人员上岗前，必须进行专门的安全技术和操作技能的培训教育。培训考核的重点是提高其安全技术、操作技能以及预防事故的实际能力。安全技术培训并考核合格，取得《特种作业操作证》后，方可上岗作业。特种作业操作证每3年复审1次。特种作业人员在特种作业操作证有效期内，连续从事本工种10年以上的，经原考核发证机关或者从业所在地考

核发证机关同意，特种作业操作证的复审时间可以延长至每6年1次。

80. BCDE 【解析】对建设周期一年半以上的项目，应考虑下列因素引起的价格变化问题：(1)劳务工资、材料费用上涨引起的上涨。(2)运输费用、燃料费、电力等价格的变化。(3)外汇汇率的波动。(4)法律规变化造成工程费用的上涨。【此知识点已删去】

81. ABCD 【解析】根据《房屋建筑和市政基础设施工程质量监督管理规定》，政府对工程质量监督管理包括下列内容：(1)执行法律法规和工程建设强制性标准的情况。(2)抽查涉及工程主体结构安全和主要使用功能的工程实体质量。(3)抽查工程质量主体责任和质量检测单位质量行为。(4)抽查主要建筑材料、建筑构配件的质量。(5)对工程竣工验收进行监督。(6)组织或者参与工程质量事故的调查处理。(7)定期对本地区工程质量状况进行统计分析。(8)依法对违法违规行为实施处罚。【此知识点已删去】

82. ACDE 【解析】根据《环境管理体系 要求及使用指南》，应对风险和机遇的措施的内容包括总则、环境因素、合规义务、措施的策划。

83. BDE 【解析】根据《标准施工招标文件》，承包人认为有权得到追加付款和(或)延长工期的，应按以下程序向发包人提出索赔：(1)承包人应在知道或应当知道索赔事件发生后28天内，向监理人递交索赔意向通知书，并说明发生索赔事件的事由。承包人未在前述28天内发出索赔意向通知书的，丧失要求追加付款和(或)延长工期的权利。(2)承包人应在发出索赔意向通知书后28天内，向监理人正式递交索赔通知书。索赔通知书应详细说明索赔理由以及要求追加的付款金额和(或)延长的工期，并附必要的记录和证明材料。(3)索赔事件具有连续影响的，承包人应按合理时间间隔继续递交延续索赔通知，说明连续影响的实际情况和记录，列出累计的追加付款金额和(或)工期延长天数。(4)在索赔事件影响结束后的28天内，承包人应向监理人递交最终索赔通知书，说明最终要求索赔的追加付款金额和延长的工期，并附必要的记录和证明材料。

84. ACDE 【解析】组织工具是用图或表等形式表示各种组织关系，包括项目结构图、组织结构图、工作流程图、工作任务分工表、管理职能分工表、合同结构图等。【此知识点已删去】

85. ABE 【解析】根据《建设工程施工合同(示范文本)》，不可抗力导致的人员伤亡、财产损失、费用增加和(或)工期延误等后果，由合同当事人按以下原则承担：(1)永久工程、已运至施工现场的材料和工程设备的损坏，以及因工程损坏造成的第三人人员伤亡和财产损失由发包人承担。(2)承包人施工设备的损坏由承包人承担。(3)发包人和承包人承担各自人员伤亡和财产的损失。(4)因不可抗力影响承包人履行合同约定的义务的，已经引起或将引起工期延误的，应当顺延工期，并导致承包人停工的费用损失由发包人和承包人合理分担，停工期间必须支付的工人工资由发包人承担。(5)因不可抗力引起或将引起工期延误，发包人要求赶工的，由此增加的赶工费用由发包人承担。(6)承包人在停工期间按照发包人要求照管、清理和修复工程的费用由发包人承担。

86. ACDE 【解析】施工企业质量管理原则有：(1)以

顾客为关注焦点。(2)领导作用。(3)全员积极参与。(4)过程方法。(5)改进。(6)循证决策。(7)关系管理。

87. ABDE 【解析】根据《生产安全事故报告和调查处理条例》，事故调查报告应当包括下列内容：(1)事故发生单位概况。(2)事故发生经过和事故救援情况。(3)事故造成的人员伤亡和直接经济损失。(4)事故发生的原因和事故性质。(5)事故责任的认定以及对事故责任者的处理建议。(6)事故防范和整改措施。

88. ABCE 【解析】机械工作时间的消耗分为两大类，即定额时间(必须消耗的时间)和非定额时间(损失时间)。定额时间包括有效工作时间(正常负荷下和降低负荷下的工作时间)、不可避免的无负荷工作时间和不可避免的中断时间。

89. BCD 【解析】根据《关于做好房屋建筑和市政基础设施工程质量事故报告和调查处理工作的通知》，事故调查报告应当包括下列内容：(1)事故项目及各参建单位概况。(2)事故发生经过和事故救援情况。(3)事故项目有关质量检测报告和技术分析报告。(4)事故发生的原因和事故性质。(5)事故责任的认定和事故责任者的处理建议。(6)事故防范和整改措施。

90. CD 【解析】施工总承包管理模式与施工总承包模式相比，两者有不同之处也有相同之处。相同之处包括总包单位承担的责任与义务和对分包单位的管理与服务，不论是施工总承包管理模式还是施工总承包模式，两者都需承担相同的管理责任。【此知识点已变更】

91. ABCD 【解析】根据《建设工程文件归档规范(2019年版)》，建设工程文件是指建设工程在建设过程中形成的各种形式的信息记录，包括工程准备阶段文件、监理文件、施工文件、竣工图和竣工验收文件，简称为工程文件。【此知识点已删去】

92. ACDE 【解析】在施工过程中，引起变更的原因有：(1)业主方对项目提出新的要求，如发包人修改项目计划、减少项目预算等。(2)由于现场工程环境发生了变化。(3)由于对业主的意图没有理解或设计上的错误，导致必须修改设计。(4)由于使用新技术，对原设计、原施工方案等进行调整。(5)政府部门提出新的要求，如环境保护、城市规划等方面。(6)合同实施中出现问题，需要对其进行调整或修改。【此知识点已删去】

93. ABCD 【解析】编制控制性施工进度计划的主要目的是对施工承包合同约定的施工进度目标进行再论证，然后分解施工进度目标，确定施工的总体部署和里程碑事件的进度目标(或称为控制节点、控制点)的进度目标，从而实现施工进度目标。【此知识点已删去】

94. ABDE 【解析】在项目的实施阶段，项目总进度包括设计前准备、设计、施工前准备、施工、设备安装、物资采购、项目动用前准备等工作进度。【此知识点已删去】

95. BE 【解析】在双代号网络计划中，关键线路是指由关键工作组成的线路或总持续时间最长的线路。通过计算，本题中任何一条线路都等长，即都为关键线路。但需注意，关键线路必须由起点节点出发，至终点节点结束。故选项A，C，D错误。

全国二级建造师执业资格考试
建设工程施工管理
临考突破试卷（一）

题　号	一	二	总　分
分　数			

得　分	评卷人

一、单项选择题（共60题，每题1分。每题的备选项中，只有1个最符合题意）

1. 根据《国务院关于加强固定资产投资项目资本金管理的通知》，投资港口、沿海及内河航运项目的最低资本金比例为　　　　　　　　　　　　　　　　　　　　　　　（　　）
   A. 10%　　　　　　　　　　　　　B. 15%
   C. 20%　　　　　　　　　　　　　D. 25%

2. 关于缺陷责任期的说法，正确的是　　　　　　　　　　　　　　　　　　　　（　　）
   A. 缺陷责任期自工程交接之日起计算
   B. 承包人应在缺陷责任期内对所有工程承担缺陷责任
   C. 缺陷责任期最长不超过2年
   D. 缺陷责任期满时，承包人没有完成缺陷责任的，发包人有权扣留剩余的质量保证金余额

3. 已知甲公司是某建设项目的施工总承包管理单位，乙公司是该项目的分包单位。下列选项中，正确的是　　　　　　　　　　　　　　　　　　　　　　　　　　　　　　（　　）
   A. 一般情况下，乙公司应与甲公司签订分包合同
   B. 甲公司只收取总包管理费，不赚取差价
   C. 甲公司负责其所承包施工任务的总体管理和组织协调，但对项目目标控制不承担责任
   D. 乙公司负责控制其分包工程的质量

4. 关于联合体承包模式的说法，正确的是　　　　　　　　　　　　　　　　　　（　　）
   A. 联合体通常仅由一家单位发起，通过协商确定各自的承包义务和责任
   B. 一般由联合体牵头单位与建设单位签订施工合同
   C. 联合体单位较多，业主的组织协调工作量大
   D. 有利于增强竞争能力及抗风险能力

5. 关于施工单位与项目监理机构相关工作的说法，正确的是　　　　　　　　　　（　　）
   A. 核查施工机械的安全许可验收手续属于项目监理机构在施工过程中的工作
   B. 工程开工令应由专业监理工程师签发
   C. 施工单位应参加由建设单位主持召开的第一次工地会议
   D. 项目监理机构应组织工程竣工验收

6. 工程开工前，（　　）需要到规定的工程质量监督机构办理工程质量监督手续。
   A. 建设单位　　　　　　　　　　　B. 施工单位
   C. 监理单位　　　　　　　　　　　D. 设计单位

7. 施工单位应建立绿色施工管理体系，并明确（　　）是其所负责项目绿色施工管理的第一责任人。
   A. 施工项目经理　　　　　　　　　B. 施工单位负责人
   C. 建设单位负责人　　　　　　　　D. 总监理工程师

8. 某公司为完成某大型复杂的工程项目，要求在项目管理组织机构内设置职能部门以发挥各类专家作用，同时从公司临时抽调专业人员到项目管理组织机构，要求所有成员只对项目经理负责，项目经理全权负责该项目。该项目管理组织机构宜采用的组织形式是　　　（　　）
   A. 直线式组织结构　　　　　　　　B. 强矩阵式组织结构
   C. 职能式组织结构　　　　　　　　D. 弱矩阵式组织结构

9. 承包人更换项目经理应事先征得发包人同意，并应在更换（　　）天前通知发包人和监理人。
   A. 3　　　　　　　　　　　　　　　B. 7
   C. 14　　　　　　　　　　　　　　 D. 28

10. 下列项目实施策划的内容中，不属于建筑企业的工程管理部门负责策划的是　（　　）
    A. 明确项目管理模式及施工任务划分　　B. 提出项目培训工作管理要求
    C. 确定实施性施工组织设计　　　　　　D. 确定工程测量管理方案

11. 下列施工方案的内容中，能反映各施工区段或各工序之间搭接关系的是　　　（　　）
    A. 施工安排　　　　　　　　　　　B. 施工进度计划
    C. 施工准备与资源配备计划　　　　D. 施工方法及施工要求

12. 下列项目目标动态控制的措施中，属于合同措施的是　　　　　　　　　　　（　　）
    A. 建立施工项目目标控制工作考评机制　B. 合理处置工程变更
    C. 明确施工责任成本　　　　　　　　　D. 采用更先进的施工机具

13. 与邀请招标方式相比，公开招标方式的特点不包括　　　　　　　　　　　　（　　）
    A. 招标人有较大的选择范围　　　　B. 资格审查和评标的工作量大
    C. 有利于降低招标的费用　　　　　D. 有利于保证竞争的公平性

14. 关于招标资格预审的说法，正确的是（ ）
   A. 资格预审文件的发售期不得少于5日
   B. 审查申请人的资质等级属于初步审查的内容
   C. 有限数量制在审查时，仅需进行初步审查
   D. 招标人应在规定时间内向所有申请人发出投标邀请书

15. 某按单价合同进行计价的招标工程，在评标过程中发现某投标人的总价与单价的计算结果不一致。对此，评标委员会应（ ）
   A. 以总价为准调整单价
   B. 以单价为准调整总价
   C. 要求投标人重新提交单价
   D. 将该投标文件作废标处理

16. 关于单价合同的说法，正确的是（ ）
   A. 合同履行过程中，有需要时可变更单价
   B. 单价合同工程量清单中所列工程量为实际工程量
   C. 有利于建设单位取得合理的报价
   D. 采用可调单价时，施工单位风险较大

17. 对于抢险、救灾工程，适合采用的合同计价方式为（ ）
   A. 固定总价合同
   B. 可调总价合同
   C. 单价合同
   D. 成本加酬金合同

18. 关于其他项目投标报价的原则的说法，正确的是（ ）
   A. 暂列金额应按招标工程量清单中列出的金额填写
   B. 专业工程暂估价应按招标工程量清单中列出的内容和提出的要求自主确定
   C. 计日工应按招标工程量清单中列出的金额填写
   D. 总承包服务费的确定应按投标人与招标人协商的方式进行

19. 某建设项目采用《建设工程工程量清单计价规范》，招标工程量清单中挖土方工程量为800 m³，投标人根据地质条件和施工方案计算的挖土方工程量为850 m³。完成该土方分项工程的人、材、机费用共50 000元，企业管理费6 500元，利润4 750元，规费1 800元，增值税税率9%。如不考虑其他因素，则投标人报价时的挖土方综合单价为（ ）元/m³。
   A. 66.46
   B. 70.63
   C. 76.56
   D. 79.88

20. 下列投标报价策略中，属于恰当使用不平衡报价方法的是（ ）
   A. 适当降低早结算项目的报价
   B. 适当提高晚结算项目的报价
   C. 适当提高预计未来会增加工程量的项目单价
   D. 适当提高工程内容说明不清楚的项目单价

21. 根据《标准施工招标文件》通用合同条款规定的优先解释顺序，排在投标函及其附录之前的文件是（ ）
   A. 招标文件
   B. 专用合同条款
   C. 中标通知书
   D. 通用合同条款

22. 关于暂停施工的说法，正确的是（ ）
   A. 监理人认为有必要时，可向承包人发出暂停施工的指示
   B. 因发包人原因引起暂停施工的，暂停施工期间承包人不负责妥善保护工程并提供安全保障
   C. 因发包人原因引起暂停施工的，发包人应承担由此增加的费用，承包人承担延误的工期
   D. 因紧急情况需暂停施工，在监理人未下达暂停施工指示前，承包人不得先暂停施工

23. 承包人私自将隐蔽部位覆盖且未通知监理人到场检查时，监理人有权按要求进行检查，由此增加的费用（ ）
   A. 应由承包人承担
   B. 应由发包人承担
   C. 由承包人和发包人共同承担
   D. 根据重新检验结果，决定由哪方承担

24. 根据《建设工程工程量清单计价规范》，关于预付款及安全文明施工费的说法，正确的是（ ）
   A. 必要时，预付款应专用于合同工程
   B. 包工包料工程的预付款支付比例不得低于签约合同价的30%
   C. 发包人应在工程开工后的28天内预付不低于当年施工进度计划的安全文明施工费总额的60%
   D. 发包人没有按时支付安全文明施工费的，承包人有权暂停施工

25. 根据《标准施工招标文件》，工程施工过程中发生事故的，承包人应立即通知监理人，监理人应立即通知（ ）
   A. 建设行政主管部门
   B. 质量监督机构
   C. 发包人
   D. 应急管理部门

26. 根据《标准施工招标文件》，关于施工合同变更的说法，正确的是（ ）
   A. 变更指示可由发包人或监理人发出
   B. 发包人可以直接向承包人发出变更意向书
   C. 承包人应在收到变更指示后的7天内提交变更报价书
   D. 承包人根据合同约定，可以向监理人提出书面变更建议

27. 下列情形中，承包人可同时索赔工期、费用和利润的是（ ）
   A. 施工场地发掘文物、古迹
   B. 发包人延迟提供施工场地
   C. 发包人要求向承包人提前交货
   D. 发包人原因造成承包人人员工伤事故

28. 根据《建设工程施工专业分包合同(示范文本)》,关于专业分包合同各方责任、义务和关系的说法,正确的是 (　　)
   A. 分包人可与监理人发生直接工作联系
   B. 分包人可以不执行承包人对于分包工程的指令
   C. 分包人应对分包工程进行设计、施工、竣工和保修
   D. 已竣工工程未交付承包人之前,承包人应负责已完分包工程的成品保护工作

29. 根据《建设工程施工劳务分包合同(示范文本)》,关于保险办理的说法,正确的是 (　　)
   A. 工程承包人应为施工场地内的自有人员及第三人人员生命财产办理保险
   B. 运至施工场地用于劳务施工的材料,由劳务分包人办理保险
   C. 对提供给劳务分包人使用的施工机械应由劳务分包人办理保险
   D. 劳务分包人必须为从事危险作业的职工办理意外伤害险

30. 某建设单位与供应商签订350万元的采购合同,供应商延迟35天交货,建设单位延迟支付合同价款185天。根据《标准材料采购招标文件》,建设单位实际支付供应商(　　)万元违约金。
   A. 25.2   B. 35
   C. 42   D. 51.8

31. 下列施工承包风险中,不属于施工项目本身的风险的是 (　　)
   A. 施工组织管理风险   B. 工程分包风险
   C. 市场风险   D. 工程款支付及结算风险

32. 关于工程质量保证金的说法,错误的是 (　　)
   A. 工程质量保证金总预留比例不得高于工程价款结算总额的3%
   B. 合同约定由承包人以银行保函替代工程质量保证金的,保函金额不得高于工程价款结算总额的3%
   C. 采用工程质量保证担保、工程质量保险等保证方式的,发包人可以再预留保证金
   D. 项目竣工前,承包人已缴纳履约保证金的,发包人不得同时预留工程质量保证金

33. 关于工程保险的说法,错误的是 (　　)
   A. 建筑工程一切险要求投保人以发包人的名义投保
   B. 工程保险是转移施工承包风险的重要方式
   C. 安装工程一切险的承保风险主要是人为风险
   D. 发包人应为其现场机构雇佣的全部人员缴纳工伤保险费

34. 关于横道图特点的说法,错误的是 (　　)
   A. 编制简单、使用方便   B. 不能反映工作所具有的机动时间
   C. 便于施工进度的优化   D. 不易表达清楚工作间的逻辑关系

35. 建设工程组织流水施工时,用来表达流水施工在施工工艺方面进展状态的参数包括 (　　)
   A. 流水强度和施工过程   B. 流水节拍和施工段
   C. 工作面和施工过程   D. 流水步距和施工段

36. 某楼板结构工程由三个施工段组成,每个施工段均包括模板工程、钢筋绑扎和混凝土浇筑三个施工过程,每个施工过程由各自专业工作队施工,流水节拍如下表所示。钢筋绑扎与混凝土浇筑之间的流水步距为 (　　)

施工段	施工过程		
	模板工程	钢筋绑扎	混凝土浇筑
第一区	5	4	2
第二区	4	5	3
第三区	4	6	2

   A. 2   B. 5
   C. 8   D. 10

37. 某分部工程双代号网络计划如下图所示,根据绘图规则要求,图中的错误之处是 (　　)

   A. 有多个起点节点   B. 有多个终点节点
   C. 节点编号顺序错误   D. 逻辑关系颠倒

38. 双代号网络计划中,某项工作的最早开始时间是第3天,持续2天。两项紧后工作的最早开始时间分别是第7天和第9天,最迟开始时间分别是第10天和第12天。则该项工作的最迟开始时间是第(　　)天。
   A. 8   B. 9
   C. 10   D. 12

39. 下列压缩工作持续时间的措施中,属于技术措施的是 (　　)
   A. 改进施工工艺   B. 增加每天施工时间
   C. 增加施工机械数量   D. 改善施工作业环境

40. 关于质量管理体系认证的说法,错误的是 (　　)
   A. 由取得质量管理体系认证资格的第三方认证机构进行认证
   B. 申请书由认证机构统一印制发给申请方
   C. 检查组人数一般由2~4人组成
   D. 检查报告由申请方编写,经检查组全体成员签字后报送认证机构

41. 下列随机抽样的方法中,主要用于工序质量检验的是 （ ）
   A. 简单随机抽样   B. 系统随机抽样
   C. 分层随机抽样   D. 分级随机抽样

42. 下列施工质量统计分析方法中,采用ABC分类管理法的是 （ ）
   A. 排列图法   B. 分层法
   C. 直方图法   D. 因果分析图法

43. 装配式建筑中,混凝土预制构件出厂时的混凝土强度不宜低于设计混凝土强度等级值的 （ ）
   A. 50%   B. 75%
   C. 90%   D. 100%

44. 施工项目技术交底书的编制和批准的人员分别是 （ ）
   A. 项目经理和建设单位负责人   B. 项目经理和总监理工程师
   C. 项目技术负责人和总监理工程师   D. 项目技术人员和项目技术负责人

45. 某工程项目施工中发生了质量事故,造成6人死亡,10人重伤,直接经济损失2 000万元。则该事故等级为 （ ）
   A. 特别重大事故   B. 重大事故
   C. 较大事故   D. 一般事故

46. 对某混凝土结构进行检查时发现,该混凝土结构表面出现裂缝,经测量裂缝宽度为0.5 mm。则对该质量问题的处理方式是 （ ）
   A. 返修处理   B. 不作处理
   C. 返工处理   D. 报废处理

47. 编制人工定额时,对于同类型产品规格多、工作量小、工序重复的施工过程,常采用的编制方法是 （ ）
   A. 经验估计法   B. 技术测定法
   C. 比较类推法   D. 统计分析法

48. 已知某挖土机挖土的一个工作循环需5 min,每循环一次挖土1.2 m³,工作班的延续时间为8小时,机械利用系数为0.95,则其台班产量定额为（ ）m³/台班。
   A. 96.32   B. 105.07
   C. 109.44   D. 129.65

49. 关于利用时间—成本累积曲线(S形曲线)编制施工成本计划的说法,正确的是 （ ）
   A. 每一条S曲线都对应某一特定工程的施工进度计划
   B. 所有工作均按最早开始时间开始、按最早完成时间完成,会导致较晚获得工程进度款支付
   C. 需要调整关键线路上的工序来控制实际成本支出
   D. S形曲线图无法调整

50. 某土方工程,计划总工程量为5 100 m³,预算单价为450元/m³,计划6个月内均衡完成。开工后,实际单价为480元/m³,施工至第4个月底,累计实际完成工程量3 800 m³。若运用挣值法分析,则截至第4个月底的费用偏差为（ ）万元。
   A. -10.2   B. 10.2
   C. -11.4   D. 11.4

51. 根据职业健康安全管理体系的绩效评价要求,应由企业的（ ）对职业健康安全管理体系进行管理评审。
   A. 项目经理   B. 安全管理人员
   C. 技术负责人   D. 最高管理者

52. 施工安全生产管理制度体系中,（ ）是所有安全生产管理制度的核心。
   A. 安全生产教育培训制度
   B. 安全生产许可证制度
   C. 安全生产检查制度
   D. 全员安全生产责任制度

53. 关于特种作业人员持证上岗制度的说法,正确的是 （ ）
   A. 取得特种作业操作证3个月后方可上岗作业
   B. 特种作业操作证每2年复审1次
   C. 特种作业操作证需要复审的,应在期满前60日内提出申请
   D. 连续从事本工种10年以上的特种作业人员,其操作证可不进行复审

54. 关于攀登作业防坠落措施的说法,错误的是 （ ）
   A. 当采用梯子攀爬作用时,踏面荷载不应大于1.1 kN
   B. 使用单梯时梯面应与水平面成75°夹角
   C. 使用固定式直梯攀登作业时,攀登高度超过10 m时,应设置梯间平台
   D. 作业人员严禁沿坑壁、支撑或乘运土工具上下

55. 下列选项中,不属于重大事故隐患报告内容的是 （ ）
   A. 隐患的现状及其产生原因   B. 隐患的危害程度
   C. 隐患的整改完成程度分析   D. 隐患的治理方案

56. 建设工程生产安全事故发生后,应及时按规定上报。对于一般事故应上报至（ ）和负有安全生产监督管理职责的有关部门。
   A. 国务院应急管理部   B. 省级人民政府应急管理部门
   C. 设区的市级人民政府应急管理部门 D. 县级人民政府应急管理部门

57. 循环经济是一种生态型的闭环经济,应遵循"3R原则"。下列原则中,不属于"3R原则"的是 （ ）
   A. 减量化原则   B. 再制造原则
   C. 再循环原则   D. 再利用原则

58. 根据《建筑施工场界环境噪声排放标准》，夜间噪声最大声级超过限值的幅度不得高于（　　）dB(A)。
   A. 5　　　　　　　　　　　　　　B. 10
   C. 15　　　　　　　　　　　　　　D. 20

59. 关于施工现场污水排放的说法，错误的是（　　）
   A. 现场道路周边应设置排水沟
   B. 工程污水处理合格后，排入市政污水管道，检测频率不应少于每半月1次
   C. 现场厕所应设置化粪池
   D. 钻孔桩作业应采用泥浆循环利用系统

60. 关于施工文件归档的说法，正确的是（　　）
   A. 施工文件应采用碳素墨水、红色墨水等耐久性强的书写材料
   B. 仅第一张竣工图需要加盖竣工图章
   C. 施工单位向建设单位移交档案时，应编制移交清单，双方签字、盖章后方可交接
   D. 工程档案的编制不得少于两套，原件由建设单位保管

二、**多项选择题**（共20题，每题2分。每题的备选项中，有2个或2个以上符合题意，至少有1个错项。错选，本题不得分；少选，所选的每个选项得0.5分）

61. 根据《建设工程质量管理条例》，下列建设工程中，必须实行监理的有（　　）
   A. 小型公用事业工程
   B. 成片开发建设的住宅小区工程
   C. 需要改建的基础工程
   D. 国家重点建设工程
   E. 利用外国政府贷款的工程

62. 根据《建设工程施工项目经理岗位职业标准》，项目经理的权限包括（　　）
   A. 组织审核分包工程款支付申请
   B. 参与分包合同签订
   C. 配合企业选定施工分包单位
   D. 主持项目经理部工作
   E. 决定企业授权范围内的资源投入和使用

63. 根据《建筑施工组织设计规范》，按照编制对象不同，施工组织设计可分为（　　）
   A. 施工组织总设计
   B. 单位工程施工组织设计
   C. 单项工程施工组织设计
   D. 施工方案
   E. 施工建设总设计

64. 施工招标过程中，资格预审公告的内容包括（　　）
   A. 项目概况
   B. 申请人须知
   C. 资格预审方法
   D. 资格预审文件的获取
   E. 资格预审申请文件的递交

65. 建设工程固有特性中，安全性包括的内容有（　　）
   A. 使用耐久性
   B. 防灾、抗灾能力强
   C. 安全防范、预警效果好
   D. 满足强度要求
   E. 利于生产，方便生活

66. 投标报价的原则包括（　　）
   A. 投标价应由投标人编制
   B. 投标价应由投标人自主确定
   C. 投标价可以低于工程成本
   D. 投标人必须按招标工程量清单填报价格
   E. 投标价高于招标控制价时，招标人可将其退回修改

67. 根据《标准施工招标文件》，关于竣工结算的说法，正确的有（　　）
   A. 工程接收证书颁发后，承包人应按专用合同条款的约定向监理人提交竣工付款申请单
   B. 监理人对竣工付款申请单有异议的，应报告发包人由发包人确定是否修正
   C. 监理人在收到承包人提交的竣工付款申请单后的14天内完成核查
   D. 监理人未在约定时间内核查，又未提出具体意见的，视为承包人提交的竣工付款申请单已经监理人核查同意
   E. 发包人应在监理人出具竣工付款证书后的7天内，将应支付款支付给承包人

68. 根据《建设工程施工劳务分包合同（示范文本）》，劳务分包人在（　　）施工时，施工开始前应向工程承包人提出安全防护措施。
   A. 输电线路
   B. 人口密集区
   C. 地下管道
   D. 密封防震车间
   E. 易燃易爆地段

69. 施工风险管理计划的编制依据应包括（　　）
   A. 施工招投标文件
   B. 施工工程合同
   C. 风险管理的责任和权限
   D. 施工项目工作分解结构
   E. 施工项目管理策划的结果

70. 下列施工进度的影响因素中，属于施工技术因素的有（　　）
   A. 施工安全措施不当
   B. 组织协调不力
   C. 计划安排不周密
   D. 施工设备不配套
   E. 技术应用不成熟

71. 某工程双代号时标网络计划执行至第6周末和第10周末检查进度时，实际进度前锋线如下图所示。下列分析结论中，正确的有（　　）

A. 第6周末检查进度时,工作D拖后1周,影响工期1周
B. 第10周末检查进度时,工作G拖后1周,不影响工期
C. 第6周末检查进度时,工作C拖后2周,影响工期2周
D. 第6周末检查进度时,工作E提前1周,不影响工期
E. 第10周末检查进度时,工作H已提前完成,不影响工期

72. 质量手册是企业质量管理系统的纲领性文件,其主要内容应包括 ( )
   A. 质量方针和质量目标
   B. 质量管理体系的描述
   C. 体系要素或基本控制程序
   D. 质量手册的发行数量
   E. 质量手册的评审、批准和修订

73. 工作保证体系主要是明确工作任务和建立工作制度,应在( )三个阶段予以落实。
   A. 施工准备阶段
   B. 施工招标阶段
   C. 施工阶段
   D. 竣工验收阶段
   E. 决策阶段

74. 在工程建设中,机械性能检测项目一般包括 ( )
   A. 钢材的抗拉性能
   B. 混凝土抗渗性
   C. 水泥砂浆的抗压性能
   D. 机砖的抗剪性能
   E. 金属材料的疲劳性能

75. 责任成本的条件包括 ( )
   A. 可考核性
   B. 可预计性
   C. 可控制性
   D. 可追溯性
   E. 可计量性

76. 关于关键绩效指标特点的说法,正确的有 ( )
   A. 不利于反映真实成本管理水平
   B. 可以明确企业成本管理目标
   C. 可以提高管理成效
   D. 实施工作量大
   E. 适用于周期长的中高层考核

77. 危险源可分为第一类危险源和第二类危险源。下列选项中,属于第一类危险源的有 ( )
   A. 锅炉
   B. 压力容器
   C. 带电导体
   D. 不安全移动
   E. 有毒有害气体

78. 根据《生产安全事故报告和调查处理条例》,事故调查报告的内容包括 ( )
   A. 事故发生单位概况
   B. 事故发生经过和事故救援情况
   C. 事故责任人员的处理决定
   D. 事故发生的原因和事故性质
   E. 事故造成的人员伤亡和直接经济损失

79. 对于施工现场环境保护而言,下列选项中,属于"控制项"的有 ( )
   A. 建筑垃圾回收利用率应达到30%
   B. 施工现场应在醒目位置设环境保护标识
   C. 施工现场的文物古迹和古树名木应采取有效保护措施
   D. 现场应设置可移动环保厕所
   E. 现场应采用喷雾设备降尘

80. 施工BIM技术应用策划应明确的内容包括 ( )
   A. BIM应用目标
   B. BIM成果输出
   C. 人员组织架构
   D. 信息交换要求
   E. BIM应用流程

全国二级建造师执业资格考试
建设工程施工管理
临考突破试卷(二)

题 号	一	二	总 分
分 数			

一、单项选择题(共60题,每题1分。每题的备选项中,只有1个最符合题意)

1. 除国家对采用高新技术成果有特别规定外,以工业产权、非专利技术作价出资的资本金比例不得超过投资项目资本金总额的 （ ）
   A. 10%   B. 20%
   C. 30%   D. 40%

2. 关于平行承包模式特点的说法,错误的是 （ ）
   A. 有利于建设单位择优选择施工单位   B. 有利于控制工程质量
   C. 组织管理和协调工作量大   D. 工程造价控制难度较小

3. 工程竣工验收合格后,应向项目监理机构提交竣工结算款支付申请的是 （ ）
   A. 建设单位   B. 施工单位
   C. 设计单位   D. 勘察单位

4. 工程质量监督机构发现有影响主体结构、使用功能和施工安全的质量问题和事故隐患时,应即时签发 （ ）
   A. 工程质量问题整改通知单   B. 工程收缴资质证书通知书
   C. 工程质量问题处罚单   D. 工程暂停施工指令单

5. 施工项目管理的核心任务是 （ ）
   A. 施工目标控制   B. 施工安全管理
   C. 施工风险管理   D. 施工信息管理

6. 关于直线职能式组织结构特点的说法,错误的是 （ ）
   A. 职能部门的命令必须经过同层级领导的批准才能下达
   B. 各管理层级之间构成直接上下级关系
   C. 集中领导、职责清楚
   D. 横向联系较好,信息传递路线短

7. 下列单位工程施工组织设计的内容中,属于施工部署的是 （ ）
   A. 工程主要情况   B. 各专业设计简介
   C. 项目施工目标   D. 施工现场平面布置

8. 施工项目目标体系构建后,施工项目管理的关键在于 （ ）
   A. 项目进度管理   B. 项目成本管理
   C. 施工组织设计   D. 项目目标动态控制

9. 根据《招标投标法实施条例》,招标人可以对已发出的招标文件进行必要的澄清或者修改,但应当在招标文件要求提交投标文件截止时间至少( )日前发出。
   A. 5   B. 7
   C. 15   D. 20

10. 对于已完成施工图设计,施工图纸和工程量清单详细而明确的工程,可选择的计价方式是 （ ）
    A. 总价合同   B. 单价合同
    C. 成本加固定酬金合同   D. 成本加浮动酬金合同

11. 根据《建设工程工程量清单计价规范》,关于其他项目费计价的说法,正确的是 （ ）
    A. 暂列金额应按招标工程量清单中列出的金额填写
    B. 计日工应按招标工程量清单中列出的单价计入综合单价
    C. 专业工程暂估价应按招标工程量清单中列出的单价计入综合单价
    D. 总承包服务费应按招标工程量清单中列出的金额填写

12. 某施工单位拟投标一项工程,在招标工程量清单中已列明的A分项工程的工程量为350 m^3。施工单位结合招标工程量清单中的项目特征描述和自身拟定的施工方案,计算出A分项工程的工料机费用为17 526元。企业管理费按直接费的15%计取,利润及风险费用合并考虑,以直接费和企业管理费为基数按5%计算。则施工投标时A分项工程的综合单价为( )元/m^3。
    A. 53.84   B. 57.21
    C. 60.46   D. 62.23

13. 根据《标准施工招标文件》,关于合同进度计划的说法,正确的是 （ ）
    A. 发包人应编制施工进度计划,承包人应编制更为详细的分阶段进度计划
    B. 监理人批准的施工进度计划称为合同进度计划,是控制合同工程进度的依据
    C. 若因不可抗力原因导致实际进度与合同进度计划不符时,承包人可直接修订合同进度计划
    D. 监理人无需获得发包人的同意,可以直接在合同约定期限内批复修订的合同进度计划

14. 由于发包人原因引起暂停施工且情况紧急监理人未下达相关指示时,承包人可先暂停施工,同时应提出暂停施工的书面请求给监理人。监理人应在接到书面请求后的( )小时内予以答复。
   A. 7
   B. 15
   C. 24
   D. 48

15. 工程进度款的支付应按期中结算价款总额计,其最低和最高分别为 ( )
   A. 50%、80%
   B. 60%、80%
   C. 50%、90%
   D. 60%、90%

16. 某工程项目承包人于2023年5月1日按合同规定向监理人报送竣工验收申请报告,次日监理人审查后认为已具备竣工验收条件,提请发包人进行工程验收。但直到2023年7月中旬,发包人无故一直没有组织竣工验收。关于该工程竣工验收事项的说法,正确的是 ( )
   A. 应由承包人自行组织竣工验收
   B. 应由承包人继续承担工程保管责任,并催促发包人组织验收
   C. 应视为验收合格,实际竣工日期以收到承包人竣工验收申请报告后的第56天为准
   D. 应视为验收合格,实际竣工日期以承包人提交竣工验收申请报告的日期为准

17. 工程施工过程中发生索赔事件,承包人首先要做的工作是 ( )
   A. 暂停施工
   B. 提出索赔意向通知
   C. 提交索赔证据
   D. 与业主就索赔事项进行谈判

18. 合同约定采用争议评审的,发包人和承包人应在开工日后的( )天内,协商成立争议评审组。
   A. 7
   B. 14
   C. 28
   D. 30

19. 根据《建设工程施工专业分包合同(示范文本)》,关于合同价款的说法,正确的是 ( )
   A. 分包合同价款与总包合同相应部分价款有直接联系
   B. 分包合同价款的方式可以与总包合同约定的方式不同
   C. 实行工程预付款的,开工后按约定的时间和比例逐次扣回
   D. 承包人不按分包合同约定支付工程款的,分包人可以发出付款通知,但不可以停止施工

20. 根据《建设工程施工劳务分包合同(示范文本)》,下列选项中,不属于工程承包人义务的是 ( )
   A. 组建与工程相适应的项目管理班子,组织实施施工管理的各项工作
   B. 按设计图纸、施工验收规范、有关技术要求及施工组织设计精心组织施工
   C. 负责工程测量定位、沉降观测、技术交底,组织图纸会审
   D. 负责与发包人、监理、设计及有关部门联系,协调现场工作关系

21. 某建设工程在施工过程中,购买了一批木材,该批木材的合同价格为15万元。在全部合同材料质量保证期满后,买方应向卖方支付( )万元作为结清款。
   A. 0.45
   B. 0.75
   C. 1.50
   D. 3.00

22. 某承包单位在施工中有针对性地制定和落实施工质量保证措施来降低质量事故发生概率,这一行为属于质量风险应对的( )策略。
   A. 减轻
   B. 规避
   C. 转移
   D. 自留

23. 关于投标担保的说法,正确的是 ( )
   A. 投标保证金不得超过招标项目估算价的5%
   B. 投标担保不可采用投标保函的担保方式
   C. 投标保证金的有效期应与投标有效期一致
   D. 招标人已收取投标保证金的,应自收到投标人书面撤回通知之日起7日内退还

24. 根据《建筑法》,建筑施工企业可以自主决定是否为职工投保的险种是 ( )
   A. 基本医疗保险
   B. 工伤保险
   C. 失业保险
   D. 意外伤害保险

25. 下列选项中,不属于等节奏流水施工特点的是 ( )
   A. 各个施工段上的流水节拍均相等
   B. 相邻施工过程的流水步距相等,且等于流水节拍的最大公约数
   C. 专业工作队数等于施工过程数
   D. 各专业工作队在各施工段上能够连续作业

26. 某双代号网络计划中,工作A的最早开始时间和最迟开始时间分别为第10天和第15天,其持续时间为5天;工作A有3项紧后工作,它们的最早开始时间分别为第18天、第20天和第21天,检查中发现工作A实际持续了10天,则其对工程进度的影响是 ( )
   A. 既不影响总工期,也不影响其紧后工作的正常进行
   B. 不影响总工期,但使其紧后工作的最早开始时间推迟2天
   C. 使其紧后工作的最迟开始时间推迟3天,并使总工期延长5天
   D. 使其紧后工作的最早开始时间推迟5天,并使总工期延长3天

27. 关于网络工作计划中的关键工作和关键线路的说法,正确的是 ( )
   A. 关键工作指网络计划中总时差最小的工作
   B. 在双代号网络计划中,关键线路是总的工作持续时间最短的线路
   C. 单代号网络图中,关键线路是自始至终全部由关键工作组成的线路
   D. 当计划工期大于计算工期时,总时差为零的工作为关键工作

28. 在影响施工质量的五大主要因素中,承包方合理选择吊装设备,属于( )的因素。
   A. 环境   B. 材料
   C. 机械   D. 方法

29. 企业质量管理体系文件中,( )是企业战略管理的纲领性文件。
   A. 质量手册   B. 质量计划
   C. 质量记录   D. 程序文件

30. 在质量管理体系策划与设计阶段,教育培训的第一层次为 ( )
   A. 决策层   B. 管理层
   C. 领导层   D. 执行层

31. 企业质量管理体系撤销认证的企业( )年后可重新提出认证申请。
   A. 1   B. 2
   C. 3   D. 4

32. 下列随机抽样的方法中,可广泛用于原材料、构配件进货检验的是 ( )
   A. 简单随机抽样法   B. 系统随机抽样法
   C. 分层随机抽样法   D. 分级随机抽样法

33. 下列施工质量的检验方法中,不属于物理检验法的是 ( )
   A. 度量检测法   B. 定性分析法
   C. 电性能检测法   D. 无损检测法

34. 排列图中将累计频率为( )区间的定为A类因素,需要进行重点管理。
   A. 0~60%   B. 0~80%
   C. 80%~90%   D. 90%~100%

35. 关于施工材料质量控制的说法,错误的是 ( )
   A. 对涉及环境保护的材料应进行见证检验
   B. 混凝土预制构件出厂时的混凝土强度不宜低于设计混凝土强度等级值的75%
   C. 见证检验应在项目监理机构或建设单位的监督下进行
   D. 建设单位应加强构配件进场后的存储和管理

36. 某住宅小区建设项目,包括4栋12层的小高层和8栋7层高的多层住宅楼。则该小区小高层中的一栋楼可以作为一个( )进行质量控制。
   A. 分部工程   B. 单位工程
   C. 单项工程   D. 分项工程

37. 当工程在保修期内出现一般质量缺陷时,应向施工单位发出保修通知的是 ( )
   A. 建设单位   B. 监理单位
   C. 设计单位   D. 勘察单位

38. 下列引发质量事故的原因中,属于技术原因的是 ( )
   A. 质量检验制度不严密   B. 检测仪器设备管理不善而失准
   C. 结构设计计算错误   D. 质量管理体系不完善

39. 建设工程发生质量事故后,单位负责人接到报告后应于( )小时内向事故发生地县级以上人民政府住房和城乡建设主管部门及有关部门报告。
   A. 1   B. 2
   C. 12   D. 24

40. 下列施工质量事故中,可不作处理的是 ( )
   A. 混凝土结构出现宽度0.2 mm的裂缝
   B. 现浇梁承载力未达到设计要求
   C. 公路桥梁工程预应力的张拉系数严重不足
   D. 混凝土结构表面有轻微麻面

41. 下列费用中,不属于预防成本的是 ( )
   A. 工序控制费   B. 质量规划费
   C. 施工图纸审查费 D. 质量培训费

42. 关于建设工程施工定额的说法,正确的是 ( )
   A. 施工定额属于行业定额
   B. 施工定额的编制对象是分部分项工程
   C. 施工定额是招标单位评标的依据
   D. 施工定额是施工成本管理绩效考核的基础

43. 施工企业组织施工时,周转性材料的消耗量应按( )计算。
   A. 摊销量   B. 一次使用量
   C. 周转使用次数   D. 每周转使用一次的损耗量

44. 斗容量为1 m³的机械,其机械台班产量为5.56(定额单位100 m³),工作班延续时间为8小时,小组成员为6人,则人挖100 m³的人工时间定额为( )工日。
   A. 0.78   B. 1.08
   C. 1.33   D. 1.54

45. 根据《建设工程项目管理规范》,项目成本计划编制程序中,首先应进行的工作是 ( )
   A. 确定项目总体成本目标   B. 预测项目成本
   C. 编制项目总体成本计划   D. 分别确定各个部门的成本目标

46. 施工成本过程控制中,控制人工费通常采用的方法是 ( )
   A. 弹性管理   B. 量价分离
   C. 指标包干   D. 计量控制

47. 某建设项目合同约定,计划3月份完成混凝土工程量600 m³,合同单价为750元/m³。该工程3月份实际完成的混凝土工程量为660 m³,实际单价为600元/m³。则3月份该工程的费用绩效指数(CPI)为 ( )

 A. 0.80　　　　　　　　　　　B. 0.93
 C. 1.16　　　　　　　　　　　D. 1.25

48. 关于施工成本分析依据的说法,正确的是 ( )

 A. 统计核算主要是价值核算
 B. 业务核算是对个别的经济业务进行单项核算
 C. 统计核算不可以对未来的发展趋势做出预测
 D. 业务核算范围不如统计核算广

49. 某工程商品混凝土的目标产量为500 m³,单价为720 m³,损耗率为4%。实际产量为550 m³,单价为730 m³,损耗率为3%。采用因素分析法进行成本分析,由于单价提高使费用增加了( )元。

 A. 1 705　　　　　　　　　　B. 5 720
 C. 37 440　　　　　　　　　 D. 43 160

50. 关于360°反馈法特点的说法,错误的是 ( )

 A. 可提高考核准确性　　　　B. 可增强部门合作
 C. 考核标准较为明确　　　　D. 考核时间和成本较高

51. 根据《职业健康安全管理体系 要求及使用指南》,下列选项中,属于"运行"部分的内容是 ( )

 A. 管理评审　　　　　　　　B. 危险源辨识
 C. 理解组织及其所处的环境　D. 应急准备和响应

52. 关于危险源的说法,错误的是 ( )

 A. 现场存放大量油漆属于第一类危险源
 B. 设备故障或缺陷属于第二类危险源
 C. 第一类危险源决定事故的严重程度
 D. 第一类危险源的出现是第二类危险源导致事故的必要条件

53. 建设工程施工企业安全生产费用的使用范围不包括 ( )

 A. 维护施工现场临时用电系统的支出
 B. 应急预案制修订与应急演练支出
 C. 新建、改建、扩建项目安全评价
 D. 安全生产责任保险支出

54. 某公司一名员工驾驶叉车工作12年,未发生过事故,经原考核发证机构同意,该名员工特种作业证复审最长时间是 ( )

 A. 1年1次　　　　　　　　　B. 2年1次
 C. 6年1次　　　　　　　　　D. 8年1次

55. 专项施工方案应由( )签字审核并加盖单位公章。

 A. 施工单位技术负责人　　　B. 总监理工程师
 C. 项目部技术负责人　　　　D. 设计单位负责人

56. 根据《生产安全事故应急预案管理办法》,建筑施工单位应当制定本企业的应急预案演练计划,每年至少组织生产安全事故应急预案演练( )次。

 A. 1　　　　　　　　　　　　B. 2
 C. 3　　　　　　　　　　　　D. 4

57. 某房屋建设工程施工中发生一起模板支撑体系坍塌事故,事故导致2人死亡,15人重伤,直接经济损失2 000万元。根据《生产安全事故报告和调查处理条例》,该事故等级为 ( )

 A. 一般事故　　　　　　　　B. 较大事故
 C. 重大事故　　　　　　　　D. 特别重大事故

58. 施工现场500 km以内生产的建筑材料用量占建筑材料总重量的( )以上,宜就地取材。

 A. 50%　　　　　　　　　　 B. 60%
 C. 70%　　　　　　　　　　 D. 80%

59. 关于施工文件立卷的说法,正确的是 ( )

 A. 案卷中同时有图纸和文字材料时,图纸应排在文字材料的前面
 B. 竣工图应按单位工程分专业进行立卷
 C. 竣工验收文件应按分部(分项)工程进行立卷
 D. 案卷内可以有重份文件,不同载体的文件应统一立卷

60. 根据《建设工程项目管理规范》,项目管理规划应包括的内容是 ( )

 A. 项目管理规划大纲和项目管理策划
 B. 项目管理策划和项目管理实施规划
 C. 项目管理配套策划和项目管理实施规划
 D. 项目管理规划大纲和项目管理实施规划

二、多项选择题(共20题,每题2分。每题的备选项中,有2个或2个以上符合题意,至少有1个错项。错选,本题不得分;少选,所选的每个选项得0.5分)

61. 下列情形中,总监理工程师需要签发工程暂停令的有（　　）
    A. 施工单位采用的施工工艺不当造成的工程质量问题的
    B. 施工单位未经批准擅自施工的
    C. 施工单位拒绝项目监理机构管理的
    D. 施工单位违反工程建设强制性标准的
    E. 施工存在重大质量隐患的

62. 根据《建设工程施工项目经理岗位职业标准》,项目经理应履行的职责有（　　）
    A. 组建项目经理部
    B. 组织制定和执行施工现场项目管理制度
    C. 组织工程竣工验收
    D. 建立健全协调工作机制
    E. 进行项目的检查、评定和评奖申报工作

63. 下列项目目标动态控制的措施中,属于组织措施的有（　　）
    A. 完善沟通机制和工作流程　　B. 强化动态控制中的激励
    C. 采用"四新"技术　　D. 完善施工成本节约奖励措施
    E. 落实加快施工进度所需资金

64. 施工投标文件通常包括（　　）
    A. 技术标书　　B. 商务标书
    C. 投标报价　　D. 投标函
    E. 工程量清单

65. 根据《建设工程施工合同(示范文本)》,因不可抗力导致的损失,应由发包人承担的有（　　）
    A. 已运至施工现场的材料和工程设备的损坏
    B. 承包人施工设备的损坏
    C. 承包人员工的伤亡和财产损失
    D. 因工程损坏造成的第三人人员伤亡和财产损失
    E. 承包人在停工期间按照发包人要求照管、清理和修复工程的费用

66. 根据《标准施工招标文件》,下列情形中,承包单位可同时获得工期、费用和利润补偿的有（　　）
    A. 延迟提供施工场地　　B. 异常恶劣的气候条件
    C. 施工过程中发现文物、古迹　　D. 发包人原因引起的暂停施工
    E. 监理人对已经覆盖的隐蔽工程要求重新检查且检查结果合格

67. 下列施工承包风险中,属于施工项目社会风险的有（　　）
    A. 社会治安　　B. 原材料价格变化
    C. 文化素质　　D. 公众态度
    E. 恶劣气候条件

68. 建筑工程一切险的保险人对（　　）造成的损失不负责赔偿。
    A. 设计错误引起的损失和费用
    B. 维修保养或正常检修的费用
    C. 暴雨、洪水、水灾、冻灾
    D. 外力引起的机械或电气装置的本身损失
    E. 货物盘点时发现的短缺

69. 某项目时标网络计划第2、4周末实际进度前锋线如下图所示,关于该项目进度情况的说法,正确的有（　　）

    A. 第2周末,工作C提前1周,工期提前1周
    B. 第2周末,工作A拖后2周,但不影响工期
    C. 第2周末,工作B拖后1周,但不影响工期
    D. 第4周末,工作D拖后1周,但不影响工期
    E. 第4周末,工作F提前1周,工期提前1周

70. 关于成本加酬金合同的说法,正确的有（　　）
    A. 成本加酬金合同不适用于灾后修复工程
    B. 在成本加酬金合同中只能约定酬金计取方式
    C. 采用成本加固定百分比酬金合同,可以激励施工单位降低成本
    D. 采用目标成本加奖罚合同,施工单位承担的风险较大
    E. 在合同履行过程中发生的直接成本由建设单位实报实销

71. 施工企业质量管理应遵循的原则有（　　）
    A. 领导作用　　B. 流程管理
    C. 循证决策　　D. 全员积极参与
    E. 以顾客为关注焦点

72. 施工质量保证体系中,工作保证体系的任务落实到施工准备阶段的工作主要包括 （　　）
   A. 进行施工平面设计,建立施工场地管理制度
   B. 建立健全材料、机械设备的管理制度
   C. 完成各项技术准备工作,进行技术交底和技术培训
   D. 建立工程测量控制网和测量控制制度
   E. 严格实行自检、互检和专检,开展群众性的 QC 活动

73. 下列数理统计方法中,可以用来寻找质量问题原因的有 （　　）
   A. 分层法　　　　　　　　　B. 直方图法
   C. 排列图法　　　　　　　　D. 因果分析图法
   E. 控制图法

74. 施工过程的工程质量验收中,分部工程质量验收合格应符合的条件有 （　　）
   A. 所含分项工程的质量均已验收合格
   B. 观感质量验收符合要求
   C. 有关安全和功能的检验资料完整
   D. 质量控制资料完整
   E. 主要使用功能的抽样检验结果符合相关规定

75. 根据事故责任分类,下列工程质量事故中,属于指导责任事故的有 （　　）
   A. 强令他人违章作业　　　　B. 浇筑混凝土时随意加水
   C. 降低工程质量标准　　　　D. 不按规范指导施工
   E. 地震造成工程破坏

76. 建设工程施工质量事故处理报告的内容包括 （　　）
   A. 工程项目和参建单位概况　B. 对事故处理的建议
   C. 事故处理的依据　　　　　D. 事故处理的结论
   E. 事故原因的分析

77. 关于分部分项工程成本分析及其方法的说法,正确的有 （　　）
   A. 施工项目成本分析的基础是分部分项工程成本分析
   B. 已完成分部分项工程是分部分项成本分析的对象
   C. 对于工程量小的零星工程,也必须进行成本分析
   D. 分析所用的目标成本来自施工预算
   E. 分析所用的预算成本来自投标报价成本

78. 下列选项中,属于第一类危险源控制措施的有 （　　）
   A. 个体防护　　　　　　　　B. 消除能量源
   C. 加强安全教育　　　　　　D. 定期检查
   E. 做好危险源控制管理

79. 下列事故中,县级人民政府立案自收到调查报告 15 日内应进行批复的有 （　　）
   A. 无人员死亡的较大事故
   B. 直接经济损失较小的重大事故
   C. 人员死亡的一般事故
   D. 特别重大事故
   E. 无人员伤亡的一般事故

80. 关于施工现场建筑垃圾处置的说法,正确的有 （　　）
   A. 建筑垃圾产生量不应大于 300 t/万 m²
   B. 建筑垃圾回收利用率应达到 30%
   C. 生活区应设置可回收与不可回收垃圾桶,并定期清运
   D. 办公区垃圾堆放区域应定期消毒
   E. 有毒有害废弃物应封闭分类存放

全国二级建造师执业资格考试
建设工程施工管理
临考突破试卷（三）

题 号	一	二	总 分
分 数			

得 分	评卷人

一、单项选择题（共60题，每题1分。每题的备选项中，只有1个最符合题意）

1. 对于采用投资补助、转贷和贷款贴息方式的政府投资项目，政府投资主管部门需审批 （　　）
   A. 项目建议书　　　　　　　　B. 可行性研究报告
   C. 开工报告　　　　　　　　　D. 资金申请报告

2. 施工图设计应编制（　　），作为工程施工的依据。
   A. 工程预算　　　　　　　　　B. 施工预算
   C. 施工图预算　　　　　　　　D. 施工组织设计

3. 关于平行承包模式特点的说法，错误的是 （　　）
   A. 有利于建设单位择优选择施工单位　　B. 不利于缩短建设工期
   C. 工程造价控制难度大　　　　　　　　D. 组织管理和协调工作量大

4. 建筑面积在（　　）万 m^2 以上的住宅建设工程必须实行监理。
   A. 3　　　　　　　　　　　　　B. 5
   C. 8　　　　　　　　　　　　　D. 10

5. 工程质量监督报告必须由（　　）签认。
   A. 项目经理　　　　　　　　　B. 施工单位负责人
   C. 工程质量监督负责人　　　　D. 工程质量监督机构负责人

6. 下列施工项目管理组织结构中，适用于技术复杂且时间紧迫的工程项目的是 （　　）
   A. 直线式组织结构　　　　　　B. 职能式组织结构
   C. 强矩阵式组织结构　　　　　D. 弱矩阵式组织结构

7. 下列情形中，无需及时对施工组织设计进行修改或补充的是 （　　）
   A. 某房屋建筑项目的机电系统进行重大调整
   B. 主要施工资源配置有重大调整
   C. 因造价原因需要对某房屋建筑的电梯品牌进行修改
   D. 因自然灾害导致某在建项目工期严重滞后

8. 施工组织设计应由（　　）主持编制，可根据需要分阶段编制和审批。
   A. 项目负责人　　　　　　　　B. 总承包单位技术负责人
   C. 施工单位技术负责人　　　　D. 项目技术负责人

9. 关于施工评标的说法，正确的是 （　　）
   A. 投标报价中大写金额与小写金额不一致时，将作无效标处理
   B. 投标人不接受修正价格的，双方应重新商议
   C. 总价金额与依据单价计算出的结果不一致时，以总价金额为准
   D. 修正的价格经投标人书面确认后具有约束力

10. 对于可调总价合同，常用的调价方法不包括 （　　）
    A. 文件证明法　　　　　　　　B. 票据价格调整法
    C. 价格指数调整法　　　　　　D. 公式调价法

11. 关于施工投标文件校对和密封的说法，错误的是 （　　）
    A. 施工投标文件在装订之前需要按招标文件要求进行全面校对
    B. 对于特殊重大工程项目，校对完成后需经由相关负责人审核
    C. 密封袋封口后，需按招标文件要求加盖投标人公章并签字确认
    D. 密封的施工投标文件可在投标截止日前在招标文件载明的地点递交招标人

12. 根据《标准施工招标文件》，监理人应在开工日期（　　）天前向承包人发出开工通知。
    A. 3　　　　　　　　　　　　　B. 5
    C. 7　　　　　　　　　　　　　D. 10

13. 某工程施工过程中，承包人按要求对隐蔽部位进行了覆盖后，监理人对质量存有疑问，经重新检查该隐蔽部位质量不符合合同要求。根据《标准施工招标文件》，由此增加的费用和（或）工期延误应由（　　）承担。
    A. 发包人　　　　　　　　　　B. 监理人
    C. 承包人　　　　　　　　　　D. 分包人

14. 根据《标准施工招标文件》，关于变更的说法，错误的是 （　　）
    A. 已标价工程量清单中有适用于变更工作的子目的，采用该子目的单价

B. 已标价工程量清单中无适用于变更工作的子目,但有类似子目的,可在合理范围内参照类似子目的单价

C. 已标价工程量清单中无适用或类似子目的单价,由监理人独立确定变更工作的单价

D. 除专用合同条款对期限另有约定外,承包人应在收到变更指示或变更意向书后的14天内,向监理人提交变更报价书

15. 根据《标准施工招标文件》,关于竣工验收的说法,正确的是（　　）

A. 需要进行国家验收的,国家验收是竣工验收的一部分

B. 工程接收证书颁发后,承包人应按要求对施工场地进行清理,竣工清场费用由发包人承担

C. 经验收合格工程的实际竣工日期,以实际竣工验收的日期为准,并在工程接收证书中写明

D. 全部工程竣工前,发包人因为使用已接收的单位工程增加了承包人费用的,发包人除承担由此增加的费用和(或)工期延误外,还应支付承包人合理的利润

16. 根据《标准施工招标文件》,承包人应在发出索赔意向通知书后(　　)天内,向监理人正式递交索赔通知书。

A. 14 B. 28
C. 30 D. 60

17. 关于实际竣工日期争议解决的说法,正确的是（　　）

A. 建设工程竣工验收合格的,以实际竣工日期为竣工日期

B. 承包人已经提交竣工验收报告,发包人拖延验收的,以承包人提交验收报告之日为竣工日期

C. 建设工程未经竣工验收的,以提交竣工验收报告日期为竣工日期

D. 建设工程未经竣工验收,发包人擅自使用的,以承包人提出验收申请之日为竣工日期

18. 根据《建设工程施工专业分包合同(示范文本)》,分包人不能按时开工,应当不迟于合同协议书约定的开工日期前(　　)天,以书面形式向承包人提出延期开工的理由。

A. 3 B. 5
C. 7 D. 10

19. 根据《建设工程施工劳务分包合同(示范文本)》,下列选项中,属于劳务分包人责任和义务的是（　　）

A. 满足劳务作业所需的能源供应

B. 负责编制施工组织设计

C. 为从事危险作业的职工办理意外伤害保险

D. 对工程的工期和质量向发包人负责

20. 某建设单位与供应商签订350万元的设备采购合同,供应商延迟25天交货。根据《标准设备采购招标文件》,供应商应向建设单位支付(　　)万元的迟延交付违约金。

A. 1.75 B. 3.5
C. 5.25 D. 7

21. 建设工程施工风险管理的工作程序中,风险应对的下一步工作是（　　）

A. 风险评估 B. 风险监控
C. 风险转移 D. 风险预测

22. 履约保证金不得超过中标合同金额的（　　）

A. 3% B. 5%
C. 10% D. 30%

23. 下列选项中,不可作为工程保险索赔证明的是（　　）

A. 保险单 B. 电话记录
C. 工程承包合同 D. 事故照片

24. 横道图的横轴和纵轴分别表示（　　）

A. 工程进度、施工过程 B. 工程进度、施工段
C. 施工过程、施工段 D. 工作面、施工段

25. 根据合理划分流水施工的施工段的要求,各施工段的劳动量应大致相等,相差幅度不宜超过（　　）

A. 5% B. 10%
C. 15% D. 20%

26. 某工程单代号网络计划如下图所示(时间单位:天),下列说法中,正确的是（　　）

A. 有2条关键线路 B. 工作B的自由时差为1天
C. 工作D的总时差为2天 D. 工作F的最迟开始时间为第21天

27. 某双代号时标网络计划如下图所示(时间单位:天),工作 A3 的最迟开始时间是第( )天。

```
    1  2  3  4  5  6  7  8  9  10 11 12 13
    ①─A1─②─A2─④──A3──⋯⋯──⑧──B3──⋯⋯
                    ↓         ↑
                    ⑤──B2──⑥
                    ↑         ↓
              ③──C1⋯⋯──⑦──C2──⑨──C3──⑩
                    B1
```

   A. 5   B. 6
   C. 7   D. 8

28. 关于网络计划中关键工作的说法,正确的是 ( )
   A. 关键线路上的工作不一定是关键工作
   B. 总时差等于零的工作一定是关键工作
   C. 双代号网络计划中,工作最迟完成时间与最早完成时间的差值最小的工作是关键工作
   D. 关键工作实际进度的拖后不一定影响工程总工期

29. 采用 S 曲线比较法进行实际进度与计划进度比较时,若工程实际进展点落在计划 S 曲线左侧,表明 ( )
   A. 此时实际进度超前   B. 此时实际进度拖后
   C. 实际进度进展不稳定   D. 此时实际进度与计划进度一致

30. 下列压缩工作持续时间的措施中,属于组织措施的是 ( )
   A. 增加施工机械数量   B. 改变施工工艺
   C. 缩短工艺技术间歇时间   D. 改善外部配合条件

31. 下列工程质量影响因素中,属于技术环境因素的是 ( )
   A. 气象条件   B. 人员的质量意识
   C. 质量评价标准   D. 质量管理制度

32. 整个组织内各级胜任、经授权并积极参与的人员,是提高组织创造和提供价值能力的必要条件,这体现了质量管理原则中的( )原则。
   A. 循证决策   B. 领导作用
   C. 全员积极参与   D. 改进

33. 建设工程项目的全面质量管理(TQC)强调的是 ( )
   A. 勘察设计和施工组织全过程的质量管理
   B. 全面、全过程、全员参与的质量管理
   C. 最高管理者和组织管理岗位的全员质量管理
   D. 全方位、全要素、全流程的质量管理

34. 施工现场质量检验中,对材料中磷的含量,常采用的检验方法是 ( )
   A. 感官检验法   B. 物理检验法
   C. 化学检验法   D. 现场试验法

35. 关于因果分析图法的说法,正确的是 ( )
   A. 因果分析图可以反映质量数据的分布特征
   B. 通常采用 QC 小组活动的方式进行因果分析
   C. 因果分析图可以定量分析影响质量的主次因素
   D. 一张因果分析图可以分析多个质量问题

36. 施工图会审会议一般由( )主持。
   A. 建设单位   B. 施工单位
   C. 监理单位   D. 设计单位

37. 下列质量控制点的重点控制对象中,属于施工技术参数类的是 ( )
   A. 水泥的强度   B. 回填土的含水量
   C. 预应力钢筋的张拉   D. 混凝土浇筑后的拆模时间

38. 施工质量检查验收各环节中,应由总监理工程师组织验收的是 ( )
   A. 分部工程质量验收   B. 检验批质量验收
   C. 分项工程质量验收   D. 竣工质量验收

39. 某工程施工中,因操作工人不听从指导,在混凝土振捣时出现疏漏造成混凝土质量事故。根据事故责任分类,该事故属于 ( )
   A. 技术原因引发的质量事故   B. 管理原因引发的质量事故
   C. 操作责任事故   D. 指导责任事故

40. 根据质量事故处理的一般程序,在制定事故处理的技术方案后,下一步应进行的工作是 ( )
   A. 事故调查分析   B. 事故处理
   C. 事故处理的鉴定验收   D. 提交处理报告

41. 下列费用中,不属于间接成本的是 ( )
   A. 管理人员工资   B. 差旅交通费
   C. 施工机具使用费   D. 办公费

42. 下列施工成本管理的环节中,成本控制的主要依据是 ( )
   A. 成本计划   B. 成本核算
   C. 成本分析   D. 成本考核

43. 下列工人工作时间中,不属于必需消耗的时间的是 （ ）
   A. 有效工作时间　　　　　　　　B. 休息时间
   C. 停工时间　　　　　　　　　　D. 不可避免的中断时间

44. 下列因素中,不属于周转性材料消耗应考虑的因素的是 （ ）
   A. 材料的总使用量　　　　　　　B. 材料的一次使用量
   C. 材料周转使用的次数　　　　　D. 材料的最终回收及回收折价

45. 施工责任成本是以（　　）为对象来进行归集的可控成本。
   A. 施工合同　　　　　　　　　　B. 预算成本
   C. 责任中心　　　　　　　　　　D. 施工定额

46. 施工成本指标控制的程序有:①找出偏差,分析原因;②采集成本数据,监测成本形成过程;③调整改进成本管理方法;④确定成本管理分层次目标;⑤制定对策,纠正偏差。其正确的工作步骤是 （ ）
   A. ③→②→①→④→⑤　　　　B. ④→②→③→⑤→①
   C. ③→④→②→①→⑤　　　　D. ④→②→①→⑤→③

47. 关于施工材料费控制的说法,正确的是 （ ）
   A. 主要是控制材料的采购价格　　B. 应遵循"量价分离"原则
   C. 应由施工作业者包干控制　　　D. 主要是定额控制

48. 下列施工成本纠偏措施中,属于经济措施的是 （ ）
   A. 编制成本管理工作计划　　　　B. 进行技术经济分析
   C. 编制资金使用计划　　　　　　D. 进行材料使用的比选

49. 通过对两个性质不同且相关的指标进行对比,可考察项目经营成果的好坏,该成本分析方法是 （ ）
   A. 差额计算法　　　　　　　　　B. 相关比率法
   C. 动态比率法　　　　　　　　　D. 比较法

50. 下列内容中,不属于单位工程竣工成本综合分析的是 （ ）
   A. 三算对比分析　　　　　　　　B. 竣工成本分析
   C. 主要资源节超对比分析　　　　D. 主要技术节约措施及经济效果分析

51. 在组织建立职业健康安全管理体系的程序中,体系建立前的培训的紧后工作是 （ ）
   A. 领导决策　　　　　　　　　　B. 初始状态评审
   C. 体系策划和设计　　　　　　　D. 体系试运行

52. 关于职业健康安全管理体系评审的说法,正确的是 （ ）
   A. 内部审核可分为常规内审和非常规内审
   B. 管理评审一般每2年进行1次
   C. 例行的常规内审应每年进行2次
   D. 管理评审一般由总经理主持

53. 下列风险控制措施中,属于第二类危险源控制措施的是 （ ）
   A. 加强安全教育　　　　　　　　B. 消除能量源
   C. 采用个人防护用品　　　　　　D. 屏蔽隔离

54. 企业新上岗的从业人员,岗前安全培训时间不得少于（　　）学时。
   A. 12　　　　　　　　　　　　　B. 24
   C. 36　　　　　　　　　　　　　D. 48

55. 关于安全生产许可证的说法,正确的是 （ ）
   A. 企业在竣工前应办理安全生产许可证
   B. 安全生产许可证的有效期为1年
   C. 企业应于有效期期满前3个月办理延期手续
   D. 企业未发生死亡事故的,安全生产许可证有效期自动延期

56. 建筑施工企业应每（　　）年进行1次应急预案评估。
   A. 1　　　　　　　　　　　　　　B. 2
   C. 3　　　　　　　　　　　　　　D. 5

57. 根据《建筑工程绿色施工规范》,下列选项中,不属于建设单位绿色施工职责的是 （ ）
   A. 提供场地、环境等方面的条件保障
   B. 向施工单位提供建设工程绿色施工的设计文件
   C. 建立建设工程绿色施工的协调机制
   D. 组织绿色施工的全面实施

58. 施工现场的"五牌一图"应当包括工程概况牌、管理人员名单及监督电话牌、消防保卫牌和 （ ）
   A. 安全生产牌、环境保护牌和建筑总平面图
   B. 安全生产牌、文明施工牌和施工现场总平面图
   C. 质量监督牌、环境保护牌和建筑总平面图
   D. 质量监督牌、文明施工牌和施工现场总平面图

59. 根据《建设工程项目管理规范》,项目管理的基本制度是 （ ）
   A. 全员参与责任制　　　　　　　B. 项目管理责任制度
   C. 项目层次管理制度　　　　　　D. 过程控制管理制度

60. 下列选项中,不属于施工模型的建立过程中扩展信息的表现形式的是 （ ）
   A. 文档　　　　　　　　　　　　B. 图像
   C. 音频　　　　　　　　　　　　D. 视频

二、多项选择题(共20题,每题2分。每题的备选项中,有2个或2个以上符合题意,至少有1个错项。错选,本题不得分;少选,所选的每个选项得0.5分)

61. 下列情形中,不得认定为投资项目资本金的有 ( )
    A. 通过发行金融工具等方式筹措的各类资金
    B. 存在本息回购承诺、兜底保障等收益附加条件
    C. 按照国家统一的会计制度分类为权益工具的
    D. 当期债务性资金偿还前,可以分红或取得收益的
    E. 在清算时受偿顺序优先于其他债务性资金

62. 下列选项中,属于总监理工程师职责的有 ( )
    A. 组织编制监理规划   B. 组织召开监理例会
    C. 签发工程开工令   D. 组织编写监理日志
    E. 参与工程变更的审查和处理

63. 施工组织总设计对整个项目的施工过程起统筹规划、重点控制的作用。下列内容中,属于施工组织总设计的内容的有 ( )
    A. 工程概况   B. 施工部署
    C. 施工总进度计划   D. 主要施工方案
    E. 施工现场平面布置

64. 关于施工招标的说法,正确的有 ( )
    A. 招标分为公开招标和邀请招标两种方式
    B. 招标公告适用于进行资格后审的邀请招标
    C. 已发出的资格预审文件可进行澄清或修改
    D. 投标预备会主要是为了澄清投标人提出的问题
    E. 招标文件修改内容可能影响投标文件编制的,招标人应在投标截止时间至少7日前,以书面形式通知所有潜在投标人

65. 下列情形中,可选择报高价的有 ( )
    A. 施工条件差的工程
    B. 投标对手多,竞争激烈的工程
    C. 非急需工程
    D. 专业要求高,技术复杂的工程
    E. 工期要求紧的工程

66. 根据《标准施工招标文件》,下列选项中,属于工程变更范围情形的有 ( )
    A. 改变合同中任何一项工作的施工时间
    B. 改变合同中任何一项工作的质量或其他特性
    C. 改变合同工程的基线、标高、位置或尺寸
    D. 取消合同中任何一项工作,被取消的工作转由发包人实施
    E. 为完成工程需要追加的额外工作

67. 关于承包人索赔处理程序的说法,正确的有 ( )
    A. 监理人收到承包人提交的索赔通知书后,必要时可以要求承包人提交全部原始记录副本
    B. 监理人在收到索赔通知书的60天内作出索赔处理结果
    C. 承包人接受索赔处理结果的,发包人应在作出索赔处理结果答复后28天内完成赔付
    D. 监理人应按相关条款与合同当事人商定或确定追加的付款和(或)延长的工期
    E. 承包人不接受索赔处理结果的,应直接向法院起诉索赔

68. 根据《建设工程施工专业分包合同(示范文本)》,承包人应完成的工作包括 ( )
    A. 提供合同专用条款中约定的设备和设施
    B. 负责整个施工场地的管理工作
    C. 对分包工程进行设计
    D. 编制详细的分包工程施工组织设计
    E. 组织分包人参加发包人组织的图纸会审

69. 风险评估报告应包括的内容有 ( )
    A. 风险发生的可能性   B. 各类风险发生的概率
    C. 风险源类型、数量   D. 可能造成的损失量和风险等级
    E. 风险相关的条件因素

70. 关于工程质量保证金的说法,正确的有 ( )
    A. 工程质量保证金是为保证承包人履行施工合同而进行的一种担保
    B. 工程竣工前,承包人已缴纳履约保证金的,发包人不得同时预留工程质量保证金
    C. 以银行保函替代预留工程质量保证金的,保函金额不得超过工程价款结算总额的2%
    D. 工程质量保证金总预留比例不得高于工程价款结算总额的3%
    E. 采用工程质量保证担保的,发包人不得再预留工程质量保证金

71. 施工进度的表达形式中,网络图的特点有 ( )
    A. 能明确表达工作之间的逻辑关系   B. 便于对计划进行优化和调整
    C. 编制简单,使用方便   D. 时间参数的计算比较繁琐
    E. 可利用电子计算机对网络计划进行编制与调整

72.关于流水施工组织方式特点的说法,正确的有（　　）
  A.尽可能利用工作面施工,工期较短
  B.各专业队实现专业化施工,有利于提高施工技术水平和劳动效率
  C.专业工作队连续施工,可最大限度地进行搭接作业
  D.不利于资源供应的组织
  E.为施工现场的文明施工和科学管理创造了有利条件

73.质量管理体系文件一般包括（　　）
  A.质量手册　　　　　　　　B.程序文件
  C.操作规程　　　　　　　　D.作业指导书
  E.质量计划

74.工程施工质量验收环节中,需要进行观感质量验收的有（　　）
  A.分部工程质量验收　　　　B.检验批质量验收
  C.单位工程质量验收　　　　D.分项工程质量验收
  E.装配式混凝土结构质量验收

75.按成本要素构成划分,施工成本包括（　　）
  A.进度成本　　　　　　　　B.工期成本
  C.安全成本　　　　　　　　D.质量成本
  E.环保成本

76.关于挣值法及相关评价指标的说法,正确的有（　　）
  A.费用偏差为正值时,表示实际费用超支
  B.进度偏差为负值时,表示实际进度拖后
  C.拟完工程预算费用在工程实施过程中可以进行变更
  D.采用挣值法可以克服进度、费用分开控制的缺点
  E.费用(进度)绩效指数在同一项目和不同项目比较中均可采用

77.关于施工成本偏差分析表达方法的说法,正确的有（　　）
  A.横道图法形象、直观,一目了然
  B.表格法可直接在表格中进行费用偏差分析
  C.横道图法反映的信息较多,是最常用的一种方法
  D.赢得值曲线最理想的状态是三条曲线靠得很近且平稳上升
  E.曲线法能够反映项目进展的进度偏差

78.下列选项中,可作为对企业项目成本考核指标的有（　　）
  A.项目施工成本降低率　　　B.项目施工成本降低额
  C.目标总成本降低额　　　　D.目标总成本降低率
  E.生产能力利用率

79.下列分部分项工程中,必须编制专项施工方案并进行专家论证、审查的有（　　）
  A.高大模板工程　　　　　　B.爆破工程
  C.起重吊装工程　　　　　　D.深基坑工程
  E.地下暗挖工程

80.关于归档文件质量要求的说法,正确的有（　　）
  A.所有竣工图均应加盖竣工图章
  B.竣工图章尺寸为 40 mm×90 mm
  C.竣工图章应盖在图标栏下方空白处
  D.工程文件可以使用蓝黑墨水书写
  E.工程文件可以使用红色墨水书写

参考答案及解析

临考突破试卷(一)

一、单项选择题

1. C 【解析】根据《国务院关于加强固定资产投资项目资本金管理的通知》,基础设施项目中,港口、沿海及内河航运项目最低资本金比例由25%调整为20%;机场项目最低资本金比例维持25%不变,其他基础设施项目维持20%不变。

2. C 【解析】建设工程自竣工验收合格之日起即进入缺陷责任期。故选项A错误。承包人应在缺陷责任期内对已交付使用的工程承担缺陷责任。故选项B错误。在合同约定的缺陷责任期满时,承包人没有完成缺陷责任的,发包人有权扣留与未履行责任剩余工作所需金额相应的质量保证金金额,并有权根据合同约定要求延长缺陷责任期,直至完成剩余工作为止。故选项D错误。

3. B 【解析】施工总承包管理模式下的分包合同,一般由业主与分包单位直接签订。故选项A错误。施工总承包管理单位不仅要负责其所承包施工任务的总体管理和组织协调,还应对项目目标控制承担责任。故选项C错误。施工总承包管理单位对分包工程进行质量控制,符合"他人控制"原则,有利于质量控制,可以减轻业主管理的工作量。故选项D错误。

4. D 【解析】联合体可由一家或几家发起,通过内部协商明确各方的权利、权利和义务,并按各方的投入比重确定其经济利益和风险承担程度。故选项A错误。一般以联合体的名义共同与业主签订承包合同,联合体的各方对承包合同的履行承担连带责任。故选项B错误。采用联合体承包模式时,业主的组织协调工作量小,有利于工期和造价的控制。故选项C错误。采用联合体承包时,联合体可以集中各成员的技术、资金、管理和经验等方面的优势,增强了竞争能力,也增强了抗风险能力。故选项D正确。

5. D 【解析】在施工准备阶段,项目监理机构应核查施工机械和设施的安全许可验收手续。故选项A错误。工程开工令应由总监理工程师签发。故选项B错误。项目监理机构应参加由建设单位组织的工程竣工验收,对验收中提出的整改问题,应督促施工单位及时整改。故选项D错误。

6. A 【解析】建设单位在开工前,应当按照国家有关规定办理工程质量监督手续,工程质量监督手续可以与施工许可证或者开工报告合并办理。

7. A 【解析】施工单位应建立以项目经理为第一责任人的绿色施工管理体系,制定绿色施工管理制度,负责绿色施工的组织实施,进行绿色施工教育培训,开展自检、检查和评价工作。

8. B 【解析】矩阵式组织结构形式按项目经理的权限可分为弱矩阵式组织结构、中矩阵式组织结构和强矩阵式组织结构。其中,强矩阵式组织结构的特点有项目经理直接向最高领导负责,具有较大权限,全权负责该项目;项目组织成员只对项目经理负责,其绩效完全由项目经理考核。

9. C 【解析】根据《标准施工招标文件》,承包人应按合同约定指派项目经理,并在约定的期限内到职。承包人更换项目经理应事先征得发包人同意,并在更换14天前通知发包人和监理人。项目经理短期离开施工场地,应事先征得监理人同意,并委派代表代行其职责。

10. B 【解析】建筑企业的工程管理部门负责项目实施策划的内容包括:(1)明确项目管理模式,划分施工任务。(2)提出重大施工技术方案的初步意见、施工组织总体安排的意见、试验室设置意见。(3)提出试验检测管理方案、工期控制目标、工程施工分包管理要求。(4)确定工程测量管理方案、实施性施工组织设计、工程标准及管理要求、重大施工技术方案分级管理要求。选项B属于人力资源管理部门负责策划的内容。

11. B 【解析】施工方案包括工程概况、施工安排、施工进度计划、施工准备与资源配置计划、施工方法及工艺要求等内容。其中,施工进度计划的编制应内容全面、安排合理、科学实用,在进度计划中应反映出各施工区段或各工序之间的搭接关系、施工期限和开始、结束时间。

12. B 【解析】项目目标动态控制过程中,可采取的纠偏措施主要有组织措施、合同措施、经济措施、技术措施。选项A属于组织措施;选项B属于合同措施(题干以"合同交底"为合同措施示例),选项C、工程变更、索赔等方面的优化和调整。选项A属于组织措施;选项C属于经济措施;选项D属于技术措施。

13. C 【解析】与邀请招标方式相比,公开招标方式的工作量大、周期长,所花费的人力、物力、财力多。故选项C错误。

14. A 【解析】资格预审分初步审查和详细审查两个环节。其中,详细审查的内容包括申请人的资质等级、财务状况、信誉、类似项目业绩等。故选项B错误。资格预审的方法有合格制和有限数量制两种,两种方式均需进行初步审查和详细审查。故选项C错误。招标人应在规定时间内将资格预审结果以书面形式通知申请人,并向通过资格预审的申请人发出投标邀请书。故选项D错误。

15. B 【解析】投标报价有算术错误的,评标委员会按以下原则对投标报价进行修正:投标文件中的大写金额与小写金额不一致的,以大写金额为准;总价金额与依据单价计算出的结果不一致的,以单价金额为准修正总价,但单价金额小数点有明显错误的除外。修正的价格经投标人书面确认后具有约束力。投标人不接受修正价格的,其投标作废标处理。

16. C 【解析】单价合同是指合同当事人约定以工程量清单及其综合单价进行合同价格计算、调整和确认的建设工程施工合同,在约定的范围内合同单价不作调整。故选项A错误。单价合同中,工程量只是参考数字,应按实际完成的工程量和承包商所报的单价(合同单价)计算实际合同价款。故选项B错误。采用可调单价时,施工单位风险较小。故选项D错误。

17. D 【解析】工程成本加酬金合同适用于以下情况:(1)工程特别复杂,工程技术、结构方案不能预先确定,或者尽管可以确定工程技术和结构方案,但不可能进行竞争性的招标活动并以总价合同或单价合同的形式确定承包人。(2)时间特别紧迫,来不及进行详细的计划和商谈,如抢险、救灾工程。

18. A 【解析】编制投标报价时,其他项目应按下列规定报价:(1)暂列金额应按招标工程量清单中列出的金额填写,即暂列金额不得变动。(2)材料、工程设备暂估价应按招标工程量清单中列出的单价计入综合单价,即材料、工程设备暂估价不得变动和更改。(3)专业工程暂估价应按招标工程量清单中列出的金额填写,即专业工程暂估价不得变动和更改。(4)计日工应按招标工程量清单中列出的项目和数量,自主确定综合单价并计算计日工金额。(5)总承包服务费应根据招标工程量清单的内容和提出的要求自主确定。

19. C 【解析】综合单价=(人、材、机费用+企业管理费+利润)/清单工程量,代入题干数值得,投标人报价时的挖土方综合单价=(50 000 + 6 500 + 4 750)/800 = 76.56(元/m³)。

20. C 【解析】不平衡报价法的应用:(1)可适当提高单价的情况包括预计将来会增加工程量的项目;暂定项目中必定要施工的不分项项目;单价与包干混合制合同中采用包干报价的项目;综合单价分析表中的人工费、机械费项目;设计图纸不明确而预计后期修改会增加工程量的项目;早日结账收款项目等。(2)可适当降低单价的情况包括预计开工后工程量会减少的项目;暂定项目中不一定要施工的不分项项目;单价与包干混合制合同中不采用包干报价的其他项目;综合单价分析表中的材料费项目;工程内容说明不清楚的项目;账款结算较晚的项目。

21. C 【解析】组成合同的各项文件应互相解释,互为说明。除专用合同条款另有约定外,解释合同文件的优先顺序如下:(1)合同协议书。(2)中标通知书。(3)投标函及其附录。(4)专用合同条款。(5)通用合同条款。(6)技术标准和要求。(7)图纸。(8)已标价工程量清单。(9)其他合同文件。

22. A 【解析】监理人认为有必要时,可向承包人作出暂停施工的指示,承包人应按监理人指示暂停施工。不论由于何种原因引起的暂停施工,暂停施工期间承包人应负责妥善保护工程并提供安全保障。由于发包人原因引起的暂停施工造成工期延误的,承包人有权要求发包人延长工期和(或)增加费用,并支付合理利润。由于发包人的原因发生暂停施工的紧急情况,且监理人未能及时下达暂停施工指示,承包人可先暂停施工,并及时向监理人提出暂停施工的书面请求。监理人应在接到书面请求后的24小时内予以答复,逾期未答复的,视为同意承包人的暂停施工请求。

23. A 【解析】根据《标准施工招标文件》,承包人未通知监理人到场检查,私自将工程隐蔽部位覆盖的,监理人有权指示承包人钻孔探测或揭开检查,由此增加的费用和(或)工期延误由承包人承担。

24. A 【解析】预付款必须专用于合同工程。故选项A错误。根据《建设工程工程量清单计价规范》,包工包料工程的预付款的支付比例不得低于签约合同价(扣除暂列金额)的10%,不宜高于签约合同价(扣除暂列金额)的30%。故选项B错误。发包人没有按时支付安全文明施工费的,承包人可催告发包人支付;发包人在付款期满后的7天内仍未支付的,若发生安全事故,发包人应承担相应责任。故选项D错误。

25. C 【解析】工程施工过程中发生事故的,承包人应立即通知监理人,监理人应立即通知发包人。发包人和承包人应立即组织人员和设备进行紧急抢救和抢修,减少人员伤亡和财产损失,防止事故扩大,并保护事故现场。

26. D 【解析】变更指示只能由监理人发出。承包人收到变更指示后,应按变更指示进行变更工作。故选项A错误。在合同履行过程中,可能发生通用合同条款相关约定情形的,监理人可向承包人发出变更意向书。变更意向书应说明变更的具体内容和发包人对变更的时间要求,并附必要的图纸和相关资料。故选项B错误。除专用合同条款对变更另有约定外,承包人应在收到变更指示或变更意向书后的14天内,向监理人提交变更报价书。故选项C错误。

27. B 【解析】若发包人延迟提供施工场地或提供图纸延误,承包人可要求索赔费用、工期及合理利润。故选项B正确。选项A可索赔工期和费用;选项C、D仅可索赔费用。

28. C 【解析】未经承包人允许,分包人不得以任何理由与发包人或工程师(监理人)发生直接工作联系,分包人也不得直接接受发包人或工程师的指令。故选项A错误。就分包工程范围内的有关工作,承包人随时可以向分包人发出指令,分包人应执行承包人根据分包合同所发出的所有指令。故选项B错误。已竣工工程未交付承包人之前,分包人应负责已完分包工程的成品保护工作,保护期间发生损坏,分包人自费予以修复。承包人要求分包人采取特殊措施保护工程的部位和相应的追加合同款额,双方在合同专用条款内约定。故选项D错误。

29. D 【解析】劳务分包人施工开始前,工程承包人应获发包人为施工场地内的自有人员人身伤亡保险办理,且不需劳务分包人支付保险费用。故选项A错误。运至施工场地用于劳务施工的材料和待安装设备,由工程承包人办理或获得保险,且不需劳务分包人支付保险费用。故选项B错误。工程承包人必须为租赁或提供给劳务分包人使用的施工机械设备办理保险,并支付保险费用。故选项C错误。

30. A 【解析】根据《标准材料采购招标文件》,卖方未能按时交付合同材料的,应向买方支付迟延交货违约金。卖方支付迟延交货违约金,不能免除其继续交付合同材料的义务。除专用合同条款另有约定外,迟延交付材料违约金计算方法为延迟交付违约金=延迟交付材料金额×0.08%×延迟交货天数。迟延交付违约金的最高限额为合同价格的10%。买方未能按合同约定支付合同价款的,应向卖方支付迟延付款违约金。除专用合同条款另有约定外,迟延付款违约金的计算方法为延迟付款违约金=延迟付款金额×0.08%×延迟付款天数。迟延付款违约金的总额不得超过合同价格的10%。代入题干数据得,迟延交付违约金=350×0.08%×35=9.8(万元)<350×10%=35(万元);迟延付款违约金=185×51.8(万元)>35万元,取35万元,建设单位实际应支付供应商违约金=35-9.8=25.2(万元)。

31. C 【解析】施工承包风险主要有施工项目本身存在的风险(如施工组织管理、施工质量安全、施工进度、施工价款结算及支付、工程分包等方面的风险)以及施工项目外部环境存在的风险(如自然环境、社会环境、市场环境、政策等方面的风险)。

32. C 【解析】根据《建设工程质量保证金管理办法》,在工程项目竣工前,已缴纳履约保证金的,发包人不得同时预留工程质量保证金。采用工程质量保证担保、工程质量保险等其他保证方式的,发包人不得再预留工程质量保证金。故选项C错误。

33. A 【解析】建筑工程一切险是指工程参建单位为建筑工程项目进行全面投保,保险人根据合同约定,对在施工期间工程本身、施工机具或者工地设备因自然灾害或者意外事故而遭受的损失承担赔偿责任的一种保险。建筑工程一切险在投保时应以发包人和承包人双方的共同名义投保。故选项A错误。

34. C 【解析】横道图不便于对计划进行调整和优化,不便于利用电子计算机。故选项C错误。

35. A 【解析】流水施工参数包括空间参数、时间参数和工艺参数。其中,工艺参数是指流水施工在施工工艺方面进展状态的参数,包括施工过程和流水强度。

36. D 【解析】该楼板结构工程适用组织非节奏流水施工。非节奏流水施工可采用累加数列错位相减取大差法计算流水步距。由题干表可知,钢筋绑扎累加数列分别为4,9,15;混凝土浇筑累加数列分别为2,5,7;由下图可知,错位相减最大值是10。故钢筋绑扎与混凝土浇筑之间的流水步距为10。

$$\begin{array}{r} 4,9,15 \\ -)2,5,7 \\ \hline 4,7,10,-7 \end{array}$$

37. B 【解析】在双代号网络图中,节点包含起始节点(一个,只有外向箭线)、中间节点(很多,有外向箭线和内向箭线)、终点节点(一个,只有内向箭线)三种类型。在一个双代号网络图中,只允许有一个起始节点,但其他所有节点均为中间节点,但是多目标网络计划除外。在本题图中,有⑥和⑦两个终点节点。

38. A 【解析】由题干得,该工作的最迟完成时间=其紧后工作的最迟开始时间的最小值=min{10,12}=10,该工作的最迟开始时间=本工作最迟完成时间-本工作持续时间=10-2=8。

39. A 【解析】压缩工作持续时间的措施通常包括组织措施、技术措施、经济措施和其配套措施。其中,技术措施主要包括:(1)采用更先进的施工方式和施工机械,如将占用工期时间长的现场制造方案改为场外预制,场内拼装。(2)改进施工工艺或技术,如采用外加剂,以缩短混凝土的凝固时间、拆模期等。选项B,C均属于组织措施;选项D属于其他配套措施。

40. D 【解析】在进行现场检查和评定后,应由检查组编写检查报告,并经检查组全体成员签字后报送给认证机构。检查报告是现场检查和评价结果的证明文件。

41. B 【解析】随机抽样就是每次抽取样本时,批中所有的单位产品都具有被抽到的机会的一种抽样方法。最常用的随机抽样法有简单随机抽样法、分层随机抽样法、系统随机抽样法、分阶段随机抽样法等。其中,系统随机抽样主要用于工序质量检验。

42. A 【解析】排列图法一般采用ABC分类管理法,按照累计频率将影响因素分为3类。累计频率在0~80%的为A类,是主要因素;累计频率在80%~90%的为B类,是次要因素;累计频率在90%~100%之间的为C类,是一般因素。

43. D 【解析】装配式建筑混凝土预制构件出厂时的混凝土强度不宜低于设计混凝土强度等级值的75%。装配式建筑混凝土预制构件属于重要材料,其使用时必须经过监理工程师签字和项目经理签准。

44. D 【解析】为保证施工质量,在项目开工前,项目技术负责人应向分包人或承担施工的负责人进行书面技术交底。施工项目技术人员应负责编制技术交底书,并经项目技术负责人批准后方可实施。

45. C 【解析】根据工程质量事故造成的人员伤亡或者直接经济损失,工程质量事故分为4个等级:(1)特别重大事故,是指造成30人以上死亡,或者100人以上重伤,或者1亿元以上直接经济损失的事故。(2)重大事故,是指造成10人以上30人以下死亡,或者50人以上100人以下重伤,或者5000万元以上1亿元以下直接经济损失的事故。(3)较大事故,是指造成3人以上10人以下死亡,或者10人以上50人以下重伤,或者1000万元以上5000万元以下直接经济损失的事故。(4)一般事故,是指造成3人以下死亡,或者10人以下重伤,或者100万元以上1000万元以下直接经济损失的事故。上述所称的"以上"包括本数,所称的"以下"不包括本数。质量事故分类等级遵循从重原则。根据题干,该质量事故造成6人死亡,10人重伤,直接经济损失2000万元,均符合较大事故的判定标准。

46. A 【解析】工程质量缺陷及事故处理的基本方法包括返修处理、加固处理、返工处理、限制使用、不作处理、报废处理。其中,返修处理适用于工程经适当修复可达标准,不影响使用功能或外观要求的情况。例如,对于混凝土裂缝,可根据裂缝宽度和深度的不同采用灌浆修补法、表面密封法、嵌缝封闭法等进行返修处理。

47. C 【解析】编制人工定额可采用的方法有经验估计法、技术测定法、统计分析法和比较类推法。其中,比较类推法常适用于同类型产品规格多、工作量小、工序重复的施工过程。

48. 【解析】施工机械台班产量定额=机械1小时纯工作正常生产率(机械纯工作1小时正常循环次数×一次循环生产的产品数量)×工作班延续时间×机械利用系数=(60/5)×1.2×8×0.95=109.44(m³/台班)。

49. A 【解析】对施工单位来说,所有工作全部按最早开始时间开始工作、按最早完成时间完成,这样有利于尽早获得工程进度款,且会提高项目按期竣工的保证率。故选项B错误。S形曲线图可以进行调整,如通过调整非关键工作的最早开始时间或最迟开始时间,将成本支出控制在计划范围之内。故选项C错误。

50. C 【解析】费用偏差=已完工程预算费用-已完工程实际费用。因为截至第4个月底累计实际完成工程量3800m³,所以费用偏差=3800×450-3800×480=-114000(元)=-11.4(万元)。

51. D 【解析】企业最高管理者应按策划的时间间隔对组织的职业健康安全管理体系进行管理评审,以确保其持续的适宜性、充分性和有效性。

52. D 【解析】全员安全生产责任制度是组成企业岗位责任制度的一部分,也是企业最基本和最核心的安全生产管理制度。

53. C 【解析】特种作业人员必须经过专门的安全技术培训并考核合格,取得《特种作业操作证》后,方可上岗作业。特种作业操作证每3年复审1次。故选项B错误。特种作业人员在特种作业操作证有效期内,连续从事本工种10年以上,严格遵守有关安全生产法律法规的,经原考核发证机关或者从业所在地考核发证机关同意,特种作业操作证的复审时间可以延长至每6年1次。

54. C 【解析】登高作业应借助施工通道、梯子及其他攀登设施和用具。使用固定式直梯攀登作业时,当攀登高度超过3m时,宜加设护笼;当攀登高度超过8m时,应设置梯间平台。故选项C错误。

55. C 【解析】对于重大事故隐患,生产经营单位除依照有关规定报送外,应当及时向安全监管监察部门和有关部门报告。重大事故隐患报告内容应当包括:(1)隐患的现状及其产生原因。(2)隐患的危害程度和整改难易程度分析。(3)隐患的治理方案。

56. 【解析】特别重大事故、重大事故逐级上报至国务院应急管理部门和负有安全生产监督管理职责的有关部门;较大事故逐级上报至省、自治区、直辖市人民政府应急管理部门和负有安全生产监督管理职责的有关部门;一般事故上报至设区的市级人民政府应急管理部门和负有安全生产监督管理职责的有关部门。

57. B 【解析】循环经济要求以"3R原则"为经济活动的行为准则。"3R原则"即减量化原则、再利用原则、再循环原则。

58. 【解析】根据《建筑施工场界环境噪声排放标准》,昼间噪声排放限值为70 dB(A),夜间噪声排放限值为55 dB(A)。夜间最大声级超过限值的幅度不得高于15 dB(A)。

59. B 【解析】工程污水和试验室养护用水应经处理达标后排入市政污水管道,排入后,检测频率不应少于每月1次。故选项B错误。

60. C 【解析】工程文件应采用碳素墨水、蓝黑墨水等耐久性强的书写材料,不得使用红色墨水、纯蓝墨水、圆珠笔、复写纸、铅笔等易褪色的书写材料。故选项A错误。所有竣工图均应加盖竣工图章。故选项B错误。工程档案的编制不得少于两套,一套应由建设单位保管,一套(原件)应移交当地城建档案管理机构保存。故选项D错误。

二、多项选择题

61. BDE 【解析】下列建设工程必须实行监理:(1)国家重点建设工程。(2)大中型公用事业工程。(3)成片开发建设的住宅小区工程。(4)利用外国政府或者国际组织贷款、援助资金的工程。(5)国家规定必须实行监理的其他工程。

62. BDE 【解析】根据《建设工程施工项目经理岗位标准》,项目经理的职责主要有但不限于下列权限:(1)参与项目投标及施工合同签订。(2)参与组建项目经理部,提名项目副经理人,选用项目团队成员。(3)主持项目经理部工作,组织制定项目经理部管理制度。(4)决定企业授权范围内的资源投入和使用。(5)参与分包合同和供货合同签订。(6)在授权范围内直接与项目相关方进行沟通。(7)根据企业考核评价办法组织项目团队成员绩效考核评价,按企业薪酬制度拟定项目团队成员绩效工资分配方案,提出不称职管理人员解聘建议。选项A,C属于项目经理的职责。

63. ABD 【解析】施工组织设计按编制对象,可分为施工组织总设计、单位工程施工组织设计和施工方案。其中,施工方案有时也被称为分部(分项)工程或专项工程施工组织设计。

64. ACDE 【解析】资格预审是指在投标前对潜在投标人进行的资格审查。资格预审公告的内容包括:招标条件;项目概况与招标范围;申请人资格要求;资格预审方法;资格预审文件的获取;资格预审申请文件的递交;发布公告的媒介及联系方式等。

65. BCD 【解析】建设工程固有特性包括实用性、安全性、可靠性、经济性、美观性和环境协调性。其中,安全性的内容包括防灾、抗灾能力强;安全防范、预警效果好;满足强度、刚度、稳定性要求。

66. ABD 【解析】投标报价不能高于招标人设定的招标控制价。投标报价的具体规定如下:(1)投标报价应由投标人或受其委托具有相应资质的工程造价咨询人编制。(2)投标人应依据《建设工程工程量清单计价规范》的规定自主确定投标报价。(3)投标报价不得低于工程成本。(4)投标人必须按招标工程量清单填报价格。项目编码、项目名称、项目特征、计量单位、工程量必须与招标工程量清单一致。(5)投标人的投标报价高于招标控制价的应否决其投标。

67. ACD 【解析】监理人对竣工付款申请单有异议的,有权要求承包人进行修正和提供补充资料。经监理人和承包人协商后,由承包人向监理人提交修正后的竣工付款申请单。故选项B错误。发包人应在监理人出具竣工付款证书后的14天内,将应支付款支付给承包人。发包人不按期支付的,按约定将逾期违约金支付给承包人。故选项E错误。

68. ACDE 【解析】根据《建设工程施工劳务分包合同(示范文本)》,劳务分包人在动力设备、输电线路、地下管道、密闭防爆车间、易燃易爆地段以及临街交通要道附近施工时,施工开始前应向工程承包人提出安全防护措施,经工程承包人认可后实施,防护措施费用由工程承包人承担。

69. ABDE 【解析】施工风险管理计划编制依据应包括下列内容:项目范围说明;招投标文件与工程合同文件;风险分解的结果;组织的风险管理制度;其他相关信息和历史资料。

70. ADE 【解析】施工进度的影响因素中,施工单位自身的因素包括施工技术因素如施工技术方案不合理;施工组织管理因素如材料使用不合理;施工

艺、施工安全措施、施工方案不当;技术应用不成熟;施工设备不配套、有故障等。选项B,C均属于组织管理因素。

71. CDE 【解析】第6周末检查进度时,工作D拖后1周,因其有1周的总时差,所以不影响工期。故选项A错误。第10周末检查进度时,工作G拖后1周,因其没有总时差,所以影响工期1周。故选项B错误。第6周末检查进度时,工作C拖后2周,因其没有总时差,所以影响工期2周。故选项C正确。第6周末检查进度时,工作E提前1周,但E不是关键工作,不影响工期。故选项D正确。第10周末检查进度时,工作H拖后1周,但H不是关键工作,不影响工期。故选项E正确。

72. ABE 【解析】质量手册的主要内容包括标题和范围;目录;评审、批准和修订;质量方针和质量目标;组织机构、质量职责和权限;引用文件;质量管理体系的描述;附录。

73. ACD 【解析】工作保证体系的内容主要包括建立工作制度、明确工作任务两个方面,工作保证体系应在施工准备阶段、施工阶段和竣工验收阶段落实。

74. ABCD 【解析】施工质量的检验方法中,机械性能检测又称物理力学性能检验,其主要利用物理力学专用仪器进行检验,如检验耐磨、抗拉、抗压、抗剪、冲击韧性等力学性能。

75. ABCE 【解析】责任成本是一种以具体的责任中心(部门、单位或个人)为成本计算对象,以其承担的责任为范围所归集的成本,其具有可控性、预计性、可计量性、可考核性4个条件。

76. BCD 【解析】关键绩效指标(KPI)的特点包括:(1)优势。可以明确企业成本管理目标,将目标层层分解落实到岗位关键绩效指标,考核目标明确,重点指标锁定,紧抓关键指标,突出管理的效能;由于KPI考核大多是量化指标,便于量化考核,可反映真实成本管理水平,提高考核的客观性;KPI指标比目标管理更显灵活,可提高管理的成效。(2)劣势。KPI考核并不适用于所有岗位,适用范围有限,不适合于周期长的中高层考核,对于不太好提取具体考核指标的职能部门不适用KPI考核;指标库的提取工作量大,实施工作量大、困难,且需要运用专业工具设定量化指标,指标比较难界定,指标在短期内无法修改,缺乏弹性。

77. ABCE 【解析】危险源一般分为第一类危险源和第二类危险源两类。其中,第一类危险源又称能源危险源,指生产过程中存在的可能意外释放的能源、能量载体或危险物质。选项D属于第二类危险源。

78. ABDE 【解析】事故调查报告的内容:事故单位概况;事故发生经过和事故救援情况;事故造成的人员伤亡和直接经济损失;事故发生的原因和

事故性质;事故责任的认定以及对事故责任者的处理建议;事故防范和整改措施。

79. BC 【解析】建筑工程绿色施工的评价要素应由控制项、一般项、优选项三类评价指标组成。其中,控制项是指绿色施工过程中必须达到的基本要求条款。选项A属于环境保护评价指标一般项的要求;选项D,E均属于环境保护评价指标优选项的要求。

80. ACDE 【解析】工程项目的施工BIM应用策划应与其整体计划协调一致。施工BIM应用策划宜明确下列内容:BIM应用目标;BIM应用范围和内容;人员组织架构和相应职责;BIM应用流程;模型创建、使用和管理要求;信息交换要求;模型质量控制和信息安全要求;进度计划和应用成果要求;软硬件基础条件等。

临考突破试卷(二)

一、单项选择题

1. B 【解析】对作为资本金的实物、工业产权、非专利技术、土地使用权,必须经过有资格的资产评估机构依照法律、法规评估作价,不得高估或低估。以工业产权、非专利技术作价出资的资本金比例不得超过投资项目资本金总额的20%,国家对采用高新技术成果有特别规定的除外。

2. D 【解析】采用平行承包模式时,全部合同签订后才得知总造价,不利于投资的早期控制;投资(造价)控制难度大,总合同价不易确定。故选项D错误。

3. B 【解析】项目监理机构应按下列程序进行竣工结算审核:(1)专业监理工程师审查施工单位提交的竣工结算款支付申请,提出审查意见。(2)总监理工程师对专业监理工程师的审查意见进行核查,签认后报建设单位审批,同时抄送施工单位,并就工程竣工结算事宜与建设单位、施工单位协商;达成一致意见的,根据建设单位审批意见向施工单位签发竣工结算款支付证书;不能达成一致意见的,应按施工合同约定处理。

4. A 【解析】在工程质量监督机构实施监督检查的过程中,若发现有影响主体结构、使用功能和施工安全的质量问题整改通知书并进行现场取证;若质量事故隐患严重或发生质量事故时,应立即责令停止施工。

5. A 【解析】施工项目管理的任务包括施工项目的目标控制、施工项目合同管理、施工项目信息管理、施工项目组织协调、施工项目风险管理、施工项目安全管理、绿色建造管理。其中,施工项目的目标控制是施工项目管理的核心任务;施工项目安全管理是施工项目管理的重要任务。

6. D 【解析】直线职能式组织结构是吸收直线式组织结构和职能式组织结构的优点而形成的一种组织结构。它既保持了直线式组织实行直线领导、统一指挥、职责分明的优点,又保持了职能式组

标管理专业化的优点。缺点是职能部门与指挥部门易产生矛盾,横向联系较复杂,信息传递路线长,不便于互通信息。故选项D错误。

7. C 【解析】单位工程施工组织设计的内容包括工程概况、施工部署、施工进度计划、施工准备与资源配置计划、主要施工方案、施工现场平面布置等。其中,施工部署是针对项目实施过程做出的统筹规划和全面安排,包括项目施工目标、施工顺序及空间组织、施工组织安排等。选项A,B属于工程概况的内容。

8. D 【解析】项目目标体系的建立是施工项目目标动态控制的基本前提。施工项目目标体系构建后,施工项目管理的关键在于项目目标动态控制。

9. C 【解析】根据《招标投标法实施条例》,招标人可以对已发出的资格预审文件或者招标文件进行必要的澄清或者修改。澄清或者修改的内容可能影响资格预审申请文件或者投标文件编制的,招标人应当在提交资格预审申请文件截止时间至少3日前,或者投标截止时间至少15日前,以书面形式通知所有获取资格预审文件或者招标文件的潜在投标人;不足3日或者15日的,招标人应当顺延提交资格预审申请文件或者投标文件的截止时间。

10. A 【解析】总价合同是指合同当事人约定以施工图、已标价工程量清单或预算书及有关条件进行合同价格计算、调整和确认的建设工程施工合同,在约定的范围内合同总价不作调整。总体上,总价合同可应用于下列情况:施工图设计完成,施工任务及范围比较明确,施工图纸和工程量清单详细而明确,业主的目标、要求和条件较为清晰;已完成施工图审查的单体住宅工程;承包风险不大,各项费用易于准确估算的项目等。

11. A 【解析】根据《建设工程工程量清单计价规范》,其他项目应按下列规定计价:(1)暂列金额应按招标工程量清单中列出的金额填写。(2)材料、工程设备暂估价应按招标工程量清单中列出的单价计入综合单价。(3)专业工程暂估价应按招标工程量清单中列出的金额填写。(4)计日工应按招标工程量清单中列出的项目根据工程特点和有关计价依据确定综合单价计算。(5)总承包服务费应根据招标工程量清单列出的内容和要求估算。

12. C 【解析】根据《建设工程工程量清单计价规范》,综合单价是指完成一个规定清单项目所需的人工费、材料和工程设备费、施工机具使用费和企业管理费、利润以及一定范围内的风险费用。综合单价=(人工费+材料费+施工机具使用费+企业管理费+利润)/清单工程量。则A分项工程的综合单价=17 526×(1+15%)×(1+5%)/350=60.46(元/m³)。

13. B 【解析】根据《标准施工招标文件》,承包人应按专用合同条款约定的内容和期限,编制施工进度计划和施工方案说明书报送监理人。故选

项A错误。不论何种原因造成工程的实际进度与合同进度计划不符时，承包人应在专用合同条款约定的期限内向监理人提交修订合同进度计划的申请报告，并附有关措施和相关资料，报监理人审批。故选项C错误。监理人也可以直接向承包人作出修订合同进度计划的指示，承包人应按该指示修订合同进度计划，报监理人审批。监理人应在专用合同条款约定的期限内批复。监理人在批复前应获得发包人同意。故选项D错误。

14. C 【解析】根据《标准施工招标文件》，由于发包人的原因发生暂停施工的紧急情况，且监理人未及时下达暂停施工指示的，承包人可先暂停施工，并及时向监理人提出暂停施工的书面请求。监理人应在接到书面请求后的24小时内予以答复，逾期未答复的，视为同意承包人的暂停施工请求。

15. D 【解析】根据《建设工程工程量清单计价规范》，进度款的支付比例按照合同约定，按期中结算价款总额计，不低于60%，不高于90%。

16. D 【解析】根据《标准施工招标文件》，发包人在收到承包人竣工验收申请报告56天后未进行验收的，视为验收合格，实际竣工日期以提交竣工验收申请报告的日期为准，但发包人由于不可抗力不能进行验收的除外。

17. B 【解析】工程施工过程中发生索赔事件，承包人应按以下程序向发包人提出索赔：(1)向监理人递交索赔意向通知书，并说明发生索赔事件的事由。(2)向监理人正式递交索赔通知书。(3)索赔事件具有连续影响的，承包人应按合理时间间隔继续递交延续索赔通知。(4)向监理人递交最终索赔通知书。即提索赔意向通知书是索赔工作的第一步。

18. C 【解析】合同约定采用争议评审的，发包人和承包人应在开工日后的28天内或在争议发生后，协商成立争议评审组。争议评审组由有合同管理和工程实践经验的专家组成。

19. C 【解析】分包合同价款与总包合同相应部分价款无任何连带关系。故选项A错误。双方可在合同专用条款内约定合同价款的方式(固定价格、可调价格、成本加酬金)，分包合同价款的方式应与总包合同约定的方式一致。故选项B错误。承包人不按分包合同约定支付工程款，分包人可停止施工，由承包人承担违约责任。故选项D错误。

20. B 【解析】根据《建设工程施工劳务分包合同（示范文本）》，工程承包人的义务包括：(1)组建与工程相适应的项目管理班子，全面履行总(分)包合同，组织实施施工管理的各项工作，对工程的工期和质量向发包人负责。(2)完成劳务分包人施工前期的相关工作并承担相应费用。(3)负责编制施工组织设计，统一制定各项管理目标，组织编制年、季、月施工计划、物资需用量计划，实施对工程质量、工期、安全生产、文明施工、计量检测、试验化验的控制、监督、检查和验收。(4)负责工程测量定位、沉降观测、技术交底，组织图纸会审，统一安排技术档案资料的收集整理及交工验收。(5)统筹安排、协调解决非劳务分包人独立使用的生产、生活临时设施、工作用水、用电及施工场地。(6)按时提供图纸，及时交付应供材料、设备，所提供的施工机械设备、周转材料、安全设施保证施工需要。(7)按合同约定，向劳务分包人支付劳动报酬。(8)负责与发包人、监理、设计及有关部门联系、协调现场工作关系。选项B属于劳务分包人的义务。

21. B 【解析】根据《标准材料采购招标文件》，买方在收到卖方提交的买方签署的质量保证期届满证书或已生效的结清款支付函正本一份并经审核无误后28日内，向卖方支付合同价格的5%。故买方应向卖方支付的结清款=15×5%＝0.75(万元)。

22. A 【解析】风险减轻是降低风险发生的可能性或减少后果的不利影响。风险无法规避时，应针对性地制定和落实质量保证措施来降低质量事故发生的概率。

23. C 【解析】投标保证金一般不得超过招标项目估算价的2%。故选项A错误。投标担保多采用投标保证金、银行保函形式，也可采用担保公司担保书和同业担保书。故选项B错误。招标人已收取投标保证金的，应自收到投标人书面撤回通知之日起5日内退还。故选项D错误。

24. A 【解析】根据《建筑法》，建筑施工企业应当依法为职工参加工伤保险缴纳工伤保险费。鼓励企业为从事危险作业的职工办理意外伤害保险，支付保险费。

25. B 【解析】等节奏流水施工的特点包括：(1)专业工作队数等于施工过程数。(2)相邻施工过程的流水步距相等，且等于流水节拍。(3)同一施工过程或不同施工过程在各施工段上的流水节拍均相等。(4)施工段之间没有空闲时间。(5)各专业工作队能够在各施工段上连续作业。

26. B 【解析】工作A的总时差＝工作A的最迟开始时间－工作A的最早开始时间＝15－10＝5(天)，工作A的自由时差＝min{工作A的紧后工作的最早开始时间－工作A的最早完成时间}＝min{[18－(10＋5)]，[20－(10＋5)]，[21－(10＋5)]}＝{3,5,6}＝3(天)。由题意可知，工作A较计划相比延误了5天，因其总时差为5天，所以对总工期是没有影响的。而对于紧后工作，因自由时差为3天，所以会使紧后工作的最早开始时间推迟5－3＝2(天)。

27. A 【解析】根据《工程网络计划技术规程》，自始至终全由关键工作组成的线路或线路上各工作持续时间之和最长的线路应为关键线路。故选项B错误。单代号网络计划中，总时差最小的工作应定义为关键工作；自始至终全由关键工作组成且关键工作间的间隔时间为零的线路与

时间最长的线路确定为关键线路。故选项C错误。当计划工期等于计算工期时，总时差为零的工作为关键工作。故选项D错误。

28. C 【解析】影响施工质量的因素主要有人、材料、机械、方法和环境。其中，机械可分为两类：一类是指组成工程实体及配套的工艺设备和各类机械(如电梯、泵机)，即工程设备；另一类是指施工过程中使用的各类机具设备(如吊装设备、计量器具)，即施工机械设备。

29. A 【解析】企业质量管理体系的文件主要由质量手册、程序文件、质量计划和质量记录等构成。质量手册、程序文件是企业战略管理的纲领性文件。程序文件是质量手册的支持性文件。

30. A 【解析】在质量管理体系策划与设计阶段，教育培训要分层次逐步进行，第一层次至第三层次分别为：决策层、管理层、执行层。

31. A 【解析】若质量管理体系更换或有效期届满未重新申请时，企业可提出认证注销(自愿行为)；认证有效期内，体系认证标准变更、证书持有人变更或认证范围变更，则企业可重新换证；若发现质量管理体系严重不符合要求，应采取认证暂停的警告措施，在认证暂停期间仍不整改，则应撤销认证，但企业可以提出申诉，并在1年后可重新提出认证申请。

32. A 【解析】随机抽样就是每次抽取样本时，批中所有的单位产品都具有同等被抽到的机会的一种抽样方法。最常用的随机抽样有简单随机抽样法、分层随机抽样法、系统随机抽样法、分阶段随机抽样法等。其中，简单随机抽样法可用于分项工程、分部工程、单位工程完工后的检验以及原材料、构配件的进货检验。

33. B 【解析】施工质量检验方法包括感官检验法、物理检验法、化学检验法和现场试验法等。其中，物理检验法包括度量检测法、机械性能检测法、电性能检测法和无损检测法。选项B属于化学检验法。

34. B 【解析】排列图通常将影响因素分为3类(ABC分类法)：将累计频率在0～80%区间的问题定为A类因素，即主要因素，进行重点管理；将累计频率在80%～90%区间的因素定为B类因素，即次要因素，作常规管理；将其余累计频率在90%～100%区间的因素定为C类因素，即一般因素，按照常规适当放宽管理。

35. D 【解析】对于进场后的材料与构配件，施工单位应根据其具体性能采取不同的措施存放。因此材料、构配件的存储和管理属于施工单位的职责。故选项D错误。

36. B 【解析】根据《建筑工程施工质量验收统一标准》，单位工程应按下列原则划分：(1)具备独立施工条件并能形成独立使用功能的建筑物或构筑物为一个单位工程。(2)对于规模较大的单位工程，可将其能形成独立使用功能的部分划分为一个子单位工程。因此，一栋楼可以作为一个单位工程进行质量控制。

37. A 【解析】根据《建筑与市政工程施工质量控制通用规范》，当工程在保修期内出现一般质量缺陷时，建设单位应向施工单位发出保修通知，施工单位应进行现场勘察、制定保修方案，并及时进行修复。

38. C 【解析】建设工程质量事故按事故原因分类，可分为管理原因，技术原因，社会、经济原因以及其他原因。其中，技术原因是指在项目勘察、设计以及施工中技术、工艺、设计、方法中存在失误等造成的质量事故。选项A、B、D属于管理原因。

39. A 【解析】根据《关于做好房屋建筑和市政基础设施工程质量事故报告和调查处理工作的通知》，工程质量事故发生后，事故现场有关人员应当立即向工程建设单位负责人报告；工程建设单位负责人接到报告后，应于1小时内向事故发生地县级以上人民政府住房和城乡建设主管部门及有关部门报告。

40. D 【解析】质量事故可不作处理的情况有：缺陷轻微，不影响结构安全和使用功能；可通过后续工序进行修复；经法定检测单位鉴定合格；经原设计单位核算满足结构安全和使用功能。如：混凝土结构有轻微麻面可用后续工序弥补；用后期垫层、面层施工来弥补楼面平整度的轻微偏差。选项A应进行返修处理；选项B应进行加固处理；选项C应进行返工处理。

41. C 【解析】预防成本是指为了预防不合格品出现或故障发生而投入的各种费用，包括质量规划费、质量培训费、质量信息费、工序控制费、新工艺鉴定费等。选项C属于鉴定成本。

42. D 【解析】施工定额属于企业定额。故选项A错误。施工定额的编制对象是施工过程或基本工序。故选项B错误。施工定额是施工单位投标报价的依据。故选项C错误。

43. B 【解析】周转性材料的定额消耗量，应按多次使用、分次摊销的方法计算，且考虑回收因素。周转性材料消耗指标以一次使用量(供施工企业组织施工用)和摊销量(供施工企业成本核算或投标报价用)两个指标表示。

44. B 【解析】人工时间定额以工日为单位，每一工日按8小时计算。单位产品人工时间定额(工日)＝小组成员人数总和/机械台班产量。本题中共有6名成员，故人工时间定额＝6/5.56＝1.08(工日)。

45. B 【解析】根据《建设工程项目管理规范》，项目成本计划编制应符合下列程序：(1)预测项目成本。(2)确定项目总体成本目标。(3)编制项目总体成本计划。(4)项目管理机构与组织部门根据其责任范围分别确定自己的成本目标，并编制相应的成本计划。(5)针对成本计划制定相应的控制措施。(6)由项目管理机构与组织的职能部门负责人分别审批相应的成本计划。

46. B 【解析】人工费控制应实行"量价分离"的方法,主要从用工数量方面进行控制。除此之外,材料费的控制也采用"量价分离"的方法,包括材料用量和材料价格控制两方面。

47. D 【解析】费用绩效指数(CPI)＝已完工作预算费用(BCWP)/已完工作实际费用(ACWP),则该工程的费用绩效指数(CPI)＝(660×750)/(660×600)＝1.25。

48. B 【解析】会计核算主要是价值核算。故选项A错误。统计核算不仅可以反映当前工程项目成本的实际水平、比例关系,而且可以对未来的发展趋势做出预测。故选项C错误。业务核算的范围比会计核算和统计核算更广,其不仅可以反映已经发生的情况,而且对于尚未发生或正在发生的事项进行核算,预计其未来的水平。故选项D错误。

49. B 【解析】根据题干,采用因素分析法进行成本分析时,先以目标数 500×720×(1＋4%)＝374 400(元)为分析替代的基础。产量为第一替代因素,以550替代500,得到550×720×(1＋4%)＝411 840(元)。单价为第二替代因素,以730替代720,得到550×730×(1＋4%)＝417 560(元)。所以,单价提高使费用增加了417 560－411 840＝5 720(元)。

50. C 【解析】常见的绩效考核工具中,360°反馈法是一种较为全面、成熟的绩效考核方法,它获取信息通常是从被考核者存在工作关系的上级、下属、平级、客户等。使用该方法进行考核时,考核指标多为定性指标,容易打人情分,不能明确考核标准。故选项C错误。

51. D 【解析】根据《职业健康安全管理体系 要求及使用指南》,"运行"包括运行策划和控制、应急准备和响应两部分内容。其中,应急准备和响应是为了对所识别的潜在的紧急情况进行应急准备并做出响应,组织应建立、实施和保持所需的过程。

52. D 【解析】危险源分为第一类危险源和第二类危险源。第一类危险源存在是第二类危险源出现的前提,第二类危险源的出现是第一类危险源导致事故发生的必要条件。故选项D错误。

53. C 【解析】建设工程施工企业安全生产费用应用于下列支出:(1)完善、改造和维护安全防护设施设备支出(不含"三同时"要求初期投入的安全设施),包括施工现场临时用电系统、洞口或临边防护、高处作业或交叉作业防护、临时安全防护、支护及防治坡滑坡、工程有害气体监测和通风、保障安全的机械设备、防火、防爆、防触电、防尘、防毒、防雷、防台风、防地质灾害等设施设备支出。(2)应急救援技术装备、设施配置及维护保养支出,应急救援队伍建设、应急预案制修订与应急演练支出。(3)开展施工现场重大危险源检测、评估、监控支出,安全风险分级管控和事故隐患排查整改支出,工程项目安全生产信息化建设、运维和网络安全支出。(4)安全生产检查、评估(不含新建、改建、扩建项目安全评价)、咨询和标准化建设支出。(5)配备和更新现场作业人员安全防护用品支出。(6)安全生产宣传、教育、培训和从业人员发现并报告事故隐患的奖励支出。(7)安全生产适用的新技术、新标准、新工艺、新装备的推广应用支出。(8)安全设施及特种设备检测检验、检定校准支出。(9)安全生产责任保险支出。(10)与安全生产直接相关的其他支出。

54. C 【解析】根据《特种作业人员安全技术培训考核管理规定》,特种作业操作证每3年复审1次。特种作业人员在特种作业操作证有效期内,连续从事本工种10年以上,严格遵守有关安全生产法律法规的,经原考核发证机关或者从业所在地考核发证机关同意,特种作业操作证的复审时间可以延长至每6年1次。

55. A 【解析】专项施工方案应当由施工单位技术负责人审核签字、加盖单位公章,并由总监理工程师审查签字、加盖执业印章后方可实施。危大工程实行分包并由分包单位编制专项施工方案的,专项施工方案应当由总承包单位技术负责人及分包单位技术负责人共同审核签字并加盖单位公章。

56. B 【解析】根据《生产安全事故应急预案管理办法》,易燃易爆物品、危险化学品等危险物品的生产、经营、储存、运输单位,矿山、金属冶炼、城市轨道交通运营、建筑施工单位,宾馆、商场、娱乐场所、旅游景区等人员密集场所经营单位应当至少每半年组织1次生产安全事故应急预案演练,并将演练情况报送所在地县以上地人民政府负有安全生产监督管理职责的部门。

57. B 【解析】根据《生产安全事故报告和调查处理条例》,根据生产安全事故(以下简称事故)造成的人员伤亡或者直接经济损失,事故一般分为以下等级:(1)特别重大事故,是指造成30人以上死亡,或者100人以上重伤(包括急性工业中毒,下同),或者1亿元以上直接经济损失的事故。(2)重大事故,是指造成10人以上30人以下死亡,或者50人以上100人以下重伤,或者5 000万元以上1亿元以下直接经济损失的事故。(3)较大事故,是指造成3人以上10人以下死亡,或者10人以上50人以下重伤,或者1 000万元以上5 000万元以下直接经济损失的事故。(4)一般事故,是指造成3人以下死亡,或者10人以下重伤,或者1 000万元以下直接经济损失的事故。上述所称的"以上"包括本数,所称的"以下"不包括本数。[注:安全事故等级遵循从重原则]

58. C 【解析】施工现场节材措施包括:(1)根据现场平面布置情况就近卸载,避免和减少二次搬运。(2)采取技术和管理措施提高模板、脚手架的周转次数。(3)施工现场应就地取材,现场500 km以内生产的建筑材料用量占建筑材料总重量的70%以上等。

59. B 【解析】案卷内既有文字材料又有图纸时,文字材料应排在前面,图纸应排在后面。故选项A错误。竣工验收文件应按单位工程各专业进行组卷。故选项C错误。案卷内不应有重份文件,不同载体的文件应分别立卷。故选项D错误。

60. D 【解析】根据《建设工程项目管理规范》,项目管理策划应由项目管理规划策划和项目管理配套策划组成。项目管理规划策划应包括项目管理规划大纲和项目管理实施规划,项目管理配套策划应包括项目管理规划策划以外的所有项目管理策划内容。

二、多项选择题

61. BCDE 【解析】项目监理机构发现下列情况之一时,总监理工程师应及时签发工程暂停令:(1)建设单位要求暂停施工且工程需要暂停施工的。(2)施工单位未经批准擅自施工或拒绝项目监理机构管理的。(3)施工单位未按审查通过的工程设计文件施工的。(4)施工单位违反工程建设强制性标准的。(5)施工存在重大质量、安全事故隐患或发生质量、安全事故的。

62. ABD 【解析】根据《建设施工项目经理岗位职业标准》,项目经理应履行并不限于下列职责:(1)依据企业规定组建项目经理部,组织制定项目管理岗位职责,明确项目团队成员职责分工。(2)执行企业各项规章制度,组织制定和执行施工现场项目管理制度。(3)组织项目团队成员进行施工同内交底和项目管理目标责任分解。(4)在授权范围内组织编制和落实施工组织设计、项目管理实施规划、施工进度计划、绿色施工及环境保护措施、质量安全技术措施、施工方案和专项施工方案。(5)在授权范围内进行项目管理指标分解,优化项目资源配置,协调施工现场人力资源安排,并对工程材料、构配件、施工机具设备等资源的质量和安全使用进行全程监控。(6)组织项目团队成员进行经济活动分析,进行施工成本目标分解和成本计划编制,制定和实施施工成本控制措施。(7)建立健全协调工作机制,主持工地例会,协调解决工程施工问题。(8)依据施工合同配合企业或受企业委托选择分包单位,组织审核分包工程款支付申请。(9)组织与建设单位、分包单位、供应单位之间的协调工作,在授权范围内签署结算文件。(10)建立和完善工程档案文件管理制度,规范工程资料管理及存档程序,及时组织汇总工程结算和竣工资料,参与工程竣工验收。(11)组织进行缺陷责任期工程保修工作,组织项目管理工作总结。

63. AB 【解析】项目目标动态控制过程中,可采取的纠偏措施主要有组织措施、合同措施、经济措施、技术措施。其中,组织措施主要包括管理人员、组织结构模式、工作流程组织、职能分工、任务分工、考评机制等方面的优化和调整。选项C属于技术措施;选项D、E属于经济措施。

64. ABD 【解析】施工投标文件应响应招标文件中的实质性要求和条件,一般包括商务标书、技术标书、投标函及其他有关文件。

65. ADE 【解析】根据《建设工程施工合同(示范文本)》,不可抗力导致的人员伤亡、财产损失、费用增加和(或)工期延误等后果,由合同当事人按以下原则承担:(1)永久工程、已运至施工现场的材料和工程设备的损坏,以及因工程损坏造成的第三人人员伤亡和财产损失由发包人承担。(2)承包人施工设备的损坏由承包人承担。(3)发包人和承包人承担各自人员伤亡和财产的损失。(4)因不可抗力影响承包人履行合同约定的义务,已经引起或将引起工期延误的,应当顺延工期,由此导致承包人停工的费用损失由发包人和承包人合理分担,停工期间必须支付的工人工资由发包人承担。(5)因不可抗力引起或将引起工期延误,发包人要求赶工的,由此增加的赶工费用由发包人承担。(6)承包人在停工期间按照发包人要求照管、清理和修复工程的费用由发包人承担。

66. ADE 【解析】选项A、D、E可同时获得工期、费用和利润的补偿;选项B只能获得工期的补偿;选项C只能获得工期和费用的补偿。

67. ACD 【解析】施工项目外部环境存在的风险包括市场风险、政策风险、社会风险和自然环境风险。其中,社会风险包括文化素质、社会治安、公众态度等。选项B属于市场风险;选项E属于自然环境风险。

68. ABE 【解析】综合各项建设工程签订的建筑工程一切险保险合同,其中,责任免除的条款一般规定保险人不负赔偿:(1)保险合同中列明的每次事故应由被保险人自行承担的免赔额。(2)任何形式、种类的间接损失,包括拖延、未履行合同而导致的罚金、损失,以及合同损失。(3)由于设计缺陷,原材料或铸件缺陷、工艺不良(因安装缺陷造成的除外)而导致的损失或损耗。(4)自然磨损和损耗、侵蚀、氧化、退化等逐渐引起的损失。(5)文件、图纸、账单、账簿、现金、证券、合同、支票、图表资料及包装物料的损失。(6)库存清点时发现的短缺、损失和损坏。(7)其他损失或损坏。

69. BCDE 【解析】第2周末,工作A拖后2周,但是工作A的总时差为2周,故不影响总工期;工作B拖后1周,但工作B的总时差为1周,故不影响总工期;工作C提前1周,故工作C的提前可能使总工期提前1周,但工作A、B由于进度拖后可能不会导致总工期提前。故选项A错误。第4周末,工作D拖后1周,但工作D的总时差为2周,故不影响总工期;工作E进度正常,工作F进度提前1周,且处于关键线路,可使总工期提前1周。

70.BE 【解析】成本加酬金合同适用于时间特别紧迫，来不及进行详细的计划和商谈的情形，如抢险、救灾工程。故选项A错误。成本加固定百分比酬金合同的弊端是建筑安装工程总造价及付给承包方的酬金随工程成本而变化，不利于鼓励承包方降低成本和缩短工期。故选项C错误。目标成本加奖罚合同可鼓励承包方降低成本、缩短工期，而且目标成本随着设计进度加以调整，承发包双方都不会承担太大的风险。故选项D错误。

71.ACDE 【解析】根据《质量管理体系 基础和术语》，质量管理应遵循的原则包括：(1)以顾客为关注焦点。(2)领导作用。(3)全员积极参与。(4)过程方法。(5)改进。(6)循证决策。(7)关系管理。

72.ABCD 【解析】在施工准备阶段，需进行的质量工作保证任务除了选项A,B,C,D外，还包括：制定相应的技术管理制度；划分工程项目并进行分级编号等。选项E属于施工阶段的工作任务。

73.ACD 【解析】在常用质量管理工具中，分层法可以发现有效地找出问题及其原因所在；因果分析图法可以用来寻找质量问题产生的最根本原因；排列图法可形象、直观地反映主次因素，可用于质量偏差、质量缺陷、质量问题、质量不合格及造成质量问题原因的数据状况描述。

74.ABDE 【解析】根据《建筑工程施工质量验收统一标准》，分部工程质量验收合格应符合下列规定：(1)所含分项工程的质量均应验收合格。(2)质量控制资料应完整。(3)有关安全、节能、环境保护和主要使用功能的抽样检验结果应符合相应规定。(4)观感质量应符合要求。

75.ACD 【解析】工程质量事故按责任可分为操作责任事故，指导责任事故和自然灾害事故。其中，指导责任事故(管理人员的失误)主要是指工程负责人在指导方面的失误而导致的质量事故，如不按规范指导施工、随意压缩工期、降低工程质量标准、只追求进度忽视质量控制、强令他人违章作业等造成的质量事故。

76.CDE 【解析】质量事故处理报告的主要内容包括：事故处理的依据、方案、结论及技术措施等；事故处理过程中的相关数据、资料；事故调查的原始资料、数据；事故原因的分析、论证；检查验收记录等。

77.ABDE 【解析】分部分项工程进行成本分析时，并不是对所有分部分项工程均进行成本分析，对于工程量小、成本费用小的零星工程，可不进行成本分析。故选项C错误。

78.AB 【解析】危险源分为第一类危险源和第二类危险源。第一类危险源的控制措施有：消除能量源、限制能量使用、隔离危险物质、个体防护、应急救援等。选项C,D,E属于第二类危险源的控制措施。

79.CE 【解析】根据《生产安全事故报告和调查处理条例》，特别重大事故由国务院或者国务院授权有关部门组织事故调查组进行调查。重大事故、较大事故、一般事故分别由事故发生地省级人民政府、设区的市级人民政府、县级人民政府负责调查。省级人民政府、设区的市级人民政府、县级人民政府可以直接组织事故调查组进行调查，也可以授权或者委托有关部门组织事故调查组进行调查。未造成人员伤亡的一般事故，县级人民政府也可以委托事故发生单位组织事故调查组进行调查。重大事故、较大事故、一般事故，负责事故调查的人民政府应当自收到事故调查报告之日起15日内做出批复；特别重大事故，30日内做出批复，特殊情况下，批复时间可以适当延长，但延长的时间最长不超过30日。故选项C,E正确。

80.ABCE 【解析】垃圾桶应分为可回收与不可回收两类，并应定期清运。生活区的垃圾堆放区域应定期消毒。故选项D错误。

临考突破试卷（三）

一、单项选择题

1.D 【解析】对于企业不使用政府投资建设的项目，一律不再实行审批制，区别不同情况实行核准制和备案制。其中，对于企业使用政府补助、转贷、贴息投资建设的项目，政府只审批资金申请报告。

2.C 【解析】工程项目一般按初步设计、施工图设计2个阶段进行。其中，施工图设计是根据已经批准的初步设计文件，对建设项目各单项工程及建筑群体组成进行详细的设计，绘制施工图、编制施工图预算，作为施工的依据。

3.B 【解析】采用平行承包模式时，设计阶段与施工阶段形成搭接关系（可以边设计边施工，在一部分施工图完成后，就可以开始这部分工程的招标），便于缩短工期；各部分施工招标的施工承包单位质量高，有利于降低工程造价。故选项B错误。

4.B 【解析】根据《建设工程监理范围和规模标准规定》，成片开发建设的住宅小区工程，建筑面积在5万m²以上的住宅建设工程必须实行监理；5万m²以下的住宅建设工程，可以实行监理，具体范围和规模标准，由省、自治区、直辖市人民政府建设行政主管部门规定。为了保证住宅质量，对高层住宅及地基、结构复杂的多层住宅应当实行监理。

5.C 【解析】工程质量监督报告应由该项目的工程质量监督负责人签认，经工程质量监督机构负责人审查、签发，加盖公章后，一份提交备案机关，一份存档。

6.C 【解析】矩阵式组织结构形式按照项目经理的权限可分为弱矩阵式组织结构形式、中矩阵式组织结构形式和强矩阵式组织结构形式。其中，强矩阵式组织结构形式的特点为项目经理直接向最高领导负责，具有较大权限；项目组织成员只对项目经理负责，其绩效完全由项目经理考核；适用于技术复杂、时间紧急的项目。

7.C 【解析】项目施工过程中，发生以下情况之一时，施工组织设计应及时进行修改或补充：(1)工程设计有重大修改。(2)有关法律、法规、规范和标准实施、修订和废止。(3)主要施工方法有重大调整。(4)主要施工资源配置有重大调整。(5)施工环境有重大改变。

8.A 【解析】施工组织设计的编制和审批应符合下列规定：(1)施工组织设计应由项目负责人主持编制，可根据需要分阶段编制和审批。(2)施工组织总设计应由总承包单位技术负责人审批；单位工程施工组织设计应由施工单位技术负责人或技术负责人授权的技术人员审批；重点、难点分部(分项)工程和专项工程施工方案应由施工单位技术部门组织相关专家评审，施工单位技术负责人批准。(3)由专业承包单位施工的分部(分项)工程或专项工程的施工方案，应由专业承包单位技术负责人或技术负责人授权的技术人员审批；有总包单位时，应由总承包单位项目技术负责人核准备案。(4)规模较大的分部(分项)工程和专项工程的施工方案应按单位工程施工组织设计进行编制和审批。

9.D 【解析】投标报价有算术错误的，评标委员会按以下原则对投标报价进行修正：投标文件中的大写金额与小写金额不一致的，以大写金额为准；总价金额与依据单价计算得出的结果不一致的，以单价金额为准，但单价金额小数点有明显错误的除外。修正的价格经投标人书面确认后具有约束力。投标人不接受修正价格的，其投标作废标处理。

10.C 【解析】采用可调总价合同时，应在合同中明确约定合同价的调整原则、依据和方法。常用的调价方法有三种，分别为文件证明法、公式调价法和票据价格调整法。

11.C 【解析】施工投标文件应避免漏装、错装。文件密封前应仔细校对。在密封袋封口后，需加盖投标人的公章，还需投标人法定代表人的盖章与签名。故选项C错误。

12.C 【解析】根据《标准施工招标文件》，监理人应在开工日期7天前向承包人发出开工通知。监理人在发出开工通知前应获得发包人同意。工期自监理人发出的开工通知中载明的开工日期起计算。承包人应在开工日期后尽快施工。

13.C 【解析】根据《标准施工招标文件》，承包人按规定覆盖工程隐蔽部位后，监理人对质量有疑问的，可要求承包人对已覆盖的部位进行钻孔探测或揭开重新检验，承包人应遵照执行，并在检验后重新覆盖恢复原状。经检验证明工程质量符合合同要求的，由发包人承担由此增加的费用和(或)工期延误，并支付承包人合理利润；经检验证明工程质量不符合合同要求的，由此增加的费用和(或)工期延误由承包人承担。

14.C 【解析】根据《标准施工招标文件》，除专用合同条款另有约定外，因变更引起的价格调整按照下列约定处理：(1)已标价工程量清单中有适用于变更工作的子目的，采用该子目的单价。(2)已标价工程量清单中无适用于变更工作的子目的，但有类似子目的，可在合理范围内参照类似子目的单价，由监理人按"商定或确定"条款商定或确定变更工作的单价。(3)已标价工程量清单中无适用或类似子目的单价，可按照成本加利润的原则，由监理人按"商定或确定"条款商定或确定变更工作的单价。"商定或确定"条款中，合同约定总监理工程师应按照该条款对任何事项进行商定或确定时，总监理工程师应与合同当事人协商，尽量达成一致。

15.D 【解析】需要进行国家验收的，竣工验收是国家验收的一部分。故选项A错误。除合同另有约定外，工程接收证书颁发后，承包人应要求对施工场地进行清理，直至监理人检验合格为止。竣工清场费用由承包人承担。故选项B错误。除专用合同条款另有约定外，经验收合格工程的实际竣工日期，以提交竣工验收申请报告的日期为准，并在工程接收证书中写明。故选项C错误。

16.B 【解析】根据《标准施工招标文件》，承包人在发出索赔意向通知书后28天内，向监理人正式递交索赔通知书。索赔通知书应详细说明索赔理由以及要求追加的付款和(或)延长的工期，并附必要的记录和证明材料。

17.B 【解析】根据《最高人民法院关于审理建设工程施工合同纠纷案件适用法律问题的解释(一)》，当事人对建设工程实际竣工日期有争议的，人民法院应当分别按照以下情形予以认定：(1)建设工程经竣工验收合格的，以竣工验收之日为竣工日期。(2)承包人已经提交竣工验收报告，发包人拖延验收的，以承包人提交验收报告之日为竣工日期。(3)建设工程未经竣工验收，发包人擅自使用的，以转移占有建设工程之日为竣工日期。

18.B 【解析】根据《建设工程施工专业分包合同(示范文本)》，分包人应当按照合同协议书约定的开工日期开工。分包人不能按时开工，应当不迟于合同协议书约定的开工日期前5天，以书面形式向承包人提出延期开工的理由。

19.C 【解析】根据《建设工程施工劳务分包合同(示范文本)》，劳务分包人必须为从事危险作业的职工办理意外伤害保险，并为施工场地内自有人员生命财产和施工机械设备办理保险，支付保险费用。选项A,B,D均属于工程承包人的责任和义务。

20.D 【解析】根据《标准设备采购招标文件》，卖方未能按时交付合同设备(包括仅迟延交付技术资料但足以导致合同设备安装、调试、考核、验收工作推迟的)，应向买方支付迟延交付违约金。除专用合同条款另有约定外,迟延交付违约金的计算方法如下:(1)从迟交的第1到第4周,每周迟延交付违约金为迟交合同设备价格的0.5%。(2)从迟交的第5到第8周,每周迟延交付违约金为迟交合同设备价格的1%。(3)从迟交第9周起,每周迟延交付违约金为迟交合同设备价格的1.5%。题干中,供应商迟交25天交货,为第4周。代入题干数据得,迟延交付违约金=350×0.5%×4=7(万元)。

21. B 【解析】施工风险管理的程序为:风险识别→风险评估→风险应对→风险监控。

22. C 【解析】根据《招标投标法实施条例》,招标文件要求中标人提交履约保证金的,中标人应当按照招标文件的要求提交。履约保证金不得超过中标合同金额的10%。

23. B 【解析】工程保险索赔是指承包人依据保险合同,对发生在工程建设过程中的意外损失或损害提出赔偿要求的行为。工程保险索赔证明通常包括工程承包合同、保险单、事故检验人出具的鉴定报告、事故照片等。

24. A 【解析】横道图(又称甘特图)是一种图和表相结合的进度计划表现形式,工程活动的时间用表格形式在图的上方呈横向排列,工程活动的具体内容则以表格形式在图的左侧纵向排列。横道图编制时,将施工过程纵向排列并填入表中,即纵轴表示施工过程;用横轴表示可能需要的工期或工程进度。

25. C 【解析】流水施工施工段划分时,应注意均衡原则,各施工段的劳动量应大致相等,相差幅度不宜超过15%,以更好地实现工作衔接。

26. C 【解析】经计算可知,该网络计划图的关键线路只有1条,为A→C→G→H。计算总工期=7+14+16+8=45(天),工作D的总时差=45-43=2(天),工作R的自由时差=min{13-13,21-13}=0,工作F的最迟开始时间=21+1=22(天)。

27. C 【解析】由图可知,工作A3的最早开始时间为第4天,其总时差为3天,故工作A3的最迟开始时间=其最早开始时间+其总时差=4+3=7(天)。

28. C 【解析】关键线路上的工作一定是关键工作,但两端为关键节点的工作不一定是关键工作。故选项A错误。总时差最小的工作为关键工作。故选项B错误。关键工作的实际进度提前或拖后,均会对总工期产生影响。故选项D错误。

29. A 【解析】通过比较实际进度S曲线和计划进度S曲线,可以获得工程项目实际进展状况。如果工程实际进展点落在计划S曲线左侧,表明此时实际进度比计划进度超前;如果工程实际进展点落在计划S曲线右侧,表明实际进度比计划进度拖后;如果工程实际进展点正好落在计划S曲线上,则表示此时实际进度与计划进度一致。

30. A 【解析】压缩工作持续时间的措施通常包括组织措施、技术措施、经济措施和其他配套措施。其中,组织措施包括原来按先后顺序实施的活动改为平行施工;采用多班制施工或者延长工人作业时间;增加劳动力和设备资源的投入;在可能的情况下采用流水作业方法安排一些活动,能明显地缩短工期等。选项B,C均属于技术措施;选项D属于其他配套措施。

31. C 【解析】工程质量的影响因素中,环境条件是指对工程质量特性起重要作用的环境因素,包括施工质量管理环境、施工现场自然环境、施工技术环境等。其中,施工技术环境主要包括施工设计图纸及方案、施工依据的标准及规范、质量评价标准方面的因素。选项A属于施工现场自然环境因素;选项B属于人的因素;选项D属于施工质量管理环境因素。

32. C 【解析】根据《质量管理体系 基础和术语》,质量管理原则包括:(1)以顾客为关注焦点。(2)领导作用。(3)全员积极参与。(4)过程方法。(5)改进。(6)循证决策。(7)关系管理。其中,全员积极参与是指整个组织内各级胜任、经授权并积极参与的人员,是提高组织创造和提供价值能力的必要条件。

33. B 【解析】全面质量管理(TQC)将组织的所有管理职能纳入质量管理的范畴,强调一个组织以质量为中心,强调全员参与为基础,强调全员的教育与培训。全面质量管理实行"三全"管理思想,即全面、全过程、全员参与的质量管理。

34. C 【解析】施工现场的质量检验方法中,化学检验也称化学成分检测,主要用来测定材料的化学成分及其含量,如硫、磷含量,耐酸、碱性能检测。

35. B 【解析】直方图可以反映质量数据的分布特征。故选项A错误。排列图可以定量分析影响质量的主次因素。故选项C错误。一种类型的质量问题或质量特性使用一张因果分析图进行分析。故选项D错误。

36. A 【解析】图纸会审是指工程各参建单位(建设单位、监理单位、施工单位等相关单位)在收到施工图审查机构审查合格的施工图设计文件后,在设计交底前进行全面细致的熟悉施工图纸的活动。各单位相关人员应熟悉施工图设计文件,并参加由建设单位主持的施工图会审会议。

37. B 【解析】质量控制点的重点控制对象中,施工技术参数类包括砌体砂浆的饱满度;回填土的含水量;混凝土外加剂的掺量、水胶比;冬季施工的受热临界强度;防水混凝土的抗渗等级;预制构件出厂的强度等。

38. A 【解析】根据《建筑工程施工质量验收统一标准》,分部工程应由总监理工程师组织施工单位项目负责人和项目技术负责人等进行验收。

39. C 【解析】施工质量事故按事故责任可分为指导责任事故(管理人员的失误)和操作责任事故(工人失误)。其中,操作责任事故(工人失误)主要是指操作工人不严格按照施工规范、标准进行施工造成的质量事故。

40. B 【解析】施工质量事故处理的程序大致为事故调查→分析事故原因→制定事故处理技术方案→进行事故处理→事故处理的鉴定验收→事故处理报告的提交。

41. C 【解析】施工成本按成本核算科目,可分为直接成本和间接成本。其中,间接成本主要包括管理人员工资、办公费、差旅交通费、固定资产使用费、劳动保险费、劳动保护费、检验试验费、工会经费、职工教育经费、财产保险费用、财务费等。选项C属于直接成本。

42. A 【解析】施工成本管理的各个环节中,成本计划是成本控制和成本分析的基础,同时也是成本控制并保证其实现,成本分析能监督成本计划的实施并保证其实现,成本分析能监督成本计划的实施,为成本考核提供依据,成本考核是实现成本目标的保证。

43. C 【解析】工人在工作班内消耗的工作时间,分为两大类,即定额时间(必需消耗的时间)和非定额时间(损失时间)。其中,必需消耗的时间包括有效工作时间、不可避免的中断时间和休息时间。损失时间包括多余和偶然工作时间、停工时间、违背劳动纪律的时间。

44. A 【解析】周转性材料消耗一般与下列4个因素有关:(1)一次使用量。(2)损耗率或每周转使用一次的损耗量。(3)周转使用次数。(4)最终回收及回收折价。

45. C 【解析】责任成本是一种以具体的责任中心(部门、单位或个人)为成本计算对象,以其所承担的责任为范围所归集的成本,也就是特定责任中心的全部可控成本。

46. D 【解析】施工成本指标控制的程序为:(1)确定项目成本管理分层次目标。(2)采集成本数据,监测成本形成过程。(3)找出偏差,分析原因。(4)制定对策,纠正偏差。(5)调整改进成本管理方法。

47. B 【解析】材料费的控制采用"量价分离"的方法,包括材料用量和材料价格控制两方面。在材料用量控制中,对于有消耗定额的材料采用限额领料制度(定额控制);没有消耗定额的材料应实行计划管理并按指标控制;零星材料(如铁钉、钢丝等)应采用包干控制;对物资收发、投料计量应实行计量控制。在材料价格控制中,应控制材料的买价、运费等。

48. C 【解析】成本偏差的纠正措施主要分为组织措施、合同措施、技术措施、经济措施。其中,经济措施一般是指分析由于经济的因素而影响成本管理目标实现的问题,并采取相应的措施,主要包括增加资金投入、编制资金使用计划、采取经济激励措施、成本管理目标的确定、分解及风险分析、针对风险制定防范措施;严格控制开支并进行变更的增减账工作;业主签证的落实;工程结算款的及时支付;通过偏差分析找出超支潜在问题;对未完工程成本进行预测等。选项A属于组织措施;选项B,D属于技术措施。

49. B 【解析】成本分析方法中,比率法是指用两个以上的指标的比率进行分析的方法。比率法包括动态比率法、相关比率法和构成比率法。其中,相关比率法可以通过对两个性质不同且相关的指标进行对比,用来考察项目经营成果的好坏。

50. A 【解析】单位工程竣工成本综合分析的内容包括:(1)主要资源节超对比分析。(2)主要技术节约措施及经济效果分析。(3)竣工成本分析。

51. B 【解析】职业健康安全管理体系建立的步骤为领导决策→成立工作组→人员培训(即体系建立前的培训)→初始状态评审→管理体系策划与设计→体系文件的编制→体系试运行→体系持续改进。

52. B 【解析】内部审核可分为常规内审和追加内审。例行的常规内审应每年进行1次。故选项A错误。管理评审一般每年进行1次。故选项C错误。

53. A 【解析】危险源一般可分为第一类危险源和第二类危险源。其中,第二类危险源主要指人的不安全行为、物的不安全状态及管理上的缺陷。其控制措施包括提高可靠性,减少或消除故障、增加安全系数、设置监控、改善作业环境、加强员工安全意识培训和教育等。选项B,C,D均属于第一类危险源控制措施。

54. B 【解析】企业应当根据工作性质对从业人员进行安全培训,保证其具备本岗位安全操作、应急处置等知识和技能。企业新上岗的从业人员,岗前安全培训时间不得少于24学时。

55. C 【解析】企业应在从事建筑施工活动前办理安全生产许可证。企业未取得安全生产许可证的,不得从事生产活动。故选项A错误。安全生产许可证的有效期为3年。故选项B错误。企业在安全生产许可证有效期内,严格遵守有关安全生产的法律法规,未发生死亡事故的,安全生产许可证有效期届满时,经原安全生产许可证颁发管理机关同意,不再审查,安全生产许可证有效期延期3年。故选项D错误。

56. C 【解析】矿山、金属冶炼、建筑施工企业和易燃易爆物品、危险化学品等危险物品的生产、经营、储存、装卸单位,烟花爆竹、民用爆炸物品的生产、批发经营企业和使用危险化学品达到国家规定数量的化工企业、烟花爆竹、民用爆炸物品的批发经营企业和中型规模以上的其他生产经营单位,应当每3年进行1次应急预案评估。

57. D 【解析】根据《建筑工程绿色施工规范》,建设单位应履行下列职责:(1)在编制工程概算和招标文件时,应明确绿色施工的要求,并提供包括场地、环境、工期、资金等方面的条件保障。(2)向施工单位提供建设工程绿色施工的设计文件、产品要求等相关资料,保证资料的真实性和完整性。
(3)应建立工程项目绿色施工的协调机制。

58. B 【解析】根据施工现场文明施工的要求,施工现场应设置"五牌一图",即工程概况牌、管理人员名单及监督电话牌、消防保卫牌、安全生产牌、文明施工牌和施工现场总平面图。

59. B 【解析】项目管理责任制度应作为项目管理的基本制度。项目管理机构负责人责任制应是项目管理责任制度的核心内容。

60. C 【解析】施工模型包括深化设计模型、施工过程模型和竣工验收模型。施工模型在满足模型细度要求的前提下,可使用文档、图形、图像、视频等扩展信息。

二、多项选择题

61. BDE 【解析】根据《国务院关于加强固定资产投资项目资本金管理的通知》,通过发行金融工具等方式筹措的各类资金,按照国家统一的会计制度应当分类为权益工具的,可以认定为投资项目资本金,但不得超过资本金总额的50%。存在下列情形之一的,不得认定为投资项目资本金:(1)存在本息回购承诺、兜底保障等收益附加条件。(2)当期债务性资金偿还前,可以分红或取得收益。(3)在清算时受偿顺序优先于其他债务性资金。

62. ABC 【解析】总监理工程师应履行下列职责:(1)确定项目监理机构人员及其岗位职责。(2)组织编制监理规划,审批监理实施细则。(3)根据工程进展及监理工作情况调配监理人员,检查监理人员工作。(4)组织召开监理例会。(5)组织审核分包单位资格。(6)组织审查施工组织设计、(专项)施工方案。(7)签发工程开工令、暂停令和复工令。(8)组织检查施工单位现场质量、安全生产管理体系的建立及运行情况。(9)组织审核施工单位的付款申请,签发工程款支付证书,组织审核竣工结算。(10)组织审查和处理工程变更。(11)调解建设单位与施工单位的合同争议,处理工程索赔。(12)组织验收分部工程,组织审查单位工程质量检验资料。(13)审查施工单位的竣工申请,组织工程竣工预验收,组织编写工程质量评估报告,参与工程竣工验收。(14)参与或配合工程质量安全事故的调查和处理。(15)组织编写监理月报、监理工作总结,组织整理监理文件资料。选项D、E均属于专业监理工程师的职责。

63. AC 【解析】施工组织总设计的内容主要包括工程概况;总体施工部署;施工总进度计划;总体施工准备与主要资源配置计划;主要施工方法和施工总平面布置。选项B、D、E均属于单位工程施工组织设计的内容。

64. ACD 【解析】招标公告适用于进行资格预审的公开招标;投标邀请书适用于进行资格后审的邀请招标。故选项B错误。招标人可以对已发出的资格预审文件或者招标文件进行必要的澄清或者修改。澄清或者修改的内容可能影响资格预审申请文件或者投标文件编制的,招标人应当在提交资格预审文件截止时间至少3日前,或者投标截止时间至少15日前,以书面形式通知所有获取资格预审文件或者招标文件的潜在投标人;不足3日或者15日的,招标人应当顺延提交资格预审申请文件或者投标文件的截止时间。故选项E错误。

65. ADE 【解析】企业可以根据自身的优劣和招标项目的特点来制定报价策略。投标报价适宜采用高价策略的情形有:专业要求高,技术复杂;总价低的小工程;工期要求紧;竞争对手少;施工条件差等。选项B、C均可采用报低价的策略。

66. ABCE 【解析】根据《标准施工招标文件》,除专用合同条款另有约定外,在履行合同中发生以下情形之一,应按照规定进行变更:(1)取消合同中任何一项工作,但被取消的工作不能转由发包人或其他人实施。(2)改变合同中任何一项工作的质量或其他特性。(3)改变合同工程的基线、标高、位置或尺寸。(4)改变合同中任何一项工作的施工时间或改变已批准的施工工艺或顺序。(5)为完成工程需要追加的额外工作。

67. ACD 【解析】根据《标准施工招标文件》,承包人索赔处理程序:(1)监理人收到承包人提交的索赔通知书后,应及时审查索赔通知书的内容、查验承包人的记录和证明材料,必要时监理人可要求承包人提交全部原始记录副本。(2)监理人应与发包人和承包人协商确认追加的付款和(或)延长的工期,并在收到索赔通知书或有关索赔的进一步证明材料后的42天内,将索赔处理结果答复承包人。(3)承包人接受索赔处理结果的,发包人应在作出索赔处理结果答复后28天内完成赔付。承包人不接受索赔处理结果的,按合同约定的争议解决方式办理。

68. ABE 【解析】根据《建设工程施工专业分包合同(示范文本)》,承包人应按合同专用条款约定的内容和时间,一次或分阶段完成下列工作:(1)向分包人提供根据总合同由发包人办理的与分包工程相关的各种证件、批件、各种相关资料,向分包人提供具备施工条件的施工场地。(2)按合同专用条款约定的时间,组织分包人参加发包人组织的图纸会审,向分包人进行设计图纸交底。(3)提供合同专用条款中约定的设备和设施,并承担由此发生的费用。(4)随时为分包人提供确保分包工程的施工所要求的施工场地和通道等,满足施工运输的需要,保证施工期间的畅通。(5)负责整个施工场地的管理,协调分包人与同一施工场地的其他分包人之间的交叉配合,确保分包人能按经批准的施工组织设计进行施工。(6)承包人应做的其他工作,双方在合同专用条款中约定。

69. BDE 【解析】风险评估后应出具风险评估报告。风险评估报告应由评估人签字确认,并经批准后发布。风险评估报告应包括下列内容:(1)各类风险发生的概率。(2)可能造成的损失量或效益水平、风险等级确定。(3)风险相关的条件因素。

70. ABDE 【解析】发包人应按照合同约定方式预留工程质量保证金,工程质量保证金总预留比例不得高于工程价款结算总额的3%。合同约定由承包人以银行保函替代预留工程质量保证金,保函金额不得高于工程价款结算总额的3%。故选项C错误。

71. ABDE 【解析】网络图的优点包括:(1)工作间逻辑关系表达清楚。(2)便于对计划进行调整。(3)便于对计划优化。(4)可结合横道图优点,转化为时标网络计划。(5)可利用电子计算机对网络计划进行编制与调整。缺点包括:(1)时间参数计算及整个计划的优化比较繁琐。(2)绘制时需要一定的技巧。

72. ABCE 【解析】流水施工组织方式的特点除了选项A、B、C、E外,还包括单位时间内投入的资源较为均衡,有利于资源供应的组织。

73. ABDE 【解析】质量管理体系文件通常包括质量方针和质量目标、质量手册、程序文件、作业指导书、表格、质量计划、规范、外来文件、质量记录。

74. AC 【解析】根据《建筑工程施工质量验收统一标准》,分部工程及单位工程质量验收时,观感质量检查结果并不给出"合格"或"不合格"的结论,而是综合给出"好""一般""差"的质量评价结果。装配式混凝土结构属于分项工程。

75. BCDE 【解析】施工成本按成本要素构成划分,可分为安全成本、质量成本、环保成本(绿色成本)、工期成本。其中,安全成本包括保证性安全成本和损失性安全成本。

76. BDE 【解析】挣值法也称赢得值法。费用偏差为负值时,表示执行效果不佳,即实际费用超过预算费用;费用偏差为正值时,表示实际费用低于预算费用,表示有节余或效率高。故选项A错误。拟完工程预算费用除了合同有变更的情况,其他情况下在工程实施过程中不得改变。故选项C错误。

77. ABDE 【解析】横道图法反映的信息比较少,主要反映局部偏差和累计偏差,因此具有一定的局限性,通常应用在项目的较高管理层。故选项C错误。

78. AB 【解析】企业项目级成本考核指标有项目施工成本降低额、项目施工成本降低率。选项B、C均属于对项目管理可控责任成本的考核指标;而E不属于成本考核指标。

79. ADE 【解析】根据《建设工程安全生产管理条例》,施工单位应当在施工组织设计中编制安全技术措施和施工现场临时用电方案,对下列达到一定规模的危险性较大的分部分项工程编制专项施工方案,并附具安全验算结果,经施工单位技术负责人、总监理工程师签字后实施,由专职安全生产管理人员进行现场监督:(1)基坑支护与降水工程。(2)土方开挖工程。(3)模板工程。(4)起重吊装工程。(5)脚手架工程。(6)拆除、爆破工程。(7)国务院建设行政主管部门或者其他有关部门规定的其他危险性较大的工程。对上述所列工程中涉及深基坑、地下暗挖工程、高大模板工程的专项施工方案,施工单位还应当组织专家进行论证、审查。

80. AD 【解析】竣工图章尺寸应为50 mm×80 mm。故选项B错误。竣工图章应使用不易褪色的印泥,应盖在图标栏上方空白处。故选项C错误。工程文件应采用碳素墨水、蓝黑墨水等耐久性强的书写材料,不得使用红墨水、纯蓝墨水、圆珠笔、复写纸、铅笔等易褪色的书写材料。计算机出图应清晰,不得使用计算机出图的复印件。故选项E错误。